# 北九州市環境首都検定

公式テキスト
令和５年度版

Official Textbook for Kitakyushu City World Environmental Capital Examination

北九州市

# このテキストの使い方

このテキストは、2008（平成20）年から始まった北九州市のご当地検定「北九州市環境首都検定」の公式テキストです。

北九州市の環境への取り組みは、日本国内だけでなく海外からも注目されており、他都市のモデルとなる「環境未来都市」にも認定され、その後「SDGs未来都市」および「自治体SDGsモデル事業」にも選定されました。このテキストではその取り組みや、北九州市のこれからをわかりやすく学ぶことができます。

興味のあるところから読み始めてもOK! 環境マスコットキャラクターと一緒に北九州市の魅力を再発見してくださいね。

北九州市環境マスコットキャラクター **ていたん&ブラックていたん**

地球温暖化の影響で氷が溶け始めた北極からやってきた、シロクマの「ていたん」。エコなことが得意で、日々「低炭素社会」の実現に向けて環境活動にはげんでいます。お友達の「ブラックていたん」は、当初エコが苦手でしたが、2015（平成27）年に実施された環境首都検定に見事合格！ 鼻と口が「エゴ」から「エコ」になりました。二人仲良く、「環境未来都市・北九州市」のPR活動にはげんでいます。

北九州市環境ミュージアムマスコットキャラクター **未来ホタル**

「未来ホタル」は、美しい心とチームワークで、みなさんの環境活動を応援するサポーターです。胸のマークは、デューくんがリデュース（Reduce：できるだけゴミを出さない）、ユーちゃんがリユース（Reuse：繰り返し使う）、サイくんがリサイクル（Recycle：分別して再び資源として利用する）を表しています。

# このテキストの特長

各章ごとに関連のある話題をまとめています。各節は、その内容をできるだけわかりやすく簡単なタイトルにしています。もくじをざっと見て、興味のあるキーワードから読むこともできます。

また、わかりにくい用語は、資料編を見て調べましょう。普段の生活の中で勉強してみたいキーワードが見つかれば、本文のどこに出ているかがわかります。

※新型コロナウイルス感染症防止対策として、実施できていないこともあります（2023年4月現在）

# おすすめの学習方法

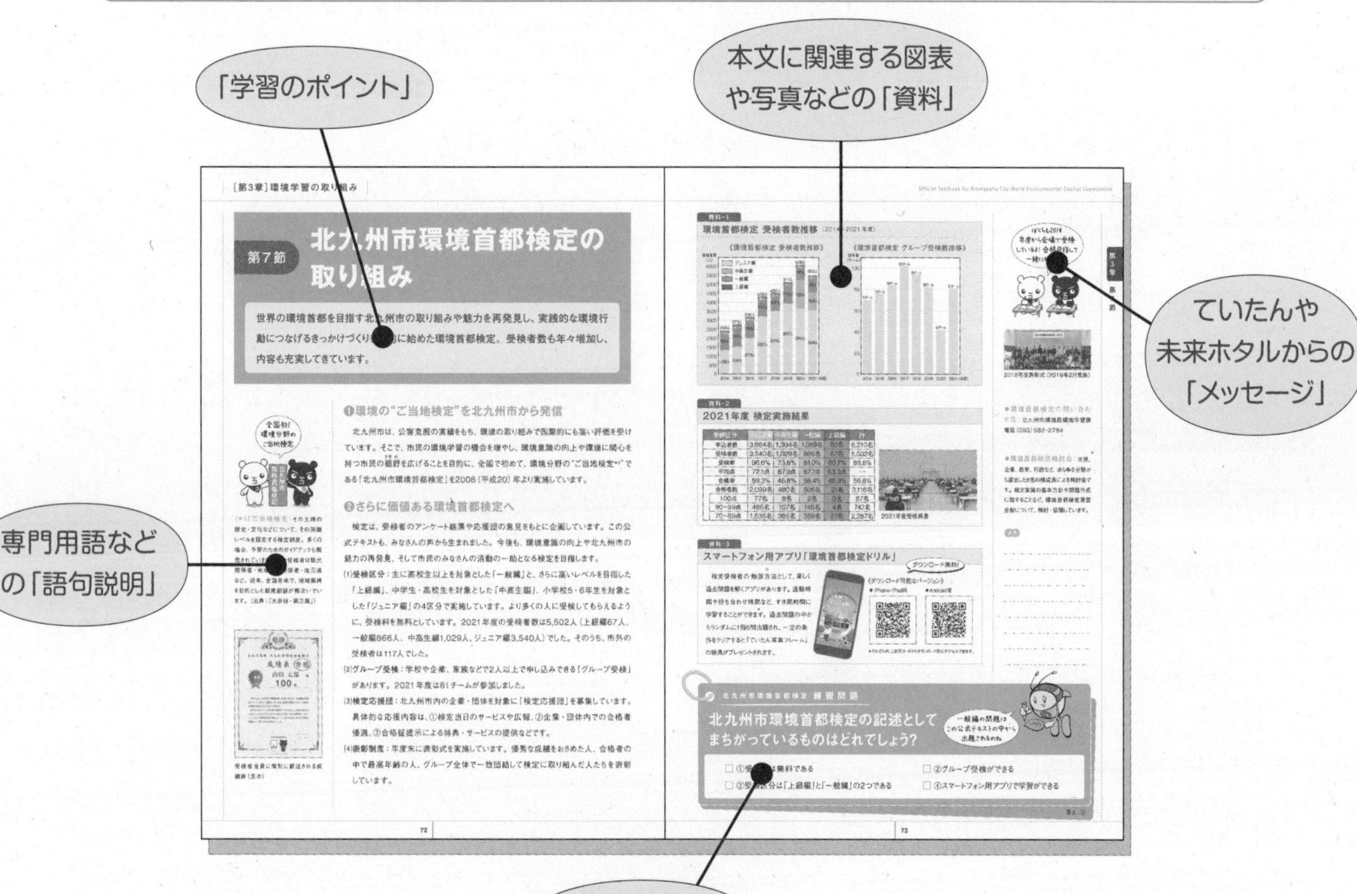


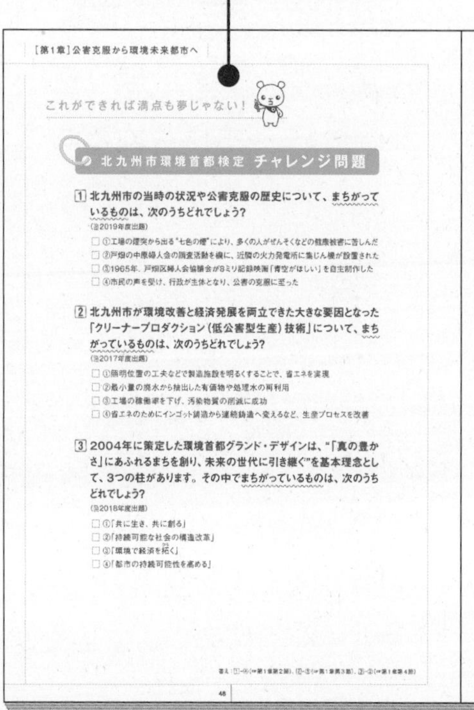


●「難しいな」と感じる分野は、初めから読まなくてもOK!最初に両脇でみなさんを応援しているていたんや未来ホタルのメッセージ、練習問題に目を向けてみましょう。その後、学習のポイントを見て、その節の概要を知り、内容を読むと、わかりやすさがぐんぐん高まります。

●さらに学びたい方、「物足りないな」と思った方は、両側にある語句説明や、巻末の資料もしっかり読みましょう。また、各章の終わりにはチャレンジ問題もついています。関連のホームページなども紹介していますので、参考にしてください。

# もくじ

## 第3章 環境学習の取り組み



## 第4章 脱炭素社会への取り組み



## 第5章 循環型の生活様式・産業構造への転換

# もくじ

## 第6章 北九州市の環境産業と技術開発



## 第7章 北九州市の環境国際協力



## 第8章 北九州市の豊かな自然環境



## 第9章 安心して暮らせる快適な生活環境の確保

## 第10章 まちの魅力や価値を高める取り組みの推進



## 資料編

# 北九州市における環境の取り組み

1901年

## 製鉄のまちとして発展

●官営八幡製鐵所

1950年代～

## 公害問題深刻化

☞第1章

●工場廃水、ばい煙

1960年代～

《市民の取り組み》

●婦人会の公害対策運動

《行政の取り組み

●公害対策局設置
●公害防止条例制定
●企業との公害防止協定締結

1980年代～

●「星空の街」に選定（1987年）

## 北九州エコタウン事業

☞第6章

●環境保全と産業振興の両立（1997年～）

## 家庭ごみ減量対策

☞第5章

2000年代～

●政令市初の有料化・料金改定（1998年、2006年）
●PCB処理施設立地決定（2001年）

世界の環境首

## 世界の環境首都

●グランド・デザイン策定（2004年）

## 環境未来都市／グリーンアジア国際戦略

（2011年ダブル選定）

## G7北九州エネルギー大臣会合（EMM）

（2016年開催）

## SDGsの推進

●「環境首都・SDGs実現計画」を副題にして環境基本
●OECDの「SDGs推進に向けた世界のモデル都市」に
●SDGs未来都市に選定（2018年選定）

## 日中韓三カ国環境大臣会合（TEMM21）

（2019年開催）

## 「環境と経済の好循環」によるゼロカーボ

●「北九州市気候非常事態宣言」（2021年）
●「脱炭素先行地域」に選定（2022年）

地域と地球の環境創造

創業

- 日本の近代化を担(にな)い、国土復興に貢献
- 高度経済成長
- 公害問題の深刻化

《企業の取り組み》

- 汚染物質除去処理施設
- 工場緑化
- 低公害型生産技術

公害克服

環境国際協力 ☞第7章

- 北九州国際技術協力協会（KITA）設立（1980年）
- 海外の環境問題解決に協力（1981年～）
- 「グローバル500」受賞（1990年）

ESDの推進

北九州イニシアティブ

- ヨハネスブルクサミット公式文書記載（2002年）

都を目指して ☞第1章第4節～第5節

環境モデル都市

（2008年選定）

総合特区

OECD グリーン成長都市

（2011年選定）

計画を改定（2017年改定）

選定（2018年選定）

ンシティ（2020年宣言）

# トピックス

[第1節] 2050年カーボンニュートラル（脱炭素社会の実現）について

[第2節] 地球温暖化対策

[第3節] 北九州市地球温暖化対策実行計画

[第4節] 脱炭素先行地域の選定

[第5節] 地元企業と連携した脱炭素社会へ向けた取り組み

[第6節] Horasisアジアミーティングの開催

第1節

# 2050年カーボンニュートラル(脱炭素社会の実現)について

2020(令和2)年10月26日、第203回臨時国会の所信表明演説において、当時の菅義偉内閣総理大臣は「2050年までに、温室効果ガスの排出を全体としてゼロにする(※)、すなわち2050年カーボンニュートラル、脱炭素社会の実現を目指す」ことを宣言しました。脱炭素社会のためにどのような動きがあるのでしょう。

※「排出を全体としてゼロ」とは、二酸化炭素をはじめとする温室効果ガスの排出量から、森林などによる吸収量を差し引いてゼロを達成することを意味しています。(環境省ホームページより)

## ❶脱炭素化に向けた世界の動き

近年、地球温暖化に伴う気候変動によって、世界各地では記録的な熱波、大規模な森林火災、洪水等が発生しています。日本でも台風や豪雨による甚大な被害が起きており、北九州市でも、2018(平成30)年の西日本豪雨で甚大な被害を受けました。

世界はまさに「気候危機」とも言うべき状況に直面しています。このような状況の中、将来的な被害を最小限に抑えるためには、産業革命前に比べて世界の平均気温の上昇を1.5℃までに抑える必要があり、そのためには2050(令和32)年までに世界全体の温室効果ガス排出量を実質ゼロにすること、つまり、一日も早い「脱炭素社会の実現」が求められています。

## ❷日本国内の動き

2020年10月に国が「2050年カーボンニュートラル」を宣言しました。

2021(令和3)年5月には、地球温暖化対策の推進に関する法律が改正され、「2050年カーボンニュートラル」が基本理念として位置づけられるとともに、その実現に向けて地域の再生可能エネルギーを活用した脱炭素化の取り組みを推進する仕組み等が新たに規定されました。

同法において、脱炭素社会とは、「人の活動に伴って発生する温室効果ガスの排出量と吸収作用の保全及び強化により吸収される温室効果ガスの吸収量との間の均衡が保たれた社会」と定義づけられています。

## ❸北九州市ゼロカーボンシティの表明

「パリ協定」の締結以降、ノン・ステート・アクター(政府以外の自治体・企業等)による自主的な取り組みが重要視され、自治体レベルで、「脱炭素社会に向けて2050年の$CO_2$排出量の実質ゼロを目指す宣言」を行う動きが広がっています。日本国内でも、2019(令和元)年5月の東京都を皮切りに、多くの自治体が宣言を行っています。

北九州市においても、国と歩調を合わせ、2020年10月29日に、2050年までの脱炭素社会の実現を目指す「ゼロカーボンシティ」を表明しました。今後、「環境と経済の好循環」による脱炭素社会の実現を目指して取り組みを推進するとともに、環境国際協力等を通じて国内外の脱炭素化に貢献していきます。

「再エネ100%北九州モデル」

太陽光パネルや蓄電池、省エネ機器を電力会社が設置する、「第三者所有方式」で再エネの導入と省エネ対策を図る。

①再エネ100%電力化(市内再エネの供給)
②自律型エネルギー施設(太陽光パネル+蓄電池)
③自律型エネルギー施設PLUS(②+省エネ機器)
の3ステップで安定・安価に再エネ100%電力の供給を目指します。

北九州市は
市が電気代を負担する
市有施設の電気を
2025年までに再エネ100%
にするんだよ

## ❹北九州市気候非常事態宣言

「気候非常事態宣言」とは、地球温暖化による気候変動を人類にとっての「非常事態」と位置づけ、危機感を共有して具体的な対策を行うことを表明する宣言で、2016（平成28）年12月にオーストラリアのデアビン市が、行政機関として初めて宣言しました。

北九州市議会において、2021年3月に、「気候非常事態を宣言し、脱炭素社会の実現に向けた政策のより一層の推進を求める」旨の決議が全会一致で可決されました。

また、同年6月5日（環境基本法で規定される「環境の日」）には、市民や企業、行政等あらゆる主体と気候変動問題への危機感を共有して機運醸成を図るため、本市として、『環境と経済の好循環によるゼロカーボンシティ実現に向けた北九州市の決意（北九州市気候非常事態宣言）』を表明しました。

●サーキュラーエコノミー（循環経済）

従来の「大量生産・大量消費・大量廃棄」型の経済に代わる、製品と資源の価値を可能な限り長く保全・維持し、廃棄物の発生を最小化した経済です。

（＊）DX（デジタルトランスフォーメーション）：情報通信技術の浸透が人々の生活をあらゆる面でより良い方向に変化させるという概念

資料

### 2030～2050年のくらしのイメージ

北九州市環境首都検定 **練習問題**

### カーボンニュートラルについて正しい説明は次のうちどれでしょう？

□ ①2021年5月には、地球温暖化対策の推進に関する法律が改正され、「2030年カーボンニュートラル」が基本理念として位置づけられた

□ ②地球温暖化に伴う気候変動によって、世界各地では記録的な熱波、大規模な森林火災、洪水等が発生しているが、日本の被害はない

□ ③北九州市は2020年に、2050年までの脱炭素社会の実現を目指す「ゼロカーボンシティ」を表明した

□ ④2016年にスウェーデンのストックホルム市が、行政機関として初めて「気候非常事態宣言」を行った

答え：③

# 第2節 地球温暖化対策

深刻化する地球温暖化問題とはどのようなものでしょう。そのしくみや影響について学び、その対策について見てみましょう。

## ❶地球温暖化のしくみと影響

太陽からの日射エネルギーの約70%は、大気と地表面に吸収されて熱に変わります。熱は地表面から赤外線として放出されたその一部が、$CO_2$など大気中の温室効果ガス*に吸収されて地表は適度な温度に保たれています。しかし、近年、人間の活動によって石油、石炭、天然ガスなどの化石燃料の消費が増え、大量の$CO_2$が大気中に放出されています。これにより大気中の温室効果ガスの濃度が急上昇し、これまでより多くの赤外線が吸収されて気温が上昇していると考えられています（☞資料-1）。ただし適量の温室効果ガスは必要であり、仮に地球上に温室効果ガスが全くなければ、気温は現在の約15℃から約－19℃となり、極寒の星となるでしょう。

地球規模で気温が上昇すると、海水の膨張や氷河などの融解による海面上昇や気候変動による異常気象のほか、水不足や水害、熱帯性の感染症の増加、食糧難、沿岸域の水没などの影響が考えられます。また、現在、絶滅の危機にさらされている生物は、さらに絶滅に近づくと予想されています（☞資料-2）。

## ❷地球温暖化対策について

地球温暖化対策は、大きく分けて2つあります。1つは、原因となる温室効果ガスの排出を抑制する「緩和」、もう1つは、すでに起こりつつある、あるいは起こりうる温暖化の影響に対して、自然や社会のあり方を調整する「適応」です。地球温暖化の影響を抑えるためには、「緩和」を進める必要がありますが、最善の緩和の努力を行ったとしても、世界の温室効果ガスの濃度が下がるには時間がかかるため、今後数十年間は、ある程度の温暖化の影響は避けられないと言われています。そこで、「緩和」とともに、「適応」の取り組みが必要とされています（☞資料-3）。

2018（平成30）年12月には、「気候変動適応法」が施行され、国においては、「適応」に関する活動を支援する「気候変動適応センター」が設立されるなど、今後「適応」の取り組みが進んでいくことが期待されています。

（＊）温室効果ガス：大気中に含まれ温室効果を生み出すガスのことです。地球温暖化対策推進法では、二酸化炭素（$CO_2$）、メタン（$CH_4$）、一酸化二窒素（$N_2O$）、ハイドロフルオロカーボン（HFC）、パーフルオロカーボン（PFC）、六フッ化硫黄（$SF_6$）、三フッ化窒素（$NF_3$）の7種類が規定されています（2023（令和5）年4月1日現在）。

もっと、みんなで温室効果ガスを減らさなきゃ！


●KitaQ Zero Carbon プロジェクト：市民や企業のみなさまとともに気候変動対策に取り組み、ゼロカーボンシティの実現を目指す「KitaQ Zero Carbon」プロジェクトを進めています。ポータルサイトによる一元化した発信や、脱炭素に寄与する具体的なアクションを実践する場となるイベント等の企画・開催、アプリケーション「actcoin」を活用したアクションの見える化などに取り組んでいます。
いま参加できるアクションをポータルサイトで確認してみてください。

キタキューゼロカーボン　検索

資料-1

## 地球温暖化のしくみ

温室効果ガスは光はよく通すが赤外線（熱）を吸収する

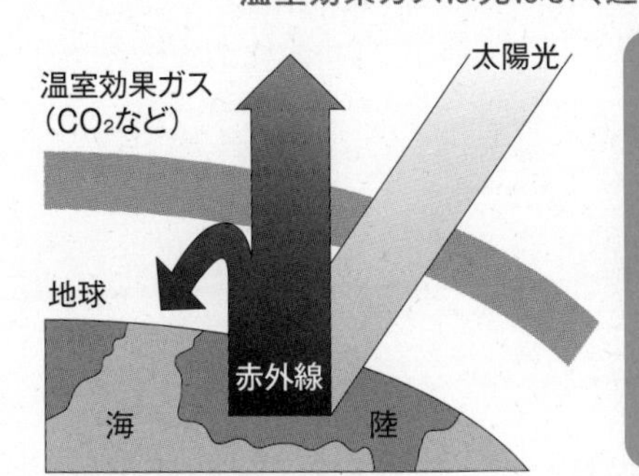


さらに温室効果ガスが増加すると…

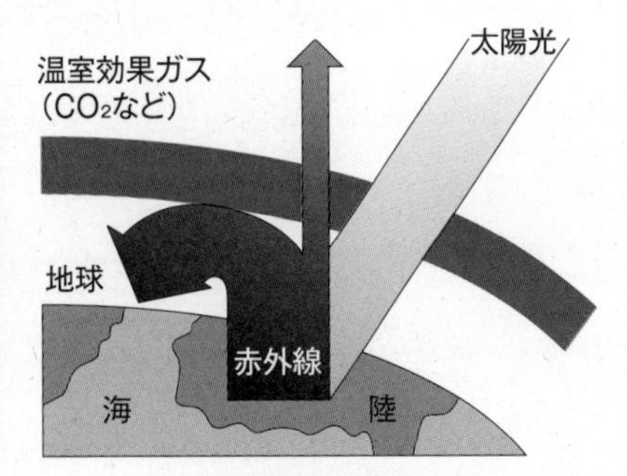


（出典：一般財団法人省エネルギーセンター ホームページ）

資料-2

## 気温上昇の予測　1850～1900年を基準とした世界平均気温の変化

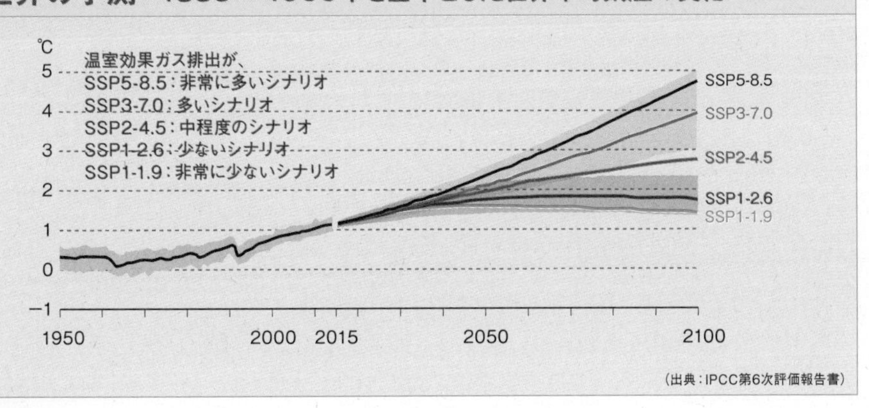


（出典：IPCC第6次評価報告書）

資料-3

## 緩和と適応の関係

**温室効果ガスの増加**
化石燃料使用による二酸化炭素の排出など

**気候要素の変化**
気温上昇、降雨パターンの変化、海面水位上昇など

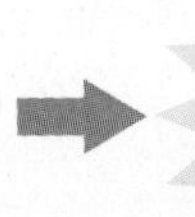

**温暖化による影響**
自然環境への影響
人間社会への影響

**緩和**
温室効果ガスの排出を抑制する

**適応**
被害を回避・軽減する

（出典：令和元年版環境・循環型社会・生物多様性白書（環境省））

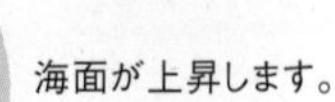
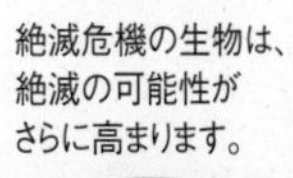

このまま地球温暖化が進むとどうなるの？

海面が上昇します。

絶滅危機の生物は、絶滅の可能性がさらに高まります。

感染症の発生範囲が広がります。

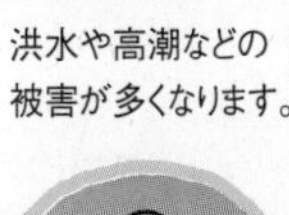

洪水や高潮などの被害が多くなります。

深刻な食糧難を招くおそれがあります。

このまま放っておくわけにはいかないよね！


メモ

地球温暖化は温室効果ガスによって起こるのよ


北九州市環境首都検定　**練習問題**

## 地球温暖化のしくみとは関係のないものはどれでしょう？

☐ ①化石燃料　☐ ②赤外線　☐ ③ハイドロフルオロカーボン（HFC）　☐ ④紫外線

答え：④

第3節

# 北九州市地球温暖化対策実行計画

2021（令和3）年8月、北九州市は、地球温暖化対策実行計画の改定を行いました。計画の目標や、北九州市が目指す2050年の脱炭素社会とはどのようなものか、みてみましょう。

## ❶北九州市地球温暖化対策実行計画の改定

北九州市はこれまで、環境モデル都市*（2008（平成20）年）やSDGs未来都市（2018（平成30）年）に選定されるとともに、「環境モデル都市行動計画」（2009年度～ 2013年度）や「北九州市地球温暖化対策実行計画・環境モデル都市行動計画」（2014年度～ 2020年度）を策定し、総合的かつ計画的な地球温暖化対策を推進してきました。

前計画の最終年度を迎えるにあたり、最新の国内外の動向や科学的知見を踏まえながら、脱炭素社会の実現を見据えた温室効果ガスの削減目標や、緩和と適応に関する具体的な取り組みを定め、SDGs未来都市である本市としての地球温暖化対策をこれまで以上に加速させるため、2021年8月に、「北九州市地球温暖化対策実行計画」を改定しました。

産・学・官・民によるオール北九州で「市民環境力」を結集して、脱炭素社会の実現に向けた取り組みをこれまで以上に加速させます。

（＊）環境モデル都市：都市・地域の固有の条件や課題を前提とした地球温暖化対策の具体的な提案を募集し、温室効果ガス排出の大幅な削減など低炭素社会の実現に向け、高い目標を掲げて先駆的な取り組みにチャレンジする都市を「環境モデル都市」として選定したものです。2008年度に本市も含め6都市、2009年度に7都市、2012年度に7都市、2013年度に3都市の計23都市が選定されました。

## ❷計画の位置づけ

この計画は、地球温暖化対策の推進に関する法律第21条に規定される地方公共団体実行計画（区域政策編・事務事業編）として、また、気候変動適応法第12条に規定される気候変動適応計画として位置づけるものです。加えて、北九州市環境基本条例に基づく北九州市環境基本計画の部門別計画でもあります。

## ❸計画の期間

2021年度～ 2030年度（10年間）

## ❹計画の目標

（1）2050（令和32）年に、市内の温室効果ガス排出の実質ゼロを目指す（ゼロカーボンシティ）

（2）2030（令和12）年度の温室効果ガス排出量を2013（平成25）年度比で47%以上削減

## ❺主な取り組み

### 家庭部門・業務部門

※ ZEH：ゼロ・エネルギー・ハウス
ZEB：ゼロ・エネルギー・ビル
PV：太陽光発電

| | 【省エネ機器の普及（LEDや高効率給湯器等）】 | 【省エネ住宅・建築物の普及】 |
|---|---|---|
| 取組内容 | 買替え時などで、省エネ家電・高効率給湯器等を選択 | 住宅・建築物の新築時はZEH・ZEB化、改築時は断熱化など、快適で質の高いくらし・オフィス環境の検討 |
| 主な市の施策 | ・省エネ・再エネの取り組み方法・効果や補助制度の情報発信<br>・既存住宅の購入時等のリフォーム支援<br>・環境配慮型建築物の整備促進（CASBEE北九州）<br>・再エネ100％電力化に向けた自家消費型PV・蓄電池の導入支援 | |

### 運輸部門

【次世代自動車(※)の普及】

※ ハイブリッド（HV）、プラグインハイブリッド（PHV）、電気自動車（EV）、燃料電池自動車（FCV）

| 取組内容 | 乗換え時などで、環境負荷の低い次世代自動車を検討 |
|---|---|
| 主な市の施策 | ・次世代自動車の導入補助<br>・エコドライブ・ノーマイカーの推進 |

### 産業部門

【省エネの推進、再エネ最大導入】

| 取組内容 | 省エネ法等に基づく事業活動の省エネ化を推進、設備の更新時は省エネ設備を選択、再エネ電力の導入 |
|---|---|
| 主な市の施策 | ・風力発電関連産業の総合拠点化の推進<br>・水素社会の実現に向けた実証PR |

資料

### 北九州市が目指す2050年の脱炭素社会（ゼロカーボンシティ）

「グリーン成長戦略」を部門別計画として策定

**全部門　Ⅰ エネルギーの脱炭素化**
電力、熱、運輸などあらゆる分野で、これまで以上の省エネ、電化を進め、再エネや$CO_2$フリー水素を最大活用することで、化石燃料から脱却しエネルギー全般を脱炭素化

**産業部門　Ⅱ イノベーションの推進**
産学官の連携で、脱炭素化に必要な研究開発を加速させ、イノベーションの早期実現を図ることで、生産活動やサービスなど、産業・経済社会を脱炭素化

**2050年 北九州市が目指す脱炭素社会「北九州モデル」**（環境と経済の好循環）

**家庭部門 業務部門　Ⅲ ライフスタイルの変革**
高い市民環境力を基礎にAI・デジタル化等の社会変革を踏まえた、快適で質の高い、脱炭素型ライフスタイルに転換

**適応　Ⅳ 気候変動に適応する強靭なまち**
気候変動の影響に対応するため、域内全体での蓄電システムを構築し、災害時の再エネによる電源確保など脱炭素で、強靭なまちづくりを推進

**Ⅴ 国際貢献**
近代産業発祥の地から「北九州モデル」を構築・展開し、脱炭素社会の実現に地球規模で貢献

※「エネルギーの脱炭素化」と「イノベーションの推進」を推進するためのアクションプランとして、2022（令和4）年2月に、「北九州市グリーン成長戦略」を策定。

北九州市環境首都検定 **練習問題**

未来の地球環境を守る温暖化対策にみんなで取り組もう！

**北九州市が目指す2050年の脱炭素社会への取り組み内容として、間違っているものはどれでしょう？**

☐ ①エネルギーの低炭素化　☐ ②イノベーションの推進
☐ ③ライフスタイルの変革　☐ ④国際貢献

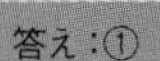
答え：①

# 第4節 脱炭素先行地域の選定

**北九州市は、2050年カーボンニュートラルに向けて、地域特性等に応じた先行的な取り組みを行う地域として、2022(令和4)年4月26日に国から「脱炭素先行地域」に選定されました。**

周辺の自治体と共同で
取り組みを進めていくのが
北九州市の提案の特徴だよ

## ❶脱炭素先行地域とは

脱炭素先行地域とは、地域の再生可能エネルギーを最大限に活用して、2030年度までに家庭や公共施設等、民生部門の電力消費に伴う$CO_2$排出の実質ゼロを実現し、運輸部門などその他の温室効果ガス排出削減についても国の2030年度目標と整合する削減を地域特性に応じて実現する地域のことです。

国が策定した「地域脱炭素ロードマップ」において、国は2025年度までに少なくとも100ヶ所の脱炭素先行地域を創出することを目指しています。

## ❷北九州市の提案内容について

(1)北九州市を含む北九州都市圏域18市町で連携を図り、公共施設群および北九州エコタウンのリサイクル企業群において、第三者所有方式を活用して太陽光パネルと蓄電池を導入することで、最速かつ最大の再エネ導入モデル「再エネ100%北九州モデル」の構築を目指す。

(2)洋上風力発電関連産業の総合拠点化や水素の供給・利活用等、脱炭素エネルギーの拠点化に取り組むとともに、脱炭素なまちづくりや環境国際ビジネスも一体的に推進する。

(3)「再エネ100%北九州モデル」を地元企業などに戦略的に展開し、産業の競争力強化につなげることで、産業都市として「環境と経済の好循環」を目指す。

## ❸計画実施期間

2022年度〜2026年度

## ❹脱炭素先行地域(第1回)への選定

北九州市を含む北九州都市圏域18市町での連携した提案内容が国に認められ、2022(令和4)年4月26日、北九州市および北九州都市圏域17市町は、「脱炭素先行地域」に選定されました。

第1回の選定では、全国から79件の計画提案があったうち、北九州市の提案を含む26件が選定されており、6月1日には選定証授与式が行われました。

## ❺脱炭素先行地域の選定状況（62ヶ所：第3回選定時点）

北九州市は、1回目で選定を受けているんだね

年度別選定提案数（共同で選定された市町村は1提案としてカウント、括弧内は応募提案数）

| R4 | | R5 |
|---|---|---|
| 第1回 | 第2回 | 第3回 |
| 26<br>(79) | 20<br>(50) | 16<br>(58) |

**北海道ブロック（5提案、5市町村）**
札幌市、石狩市、奥尻町、上士幌町、鹿追町

**東北ブロック（8提案、2県8市町村）**
青森県 佐井村
岩手県 宮古市、久慈市、紫波町
宮城県 東松島市
秋田県 秋田県・秋田市、大潟村
福島県 会津若松市・福島県

**中国ブロック（8提案、9市町村）**
鳥取県 鳥取市、米子市、境港市
島根県 松枝市、邑南町
岡山県 瀬戸内市、真庭町、西粟倉村
山口県 山口市

**中部ブロック（7提案、1県7市村）**
福井県 敦賀市
長野県 松本市、飯田市、小諸市生坂村
愛知県 名古屋市、岡崎市・愛知県

**関東ブロック（13提案、1県14市町村）**
栃木県 宇都宮市・芳賀町、日光市、那須塩原市
群馬県 上野村
埼玉県 さいたま市
千葉県 千葉市
神奈川県 横浜市、川崎町、小田原市
新潟県 佐渡市・新潟県、関川村
山梨県 甲斐市
静岡県 静岡市

**九州ブロック（7提案、25市町村）**
福岡県 北九州市他17市町
熊本県 球磨村、あさぎり町
宮崎県 延岡市、
鹿児島県 日置市、知名町・和泊町
沖縄県 与那原町、

**四国ブロック（4提案、5市町村）**
高知県 須崎市・日高村、北川村、梼原町、黒潮町

**近畿ブロック（10提案、1県10市町）**
滋賀県 湖南市・米原市
京都府 京都市
大阪府 堺市
兵庫県 姫路市、尼崎市、加西市、淡路市
奈良県 生駒市、三郷町

北九州市環境首都検定 **練習問題**

## 「脱炭素先行地域」および「提案内容」についてで間違ったものはどれでしょう?

脱炭素先行地域の提案内容について学ぼう！

□ ①北九州市は、2050年カーボンニュートラルに向けて、地域特性等に応じた先行的な取り組みを行う地域として、2022（令和4）年4月26日に国から「脱炭素先行地域」に選定された

□ ②北九州市は、「再エネ100％北九州モデル」を地元企業等に戦略的に展開し、産業の競争力強化につなげることで、産業都市として「環境と経済の好循環」を目指している

□ ③国は2030年度までに少なくとも100ヶ所の脱炭素先行地域を創出することを目指している

□ ④北九州市を含む北九州都市圏域18市町で連携を図り、公共施設群および北九州エコタウンのリサイクル企業群において、第三者所有方式を活用して太陽光パネルと蓄電池を導入していく

答え：④

# 第5節 地元企業と連携した脱炭素社会へ向けた取り組み

北九州市は「2050年までに脱炭素社会を目指すゼロカーボンシティ」の実現を掲げ、「エネルギーの脱炭素化」と「イノベーションの推進」を軸とした、環境と経済の好循環による新たな成長を目指す取り組みとして、企業への支援や連携事業を進めています。

## ❶企業への支援等

### (1) 脱炭素サプライチェーン支援事業について

近年、企業が国際競争力を向上させるためには、自社の温室効果ガス排出量だけではなく、サプライチェーン全体で排出量を削減することが求められています。

そこで、脱炭素社会づくりのための企業経営に役立つように、応募のあった市内企業9社に対して、次のような支援を行いました。

①「$CO_2$排出量算定支援と省エネ診断」

まず、自社の温室効果ガス排出量の算定支援を実施し、さらに、省エネによるコスト削減の余地を明らかにするため、専門家による省エネ診断を実施しました。

②「各種補助制度・生産性向上の取り組み紹介」

省エネ機器更新の各種助成制度や生産性向上の取り組みを紹介しました。

③「製造ラインの効率化支援」

製造現場を熟知した(株)デンソー九州による生産プロセスの改善支援を実施しました。

### (2) 脱炭素電力認定制度

**制度概要**

『北九州市脱炭素電力認定制度』は、脱炭素に関心の高い市内企業を応援することを目的としたもので、北九州市が全公共施設を再エネ100%電力化する2025年度までをターゲットに、再エネ100%電力をはじめとする脱炭素電力を導入した市内企業を市として認定するものです。本認定制度に賛同いただいた小売電気事業者*と、脱炭素電力メニューの契約を結んだ(既に結んでいる場合も可)市内企業が、北九州市へ申請することで認定を行うものです(☞資料-1)。

(*):2023(令和5)年2月13日時点で、9社が賛同

**認定対象**

認定は市内企業(複数の事業所が市内にある場合は事業所単位でも可)において、事業所で供給を受ける(または受けている)電力が、以下のいずれかの条件を満たす場合に認定対象とします。

- 再エネ100%電力の供給を受けている
- 再エネ以外の、脱炭素電力の供給を受けている

●認定による特典

- 認定ステッカーの提供
- 認定ロゴマークの名刺等への使用
- 市が行なっている各種助成制度における審査時の加点
- 本市事業に参画していることを条件とする低金利融資制度の対象とする
- 本市HPやSNSでの公開など

以上の他、今後さらに特典を追加予定

※上記に加えて、先着100社については『脱炭素先進企業』として認定し、認定証を発行します。

資料-1

**北九州市脱炭素電力認定制度の概要図**

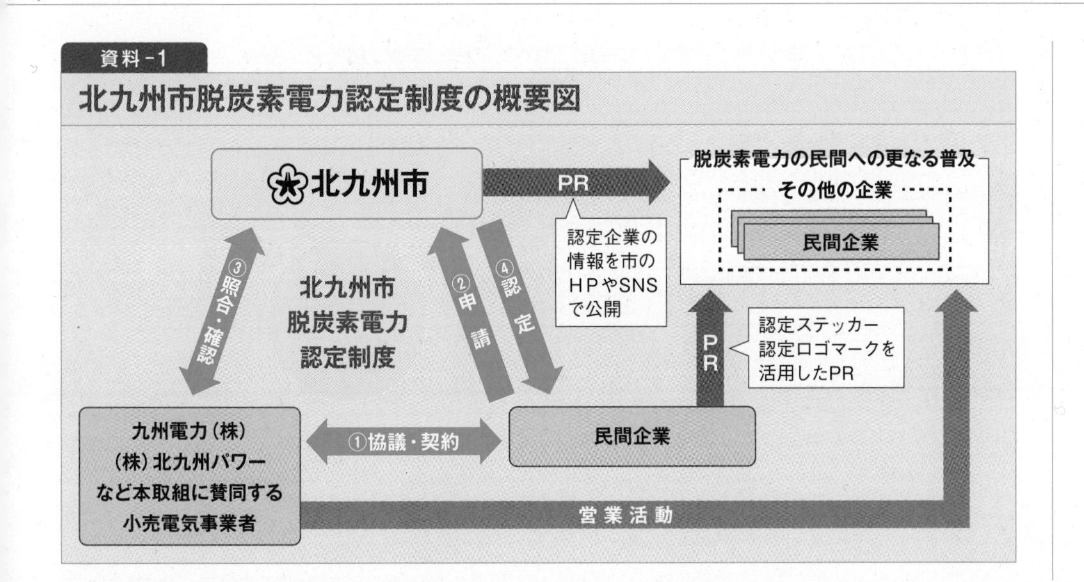


## ❷北九州市と企業の連携

北九州市は脱炭素化を目指し、地元企業などと連携体制の構築を行っています(☞資料-2)。

資料-2

**各企業・大学との連携内容について**

| 企業・大学 | 連携内容 |
|---|---|
| (株)井筒屋 | •電動車のカーシェアリング実証事業の実施<br>•再生可能エネルギーの導入拡大によるゼロカーボンドライブの普及や$CO_2$排出量の削減 |
| 九州工業大学 | •次世代型太陽電池の社会実装を目指した実証事業の実施<br>•大規模蓄電池の制御手法の確立と社会実装を目指した実証事業の実施 |
| 九州電力(株) | •蓄電池の活用などを通じた再生可能エネルギーの利活用及び導入拡大<br>•北九州都市圏域における脱炭素の取組の推進 |
| 西部ガス(株) | •メタネーション技術の利活用推進を含めた熱需要の低・脱炭素化<br>•エネルギー使用の最適化など |
| ダイキン工業(株) | •第3者所有方式による高効率空調設備の普及や空調機器を利用した地域単位のエネルギーマネジメント<br>•再生冷媒の導入及び活用 |
| (株)デンソー九州 | •中小企業向け製造ラインの効率化支援<br>•充放電器、充電器に関する実証を通じたEV、PHEV 及びV2Xの普及促進 |
| トヨタ自動車九州(株) | •電動車バッテリーの3R(リデュース、リユース、リサイクル)の取組推進<br>•水素の利活用に向けた情報共有・連携体制の構築 |
| (株)Yanekara | •太陽光パネルから効率的に電動車に充電する充放電器の社会実装の推進<br>•充放電器の制御による再エネの最適利用に寄与する仕組みの構築 |

北九州市環境首都検定 **練習問題**

市内の
再エネ発電所を
確認しよう!

**「脱炭素電力」として発電している施設において、北九州市内に施設がない発電は、次のうちはどれでしょう?**

□ ①太陽光発電　□ ②ごみ発電　□ ③風力発電　□ ④揚水発電

答え:④

第６節

# Horasis アジアミーティングの開催

2022（令和4）年11月20日から22日にかけて、北九州国際会議場にて、大規模な国際会議「Horasis（ホラシス）アジアミーティング」が日本で初めて開催されました。ここでは、Horasisアジアミーティングとはどのような会議なのかをはじめ、開催に至った経緯や開催結果について解説します。

## ❶Horasis（ホラシス）アジアミーティングとは

Horasis*1は、スイスのチューリッヒに本拠を置く世界的なシンクタンクで、毎年4つの国際会議*2を開催しています。その4つの会議のうち、東南アジアに焦点を当てた会議が「Horasisアジアミーティング」です。会議では、企業経営者や投資家をはじめアジア地域のビジネスおよび政府機関のリーダーが集い、アジアにおける地域間協力や効果的な投資、持続可能な成長などアジアの将来像について議論します。今回北九州市で開催されたアジアミーティングは、Horasis主催の会議としては日本で初めての会議になりました。

（＊1）Horasis（ホラシス）：ギリシャ語で「to see, as in a vision（未来像を抱く）」という意味で、会議を通じて持続的な未来のためにビジョンを設定することを目指しています。

（＊2）Horasisが開催する4つの国際会議：
①Horasisグローバルミーティング
②Horasisアジアミーティング
③Horasisチャイナミーティング
④Horasisインドミーティング

## ❷北九州市での開催に至った経緯

北九州市は、これまで行ってきた環境やSDGsの取り組みが評価され、2019（令和元）年にHorasisから北九州市でのアジアミーティングの開催を打診されました。その後、会議の受け入れについての検討・協議を経て、同年11月に「2020年Horasisアジアミーティングの開催にかかる覚書」を締結し、北九州市での開催が正式に決定しました。

当初は、2020（令和2）年の北九州市での開催に向け準備を進めていましたが、新型コロナウイルス感染症の影響で2020年、2021（令和3）年と2年連続でオンラインでの開催となりました。オンラインセッションでは北九州市を紹介するとともに、「持続可能なアジアの成長」をテーマに、プレナリーディスカッションが行われました。2022（令和4）年に北九州市での対面による開催が実現しました。

## ❸開催結果

会議には、Horasisおよび北九州市が招待した23ヶ国・地域201名が参加し、気候変動問題をはじめとした世界的な課題の克服などのテーマについて、5回の全体会と20コマの分科会が実施され、それぞれで活発な議論が行われました。分科会の1コマでは、北九州市での開催を記念した北九州セッションを実施し、「グリーン社会に向けたESG投資の拡大」をテーマに、アジア市場でのESG投資促進策やアジアの持続可能な社会への転換に向けた環境整備などについて議論が行われました。

また会議期間中には、環境国際ビジネス展開支援の一環として、会場内に市内企業・団体等のPRゾーンを設置するなど、北九州市の環境の取り組みや市内企業の環境技術について情報発信するとともに、伝統文化の紹介なども行いました。会議後のエクスカーション*として、市内観光の他、環境ミュージアムや北九州市が誇る「モノづくり」企業の視察を実施し、国内外の参加者に対し北九州市の魅力をPRしました。

(＊3) エクスカーション：訪問場所の文化や歴史などについて、案内人の解説を聞きながら、参加者同士で意見を交わす「体験型の見学会」のことです。

全体会の様子

北九州ビジネスネットワーキングブース

北九州セッション登壇者

エクスカーションの様子

北九州市環境首都検定 **練習問題**

各分野のリーダーたちが世界的な課題について話し合う会議なんだね

## 2022年に北九州市で開催されたHorasisアジアミーティングに関する説明として、間違っているものはどれでしょう？

- □ ①Horasis主催の会議として日本で開催されたのは初めてである
- □ ②新型コロナウイルス感染症の影響で、対面での開催が2年間延期された
- □ ③北九州市での開催を記念して、「アジアにおける脱炭素社会の実現」をテーマとした北九州セッションが行われた
- □ ④会議期間中、会場内に市内企業・団体などのPRゾーンを設置し、北九州市の環境の取り組みや市内企業の環境技術について情報発信した

答え：③

これができれば満点も夢じゃない！

## 北九州市環境首都検定　チャレンジ問題

**1 北九州市は国と歩調を合わせ、2020年10月に、［A］年までの脱炭素社会の実現を目指す「ゼロカーボンシティ」を表明しました。ゼロカーボンシティに向けた取り組みの一つとして、［B］年までに市が電気代を負担する市有施設の電気を再エネ 100%にすることなどがあります。［A］［B］に入る数字として、正しいものは、次のうちどれでしょう？**

（2022年度出題）

- □ ①A.2030　B.2025
- □ ②A.2050　B.2025
- □ ③A.2030　B.2050
- □ ④A.2050　B.2050

**2 北九州市は「2050 年までに脱炭素社会の実現（温室効果ガスの排出を全体としてゼロとする）」を目指す、ゼロカーボンシティを表明しました。脱炭素につながるイベント情報や北九州市の取り組みなどを発信し、脱炭素のアクション（行動）につなげ、市民、企業みんなで脱炭素（＝ゼロカーボン）の実現に取り組むための北九州市の独自のプロジェクトは、次のうちどれでしょう？**

（2022年度出題）

- □ ① COOL CHOICE
- □ ② ゼロ・エミ・キタキュー
- □ ③ KitaQ Zero Carbon
- □ ④ キタキューニュートラル

**3 2021年8月、北九州市は「北九州市地球温暖化対策実行計画」を改定しました。産・学・官・民によるオール北九州で「市民環境力」を結集して、脱炭素社会の実現に向けた取り組みをこれまで以上に加速させていきます。この計画では、北九州市が目指す2050年の脱炭素社会として、環境と［A］の［B］を目指しています。［A］［B］に入る言葉は、次のうちどれでしょう？**

（2022年度出題）

- □ ①A.経済　B.好循環
- □ ②A.経済　B.連携
- □ ③A.社会　B.好循環
- □ ④A.社会　B.連携

答え：1-②（☞トピックス第1節）、2-③（☞トピックス第2節）、3-①（☞トピックス第3節）

# 第1章

# 公害克服から SDGs未来都市へ

[第1節] 環境首都北九州市のあゆみ

[第2節] 市民から始まった北九州市の公害克服

[第3節] 企業の取り組み（クリーナープロダクション技術）

[第4節] 環境首都グランド・デザインと環境基本計画

[第5節] ＳＤＧｓ（持続可能な開発目標）について

[第6節] ＳＤＧｓ未来都市　北九州市

[第7節] ＯＥＣＤ　ＳＤＧｓ北九州レポート

第1節

# 環境首都北九州市のあゆみ

北九州市は、公害克服の経験を活かし、国際協力、循環型社会への対応、そして今、世界の環境首都を目指して頑張っています。北九州市の環境への取り組みを整理してみましょう。

（＊）官営八幡製鐵所：1900（明治33）年、八幡製鐵所の建設中に来所した伊藤博文を囲んで撮影された記念写真（提供：日本製鉄株式会社九州製鉄所）

## ❶公害克服時代：公害克服のきっかけは婦人会

北九州市は、日本の近代化において、まさに“選ばれた土地”でした。殖産興業のスローガンのもと、日本で初めて近代製鉄の火が八幡にともるのは1901（明治34）年です。以来、官営八幡製鐵所*を中心とした工業地帯は、高度経済成長にも大きく貢献しましたが、一方で、大気汚染や水質汚濁などの公害を引き起こしました。しかしこのとき、戸畑の婦人会の勇気ある活動が契機となり、市民、企業、行政が一丸となって環境改善に向けて取り組んだ結果、昭和50年代はじめに、現在のような青い空や海を取り戻したのです（☞第1章第2節）。

## ❷国際協力時代の幕開け：貴重な体験や技術を海外に伝えたい

北九州市が昭和50年代半ばから進める環境国際協力は、公害克服の過程で培（つちか）われた環境保全技術などを開発途上国に伝え、経済発展と環境保全の両立を支援しています。自治体としては先駆（せんく）的であり、1990（平成2）年には国連環境計画（UNEP）からグローバル500、1992（平成4）年には、ブラジルのリオデジャネイロでの地球サミットで国連地方自治体表彰を受賞するなど、国際的に高い評価を受けています。その後も、アジア環境都市機構や東アジア経済交流推進機構などを創設し、国際協力の輪を広げています（☞第7章）。

## ❸循環型社会への対応：廃棄物ゼロのまちを目指して

北九州市はものづくりのまちです。幅広い裾野（すその）をもつ産業技術を活かし、「あらゆる廃棄物を他の産業分野の原料として活用し、最終的に廃棄物をゼロにする（ゼロ・エミッション）」というスローガンをかかげ、循環型社会の構築に着手しました。1997（平成9）年に全国に先がけて承認をうけたエコタウン事業は、北九州市の循環型社会の象徴であり多くの視察見学者が訪れています（☞第6章第1節）。

## ❹そして世界の環境首都へ

地球温暖化やオゾン層の破壊など、さまざまな環境問題を解決するには、産業活動だけでなく、私たちの暮らし方や都市づくりのあり方などを見直す必要があります。北九州市は、2008（平成20）年環境モデル都市に、2011（平成23）年には環境未来都市に選定され、また、経済協力開発機構（OECD）よりグリーン成長都市に選定されました。さらに、2017（平成29）年「ジャパンSDGsアワード」（第1回）特別賞受賞、2018（平成30）年OECDの「SDGs推進に向けた世界のモデル都市」とSDGs未来都市に選定されました。これからも世界の環境首都を目指して、さらに市民、企業、行政が一体となって取り組むことが大切です。

時代の変化と
ともに環境政策も変化
してきたんだね


資料

### 北九州市環境年表

（☞詳しい年表は、巻末資料編166ページにあります。）

産業の発展

**1901年（明治34年）**
- 八幡に製鉄所ができ、工業都市への第一歩が始まる

**1943年（昭和18年）**
- 洞海湾の水が汚れ魚がいなくなる

**1950年代（昭和25年～）**
- 戸畑で煤塵（ばいじん）が降ってきて被害が出始める
- 戸畑の中原婦人会が公害反対運動を始める

**1960年代（昭和35年～）**
- 重化学工業の発展とともに公害問題深刻化
- 5市合併により北九州市が誕生
- 下水道の整備が始まる
- 八幡西区城山小学校で日本一多い量の煤塵が降る
- 戸畑区婦人会協議会が8ミリ記録映画「青空がほしい」を制作
- 洞海湾が魚のすめない「死の海」であることがわかる
- 大気汚染がひどい学校に空気清浄機が取り付けられる
- 大気汚染がひどくなり初めてスモッグ警報が出される

公害の克服

**1970年代（昭和45年～）**
- 北九州市公害防止条例を制定
- 北九州市役所に公害対策局を設置
- 市内54事業所と公害防止協定締結
- 洞海湾浚渫（しゅんせつ）工事開始
- 緩衝緑地事業開始

**1980年代（昭和55年～）**
- 洞海湾に魚が見られるようになる
- 「緑の都市賞・内閣総理大臣賞」を受賞する
- 北九州市の公害克服の取り組みが世界に紹介される
- 環境国際協力開始
- 環境庁星空の街コンテストで「星空の街」に選ばれる

**1990年代（平成2年～）**
- 市内の下水道普及率が90%になる

環境国際協力始まる

- 北九州エコタウン事業開始
- 一般ごみ収集の指定袋制度が始まり、ごみ袋が有料となる

**2000年代（平成12年～）**
- 北九州市環境基本条例制定
- 「アジア・太平洋環境大臣会議in北九州」開催
- 環境をテーマとした「北九州博覧祭」開催
- 「地球サミット2002持続可能な開発表彰」受賞
- 「世界の環境首都」を目指しグランド・デザイン策定
- 国連大学の「持続可能な開発のための教育」（ESD）の地域拠点（RCE）に認定
- 日本の環境首都コンテストで、総合第1位（2年連続）
- 「環境モデル都市」に選定
- 「北九州市環境モデル都市行動計画」の策定
- 北九州次世代エネルギーパーク開設
- 北九州水素ステーション開設

環境首都をめざして

**2010年代（平成22年～）**
- 北九州スマートコミュニティ創造事業が国の次世代エネルギー・社会システム実証地域に選定
- 北九州エコハウス開所
- アジア低炭素化センター開設
- 経済協力開発機構（OECD）の「グリーンシティプログラムにおけるグリーン成長都市」に選定
- 「環境未来都市」に選定
- OECDレポート「北九州のグリーン成長」の発表
- エコマンス期間中に多数の国際会議を開催
- G7北九州エネルギー大臣会合（EMM）の開催
- 環境基本計画を策定
- 「ジャパンSDGsアワード」（第1回）特別賞受賞
- OECDの「SDGs推進に向けた世界のモデル都市」に選定
- 「SDGs未来都市」に選定
- 第21回日中韓三国環境大臣会合（TEMM21）の北九州市開催

**2020年代（令和2年～）**
- 2050年までに脱炭素化社会の実現を目指す、ゼロカーボンシティを宣言
- 「北九州市気候非常事態宣言」
- 脱炭素先行地域の選定

公害克服の
きっかけは、誰の活動が
契機となったのかな

北九州市環境首都検定 **練習問題**

### 北九州市の環境首都へのあゆみとして、まちがっているものはどれでしょう?

- □ ①戸畑の婦人会の活動が契機となり、市民、企業、行政が環境改善に取り組んだ
- □ ②公害克服の過程で培った環境保全技術などを先進国のみに伝え、支援した
- □ ③エコタウン事業は、北九州市の循環型社会の象徴であり、多くの視察見学者が訪れている
- □ ④北九州市は、2018年にSDGs未来都市に選定された

答え：②

# 第2節 市民から始まった北九州市の公害克服

“灰色のまちから緑のまちへ”という変化の背景には、青空がほしいと思う主婦たちの行動、そして、市民、企業、行政、大学が一体となった対応がありました。北九州市独自の環境行動の原点を学びましょう。

焔炎々　波濤を焦がし
煙濛々　天に漲る
天下の壮観　我が製鉄所
八幡　八幡　我等の八幡市
市の発展は　我等の責務
（八幡市歌・八波則吉作詞）

洞海湾の海ちかく
生産誇る工場に
のぼる煙のたくましさ
あすの科学を育てゆく
おおわれらの筒井小学校
（筒井小学校校歌・阿南哲朗作詞）

（*1）七色の煙：当時の市歌・校歌は北九州市の空を覆った煙を歌った賛歌でした。

## ❶七色の煙*1は繁栄の象徴だった

北九州市は、わが国重工業の中心地として日本経済を牽引しました。一方で、次第に顕在化してきた大気汚染や水質汚濁などの環境問題に、地域住民が苦しみ始めます。ただ住民の多くは鉄鋼や関連産業で暮らしをたてていました。また、当時は煙突から出る“七色の煙”は繁栄の象徴でもあったのです。ところが、子どもたちの顔が煤で汚れ、洗濯物は黒ずみ、ぜんそくなどの健康被害もあらわれました。そのため被害の大きかった城山小学校（現在の八幡西区）は、とうとう廃校になりました。

## ❷主婦たちの活動が市や企業を動かした

最初に戸畑の中原婦人会が立ち上がります。メンバーは地区内4ヶ所にシーツやワイシャツを干し、工場から出る煤煙との因果関係を調査しました。産業優先の時代に、地域の声を届けるには明確な根拠が必要でした。彼女たちの活動は1951（昭和26）年に近隣の火力発電所に集じん機を設置させ、女性の力による公害克服の第一歩になりました。その後、戸畑の三六地区婦人会も菓子の空き箱を庭において降灰量を測るなど活動の輪が広がり、1965（昭和40）年には戸畑区婦人会協議会に引き継がれ、不朽のドキュメントとされる8ミリ記録映画「青空がほしい*2」の自主制作に至り、公害の恐ろしさと婦人会の奮闘ぶりを広く伝えました。

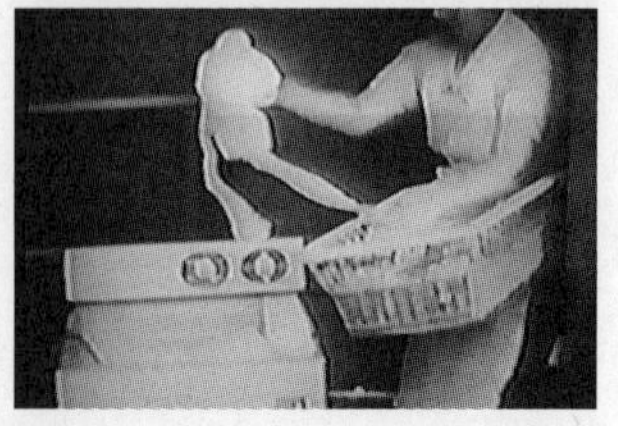

（*2）青空がほしい：公害被害を訴えた約30分の8ミリ記録映画。全国で大きな反響を呼び、公害反対運動の原動力になりました。

## ❸産・学・官が市民に協力

同じ1965年、北九州市は、大量の降下煤塵（108トン／月／km²）の大気汚染に見舞われ、洞海湾は、魚はおろか大腸菌もすめない状態となり、「死の海」と呼ばれました。市民からの要請により、北九州市は条例制定、下水道・緑地などの環境インフラ整備に着手します。一方、1969（昭和44）年5月スモッグ警報が発令されると、公害がマスコミに大きく取り上げられ、産・学・官と市民が一体となって公害防止に全力をあげることとなりました。市は環境測定データに基づいて企業と徹底的な議論を重ね、改善のための計画を作り、公害防止協定を締結して計画通りの実行を約束しました。洞海湾の水銀などが含まれる有害汚泥は汚染事業者負担の原則に基づいて浚渫（しゅんせつ）工事*3を行いました。1964（昭和39）年に設置された公害防止対策審議会には、市民代表が参画して公害対策について意見を述べて、具体的な改善が実施されました。また、大学においても公害分野の研究が進められるなど、北九州市の公害は、市民の動きを契機として産・学・官が一体となって乗り越えた先進的な事例だったのです。

洞海湾がもっとも汚れていたころの船のスクリュー。短期間でここまで腐食しました。

市民の運動が
市行政と企業を動かし、海が
よみがえったんだ


資料

## 奇跡の環境再生（1960年代→現在）

▲煙に覆われた空、多くの人がぜんそくに苦しみました。

▲澄み渡った青空。

▲大腸菌もすめない死の海・洞海湾。

▲よみがえった洞海湾。100種以上の魚介類が生息。

▲紫川沿いに密集する違法建築。汚水は川へ流されました。

▲親水空間が整備され、街のシンボルとなった紫川。

（出典：エコツアーガイドブック「公害克服編」）

（*3）洞海湾～浚渫工事：1974（昭和49）年に、湾の底に溜まったヘドロをすくい上げる浚渫が始まりました。水銀を含んだ汚泥が拡散しないように世界で初めての工法が開発されました。除去した35万m³ものヘドロは完全密封した後、洞海湾の一部を区切って建設した処分地に埋められました。
工事には約3年の期間と18億円もの費用がかかりました。工事の2年後には水質環境基準をクリアし、1980年代には、湾に魚の姿が戻りました。

北九州市環境首都検定 練習問題

### 戸畑の婦人会による公害克服のための活動にあたらないものはどれでしょう？

大学の先生を
交えて分析し、科学的な
根拠に基づいて
主張したのよ


- □ ①工場停止を求めるデモ抗議
- □ ②「青空がほしい」の自主制作
- □ ③菓子の空き箱による降灰量の測定
- □ ④近隣の火力発電所に集じん機を設置

答え：①

# 第3節 企業の取り組み（クリーナープロダクション技術）

公害克服の成功には、企業の技術革新が大きな役割を果たしました。生産プロセスの改善などを進め、環境と経済を両立させた鍵である、クリーナープロダクション技術について学習してみましょう。

## ❶環境改善と経済発展

公害問題がおきた頃、経済発展のためには環境汚染は仕方がないと考えられていました。1960年代の北九州市も、経済発展とともに環境が悪化していきました（☞資料-1）。しかし1969（昭和44）年以降は、環境改善を進めながら経済発展も進めることに成功しました。この成果をもたらした大きな要因がクリーナープロダクション技術の確立です。

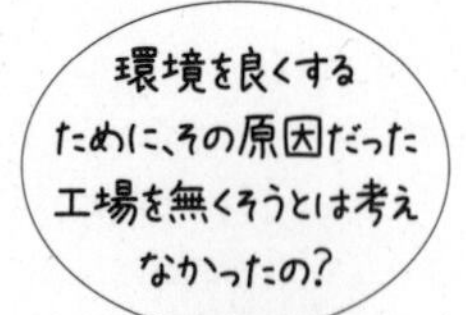

環境を良くするために、その原因だった工場を無くそうとは考えなかったの?

工場は北九州市の発展にとても大切なものだから、それはできないよ。でも、やむを得ず、そうなってしまった国もあるんだ。どちらかを犠牲にせず、両方を生き残らせた工夫は、外国の人たちから驚かれるほどすごいことなんだよ


## ❷クリーナープロダクション技術

「クリーナープロダクション（低公害型生産）技術」とは、使用原材料や生産施設、生産プロセスなどあらゆる視点から生産技術の見直しを行い、エネルギーや水、原材料の使用量を減らしたり、副産物を回収して再利用したりすることなどにより、汚染物質の排出そのものを減らす技術です（☞資料-2）。これに対して、それまでの排ガスや排水の排出口に処理施設を設置して発生した汚染物質を処理することを「エンドオブパイプ技術」といいます。

企業は、クリーナープロダクション技術によって、大幅な汚染物質削減を実現するとともに生産性の向上に成功しました。北九州市の製鉄所における汚染物質削減の例では、硫黄酸化物（SOx）の年間排出量27,575トンを607トンまで削減させることに成功しましたが、このうち75%はクリーナープロダクション技術によるものでした（☞資料-3）。

## ❸奇跡の環境再生

市民に後押しされた行政の、厳しい汚染物質削減要請に応えて、改善目標の実現を目指した企業は、技術革新により公害を克服しただけでなく、環境改善と経済発展が両立するという奇跡を世界に示すことができました。環境改善と経済発展を両立させた日本の経験は、世界銀行の調査レポートとしてアジアをはじめとする各国に紹介されました。

こうした経験は、環境国際協力（☞第7章）やエコタウン事業（☞第6章第1節）へと引き継がれ、さまざまな取り組みの展開につながっています。

資料-1

## 北九州市における経済開発と環境改善の関係

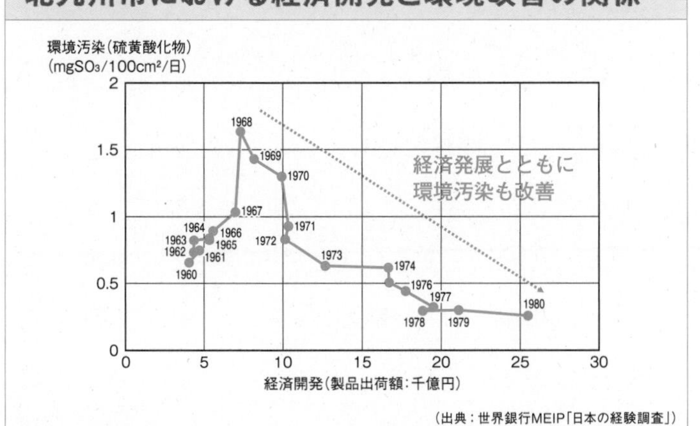


(出典:世界銀行MEIP「日本の経験調査」)

資料-3

## 汚染物質削減について

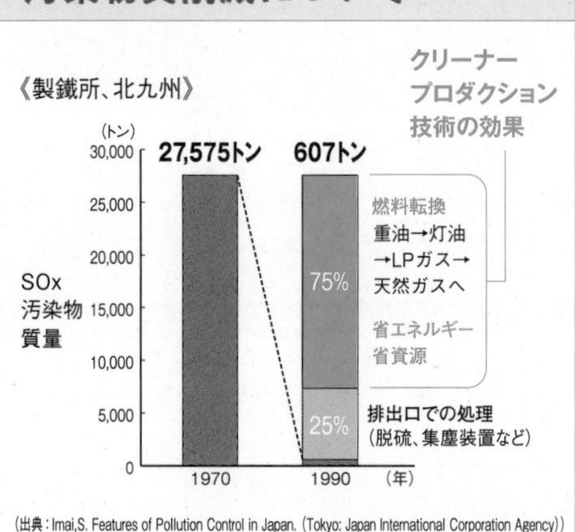


(出典:Imai,S. Features of Pollution Control in Japan. (Tokyo: Japan International Corporation Agency))

資料-2

## クリーナープロダクション技術の具体例

### 製造施設の工夫(例)

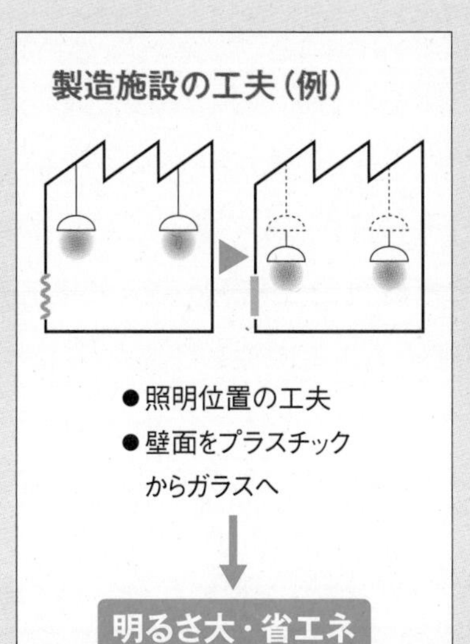

- 照明位置の工夫
- 壁面をプラスチックからガラスへ

明るさ大・省エネ

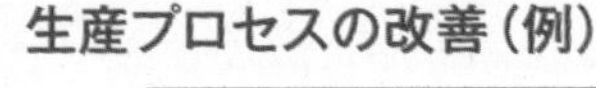

### 生産プロセスの改善(例)

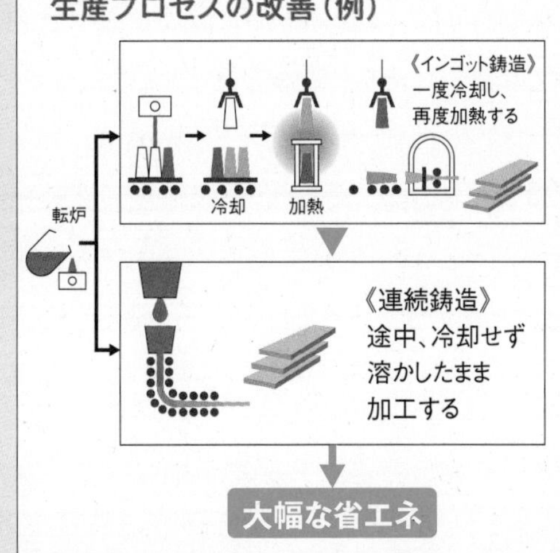


大幅な省エネ

### 排水処理(例)

廃水を最小量とし、抽出した有価物や処理水を再利用する

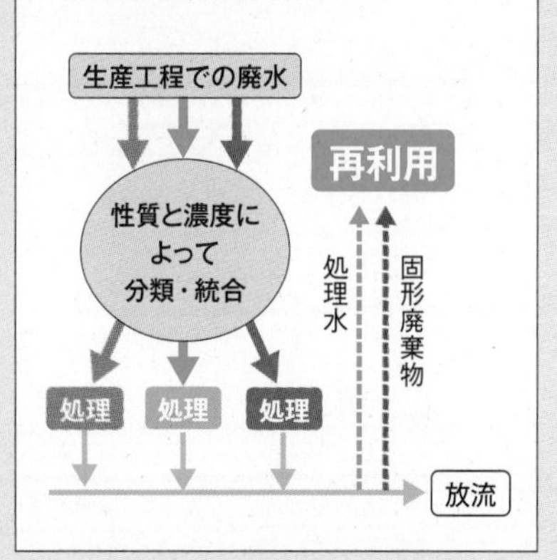


### 排ガス処理(例)

**転炉の例(OG装置)** 発生ガスを燃焼せず処理

- 処理ガス量の減少 ⋯⋯⋯➡設備の小型化
- 集塵効率の向上⋯⋯⋯⋯➡回収粉じんの再利用
- 回収ガスを燃料として利用 ⋯➡低公害ガス燃料として利用

赤い煙をなくした上に、生産コスト、処理コストを削減、副生燃料は低公害ガス燃料として小規模施設の大気汚染改善に貢献。

**コークス炉の例(CDQ)** 散水消火をせずガスで冷却

- 回収した熱で発電 ⋯⋯➡未利用エネルギーの活用
- 集塵効率の向上⋯⋯⋯➡降下煤塵(ばいじん)の発生防止

消火塔からの煤塵などを含んだ大量の白煙をなくした上に、生産コスト、処理コストを削減、新たに電力が利用できる。

北九州市環境首都検定 **練習問題**

## クリーナープロダクション技術について間違っているものはどれでしょう?

環境改善と経済成長の両方を達成したのがすごいところね

- □ ①汚染物質の削減
- □ ②省資源・省エネルギーの徹底
- □ ③生産効率の低下
- □ ④排水処理・排ガス処理

答え:③

第4節

# 環境首都グランド・デザインと環境基本計画

市民の知恵と経験を結集してつくられた環境首都グランド・デザインとはどのようなものでしょう。持続可能な社会*1の実現に必要な「市民環境力*2」について考えましょう。

(*1) 持続可能な社会：将来の世代のニーズを満たしつつ、現代の世代のニーズも満足させるような開発。

(*2) 市民環境力：市民一人ひとりがより良い環境、より良い地域を創出していこうとする意識や能力を持ち、それを行動へとつなげていく力のことです。

## ❶計画段階からみんなでつくった環境首都グランド・デザイン

2004(平成16)年に策定した環境首都グランド・デザインは、市民・NPO、事業者、行政などが集い、多くの議論を経てまとめたものです。"「真の豊かさ」にあふれるまちを創り、未来の世代に引き継ぐ"を基本理念とし、「共に生き、共に創る」(社会的側面)、「環境で経済を拓(ひら)く」(経済的側面)、「都市の持続可能性を高める」(環境的側面)という3つの柱を掲げています。市民から寄せられた1,000件以上もの意見は、今もさまざまなプロジェクトに反映されています。

## ❷北九州市環境基本計画の策定

2007(平成19)年に、環境首都グランド・デザインを実現するため、「北九州市環境基本計画」を策定しました(2013(平成25)年および2017(平成29)年改定)。本計画は、環境首都グランド・デザインの3つの柱の達成に向け、4つの政策目標を掲げています。その4つとは、「市民環境力の更なる発展とすべての市民に支えられた『北九州環境ブランド』の確立」、「2050年の超低炭素社会とその先にある脱炭素社会の実現」、「世界をリードする循環システムの構築」、「将来世代を考えた豊かなまちづくりと環境・経済・社会の統合的向上」です(☞資料)。

また、2017年の改定では、これまでの基本理念は引き継ぎつつ、SDGs(持続可能な開発目標)を推進していくため、副題を「環境首都・SDGs実現計画」としました。

## ❸市民環境力の強化

環境首都グランド・デザインと北九州市環境基本計画では、「真の豊かさにあふれるまち」を「ずっとここで暮らしたいと思えるような安らぎと生きがいのあるまち」、すなわち「持続可能な社会であるまち」と定義し、その実現を目指しています。そのためには、市民環境力を高めていくことが必要です。私たち一人ひとりの取り組みの積み重ねや努力が、まちを変え、日本を変え、そして未来を変える大きな鍵を握っているのです。

資料

人と地球、そして未来の世代への北九州市民からの約束
## 環境首都グランド・デザイン

《基本理念》

「真の豊かさ」にあふれるまちを創り、
未来の世代に引き継ぐ

| 社会的側面 | 経済的側面 | 環境的側面 |
|---|---|---|
| 共に生き、共に創る | 環境で経済を拓く | 都市の持続可能性を高める |

北九州市民環境行動10原則*3

市民、団体、企業、行政などの活動ビジョン

行政計画として具体化

## 北九州市環境基本計画
（2007年策定 2013年および2017年改定）
※改定を検討中（2023.6）

《4つの政策目標》

| | |
|---|---|
| 市民環境力の更なる発展とすべての市民に支えられた「北九州環境ブランド」の確立 | 2050年の超低炭素社会とその先にある脱炭素社会の実現 |
| 世界をリードする循環システムの構築 | 将来世代を考えた豊かなまちづくりと環境・経済・社会の統合的向上 |

社会、経済、環境の3つの側面から環境首都を目指すという構想なんだよ


環境首都グランド・デザインおよび北九州市環境基本計画の詳細は、北九州市ホームページを参照してください。

（*3）北九州市民環境行動10原則：
①市民の力で、楽しみながらまちの環境力を高めます
②優れた環境人財を産み出します
③顔の見える地域のつながりを大切にします
④自然と賢くつきあい、守り、育みます
⑤都市の資産（たから）を守り、使いこなし、美しさを求めます
⑥都市の環境負荷を減らしていきます
⑦環境技術を創造し、理解し、産業として広めます
⑧社会経済活動における資源の循環利用に取り組みます
⑨環境情報を共有し、発信し、行動します
⑩環境都市モデルを発信し、世界に環を拡げます

この原則を覚えておこうね！


北九州市環境首都検定 **練習問題**

### 北九州市民環境行動10原則にあてはまらないことはどれでしょう？

- □ ①優れた環境人財を産み出します
- □ ②顔の見える地域のつながりを大切にします
- □ ③環境情報を共有し、発信し、行動します
- □ ④都市の環境負荷を増やさないようにします

答え：④

第5節

# SDGs（持続可能な開発目標）について

SDGs（Sustainable Development Goals）とは、2015（平成27）年国連サミットで、全会一致（193ヶ国）で採択された、持続可能な世界を実現するための2030年までの世界の開発目標です。「地球上の誰一人として取り残さない」ことをスローガンに開発途上国のみならず、先進国も取り組むこととされています。このSDGsについて、学んでいきましょう。

## ❶私たち一人ひとりの行動が、未来につながる

SDGsは、将来世代にも配慮しつつ、すべての人が、笑顔で元気に住み続けられる活力ある社会で暮らすということ、そのためにみんなで目指す目標（Goals）です。世界を変えるための壮大な目標で、その実現には、すべての国が力を合わせることが必要です。地球上に住んでいる私たち一人ひとりが、一緒になってこの地球上のさまざまな問題を解決させていく必要があります。その世界を変えるための17の目標がこちらになります（☞資料－1）。

資料－1

### 世界を変えるための17の目標

SUSTAINABLE DEVELOPMENT GOALS

1 貧困をなくそう

2 飢餓をゼロに

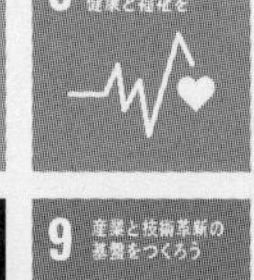

9 産業と技術革新の基盤をつくろう

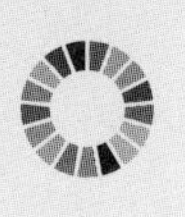

## ❷具体的にどういうことがSDGsにつながるの？

まずは、私たちの身の回りの生活を意識し、行動していくことが、世界を変えていくことにつながります。そのためには、「ちょっとした気づき」が大切です。難しく考えず、できることから少しずつ取り組んでみましょう。

例えば、目標3「すべての人に健康と福祉を」につながる行動としては、健康な身体を保つため、近くへ出かけるときは、車を使わず、ウォーキングをすることが考えられます。

また、目標7「エネルギーをみんなに そしてクリーンに」につながる行動としては、電気機器をつけっぱなしにせず、必要のない電気を切ることです。

その他にも、目標２「飢餓をゼロに」につながる行動としては、食品ロスをなくすため、冷蔵庫の食べ物の期限に気をつけることや食べ残しをしないこと、外食では注文しすぎないなどの行動もいいかもしれません。

日本は、目標12「つくる責任つかう責任」や目標13「気候変動に具体的な対策を」などの評価が課題となっています。私たちの日頃の仕事や生活の中でどのような取り組みができるのか、考えてみましょう。

すばらしい取り組みがたくさんあるね。これからもっと広がるといいね

## ❸北九州市でみられるSDGs達成に向けての取り組み事例

SDGs未来都市である北九州市の環境首都創造の取り組みは、市民の積極的な参画が特徴です。地域（自治体）や教育機関、企業などが協力して、さまざまな活動を行っています。SDGs達成に向けての取り組み事例を紹介します。

【教育機関の活動】

- 普通科SDGs探究活動「夢現∞プロジェクト」
- 福岡県立八幡高等学校

SDGsの実現やSociety5.0の到来に伴って生じる課題に着目し、将来の国際社会及び日本社会における課題の発見・解決に資する知識、技能の習得と、その活用に関わる思考力、判断力、表現力を育成し、実践につなげています。

【企業の活動】

① 循環型取り組みから生まれた再生糸を小倉織に「縞縞EARTH」
② ハギレ・端材を活用した伝統×SDGs学び「縞縞クリエイト」

- 株式会社 小倉縞縞

衣料回収から生まれた再生糸、漂着ペットボトルなどのクリーンアップ活動で回収したペットボトルを原料とする再生糸など、取り組みから生まれる循環型原料を、伝統の小倉織に取り入れて、エコバッグや扇子、はし袋、風呂敷など日常で使いやすいエコアイテムを製作しているほか、イベントで回収されるペットボトルを小倉織にして次回イベントで活用する活動も行っています。

SDGs達成に寄与する
学校・団体・企業を表彰

【市民部門 受賞団体】

【企業部門 受賞団体】

## ❹SDGsとESD

ESDとは、持続可能な開発のための教育（Education for Sustainable Development）の略称で、SDGsの目標4「教育」にあてはまります。私たちは、教育によってさまざまな知識を習得し、今ある課題に気づき、それらに取り組む力をつけることができます。右図（☞資料-2）のように、ESDの「SD」とSDGsの「SD」は実は同じもので、ESDはSDGsの目標の一つに留まらず、すべての目標の達成に寄与するものです（☞第3章第6節参照）。

資料-2

ESDとSDGsの図

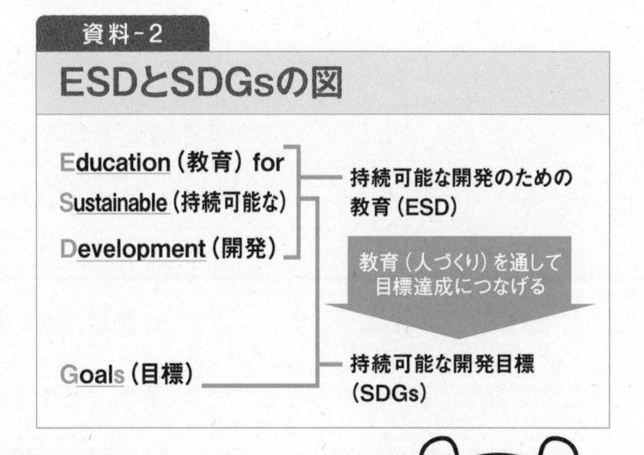


SDGsについて理解できたかな？

北九州市環境首都検定 練習問題

**SDGs（持続可能な開発目標）についての説明で、まちがっているものは次のうちどれでしょう？**

- ☐ ①SDGsは17の目標がある
- ☐ ②国連サミットで、全会一致で採択された
- ☐ ③地球上の誰一人として取り残さないをスローガンにしている
- ☐ ④SDGsとESDに関連性はない

答え：④

# 第6節 SDGs未来都市 北九州市

SDGs（持続可能な開発目標）の達成に向けた先進的な取り組みを行う都市として、北九州市は「SDGs未来都市」に選定されました。
北九州市は「SDGs未来都市」でどのようなまちを目指すのでしょうか。

## ❶SDGs未来都市とは

政府は、地方自治体における持続可能な開発目標（SDGs）の達成に向けた取り組みは地方創生の実現につながるものであり、その取り組みを推進することが重要であるとしています。

そして、その推進のため、自治体によるSDGsの達成に向けた優れた取り組みを提案する都市・地域を「SDGs未来都市*1」として選定し、そのうち、特に先導的な取り組みについては、「自治体SDGsモデル事業*2」として選定することとしました。

この「SDGs未来都市」「自治体SDGsモデル事業」の成功事例の普及展開を行うことで、地方創生の推進につなげることを目指しています。

## ❷SDGs未来都市 北九州市

北九州市は、2018（平成30）年6月15日に、全国で初めての「SDGs未来都市」として、他の28自治体とともに選定されました。また、「SDGs未来都市」のうち10事業しか選定されない「自治体SDGsモデル事業」にも選定されました。

北九州市は、公害克服の経験から培（つちか）ってきた市民力、ものづくりの技術を活かし、「環境モデル都市」や「環境未来都市」をはじめ、さまざまな取り組みを行ってきました。SDGs未来都市への選定にあたっては、特に、相手国のニーズに応じた環境保全などの「環境国際協力」や、官民のパートナーシップによる水ビジネスなどの「環境国際ビジネス」、地域課題の解決などを目指した「自治会やESDの取り組み」など、これまでの本市の取り組みが、SDGsを先取りしたものとして高く評価されたと考えています。

北九州SDGsマーク
（SDGs推進のための北九州市独自のマーク）

（＊1）SDGs未来都市：2023（令和5）年6月時点、「SDGs未来都市」は全国182自治体、うち「自治体SDGsモデル事業」は60自治体が選定されています。

（＊2）自治体SDGsモデル事業：北九州市の「自治体SDGsモデル事業」は、「地域エネルギー次世代モデル事業」です。

この事業は、エネルギーを、「（低炭素で）つくる」「（上手に）つかう」「つながる（つなげる）」という三つの視点で、地域エネルギーを核として、当市の強み（市民力・技術力・国際ネットワークなど）を生かした取り組みを行うことで経済・社会・環境の三側面からSDGsの達成を目指すものです。

北九州市は、
環境モデル都市、
環境未来都市、
SDGs未来都市の
すべてに選定
されているんだよ

## ❸SDGs未来都市として目指すまちの姿

北九州市が「SDGs未来都市」として目指すまちの姿は、『「真の豊かさ」にあふれ、世界に貢献し、信頼される「グリーン成長都市」』です。その達成に向けて、経済、社会、環境の3つの柱に沿ったさまざまな取り組みを進めていきます。

2030年の北九州市がすみやすいまちになるように、「経済」「社会」「環境」の3つの柱に沿って取り組むんだね


### 北九州市SDGs未来都市計画
### 北九州市のSDGs戦略（ビジョン）達成に向けた取組

［2030年のあるべき姿］

「真の豊かさ」にあふれ、世界に貢献し、信頼される「グリーン成長都市」

◆社会課題解決につながる「持続可能なビジネスが生まれ、育つまち」
◆ダイバーシティの推進による「みんなが活躍できるまち」
◆SDGsを踏まえた教育の実践による「未来の人材が育つまち」
◆環境と経済の好循環による「ゼロカーボンシティを目指すまち」
◆アジア諸都市を中心とした「世界のグリーンシティをけん引するまち」

【2021～2023年度の取組】

| 【3つの柱】 | 【基本的な考え方】 | 【具体的な取組例】 |
|---|---|---|
| 【経済】「人と環境の調和により、新たな産業を拓く」 | (1) 先進のまちを目指した新たなビジネスやイノベーションの創出 | ・風力発電関連産業の総合拠点化<br>・DX等を中心とした、スタートアップ・エコシステムの拠点化推進<br>・ロボット等の開発・改良及び導入<br>・自動運転関連産業の推進<br>・脱炭素化に向けたイノベーションの推進 |
| | (2) 地域経済における自律的好循環の形成 | ・市内企業への就職促進、新たな働き手の確保<br>・企業立地の促進による雇用創出<br>・物流拠点都市としてのプレゼンス向上 |
| | (3) 働く場の地方分散・柔軟な働き方の普及 | ・地方サテライトオフィスなどの受入体制支援<br>・テレワークの推進<br>・移住、定住の促進 |
| | (4) 新たな企業価値を生み出すSDGs経営の普及 | ・SDGs経営を先進的に取組むモデル企業の発信<br>・「（仮称）SDGsパートナーシップ制度」の構築<br>・「SDGs経営サポート」の活用<br>・「北九州SDGs未来都市アワード」等によるモデル事例の発信 |
| 【社会】「一人ひとりが行動し、みんなが輝く社会を拓く」 | (1) ダイバーシティの推進等による誰もが活躍できる場の創出 | ・ウーマンワークカフェ北九州を活用した女性活躍の推進<br>・誰もが働きやすいまちづくり<br>・文化・芸術を通じた相互理解による新たな未来の創造<br>・いきがい活動ステーション等を活用した高齢者のいきがいづくり<br>・障害のある人への総合的な支援 |
| | (2) 市民参加型の活動による生活の質（QOL）の向上 | ・災害に強いまちづくり<br>・子ども食堂の運営支援<br>・安全・安心のまちづくり |
| | (3) 市民の健康（幸）寿命の延伸 | ・健康づくり推進員の活動<br>・食生活改善推進員の活動<br>・喫煙者・受動喫煙の割合の減少 |
| | (4) 変革を支え、リードする教育・人材育成の推進 | ・SDGsの視点を踏まえたシビックプライドの醸成<br>・ESD活動の推進<br>・子どもに関する経済的・社会的な課題への対応 |
| | (5) 感染症に対応した安心して暮らせる社会の構築 | ・感染症対策の推進 |
| 【環境】「世界のモデルとなる持続可能なまちを拓く」 | (1) 脱炭素エネルギーの安定的な供給体制の構築 | ・エネルギーの脱炭素化<br>・再エネ100%電力化の実現<br>・住宅街区のスマート化促進<br>・風力発電関連産業の総合拠点化（再掲） |
| | (2) 市民・企業との協働による循環システムの構築 | ・世界をリードするエコタウンの形成<br>・地域環境活動の更なる促進<br>・ごみの減量と廃棄物発電 |
| | (3) コンパクトなまちの形成によるストック型社会の創造 | ・集約型都市構造の形成<br>・ウォーカブルなまちの実現<br>・人と環境に優しい交通戦略推進<br>・都市のリノベーションの推進<br>・公共施設マネジメントの推進 |
| | (4) 技術と経験を生かした国際貢献の推進 | ・官民連携による海外水ビジネスの展開<br>・「アジア低炭素化センター」を核とする環境改善の取組<br>・石けん系泡消火剤など世界に展開する商品の開発 |

## ❹北九州SDGsクラブ（図1）

北九州市では、SDGsに取り組む市民・企業・団体・学校などが会員として参画する「北九州SDGsクラブ」を2018（平成30）年11月に設立しました（図1）。クラブでは会員同士の交流や情報交換などを通じてSDGsの達成に向けた各々の活動の活性化を目指すほか、勉強会や優れた取り組みへの表彰などを行っていきます。

【プロジェクトチーム】

プロジェクトチームの活動の様子

クラブ会員が、地域課題の解決のため、趣旨に賛同する他のクラブ会員と連携して活動するチームです。クラブ会員は、解決したい課題などに基づき、共通の認識を持つクラブ会員を募り、連携することにより、活動の幅を広げることができます。このプロジェクトチームの活動を推進することで「新たな地域課題の解決モデル」の創出を目指しています。

【SDGsサポート】

●SDGs経営サポート（図2）

クラブ会員である市内の複数の金融機関と「SDGsの達成」という共通の目標のもと、「SDGs達成に向けた協力に関する協定」を締結し、クラブ会員である地域の企業が事業活動を行う上で「SDGs」の視点を取り込んだ「SDGs経営」を推進できるよう、依頼を一括して受け付け、必要な支援を行います。

「SDGsの達成」のために、地域の様々な金融機関が行政と連携し、企業をサポートする協力体制を整備するのは、全国初の取り組みです。

●SDGs防災サポート 危機管理担当（図3）

地域での主体的な防災活動を促進し、災害に強いまちづくりを推進するため、クラブ会員の企業・団体と、地域の防災計画作りや防災研修に関することなどについて協定を締結し、2021（令和3）年度より「SDGs防災サポート」を開始しました。

業種の垣根を越えて、民間企業や団体と協定を締結し、地域の防災力を高めていく取り組みは「全国初」となります。マンションや町内会等、自分たちが暮らす地域で「災害に備えたい」、「防災の学習をしたい」、「防災計画を作成したい」といった場合に、企業・団体から専門家を派遣し、メニューに沿った支援を行います。

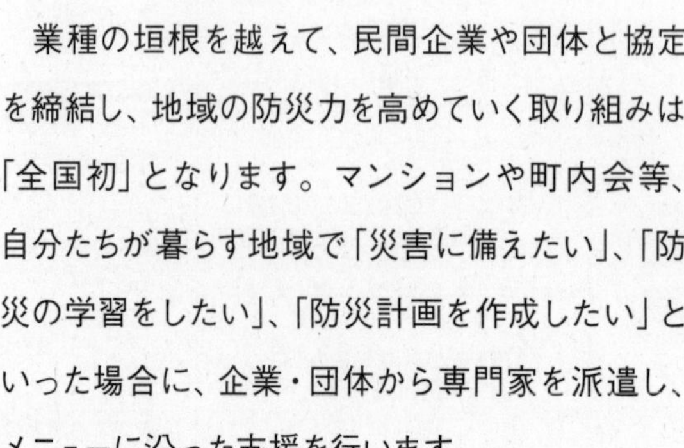

「SDGs防災サポート」会議の様子

図1

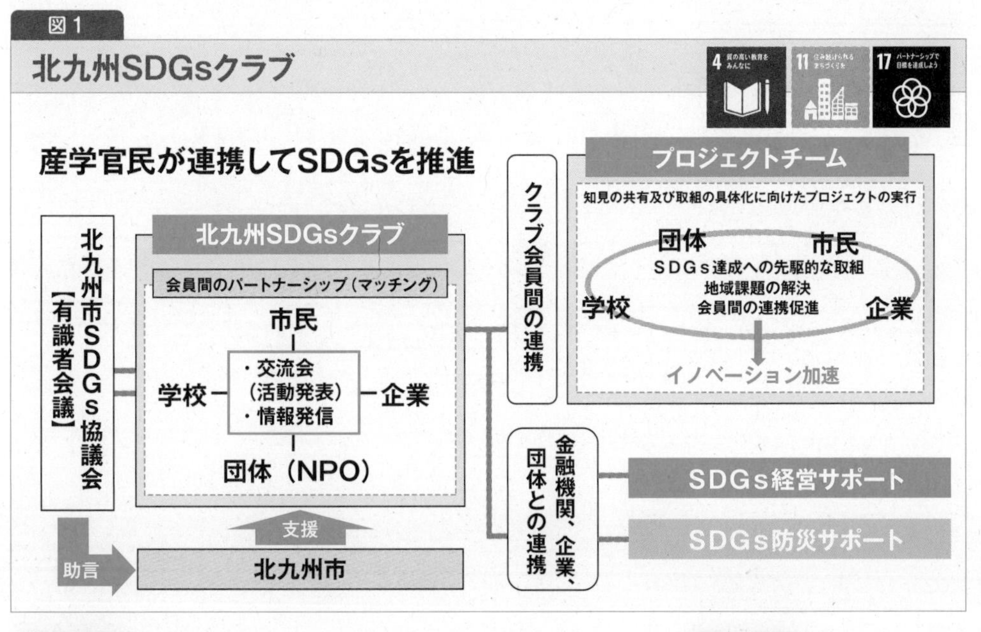

図2

図3

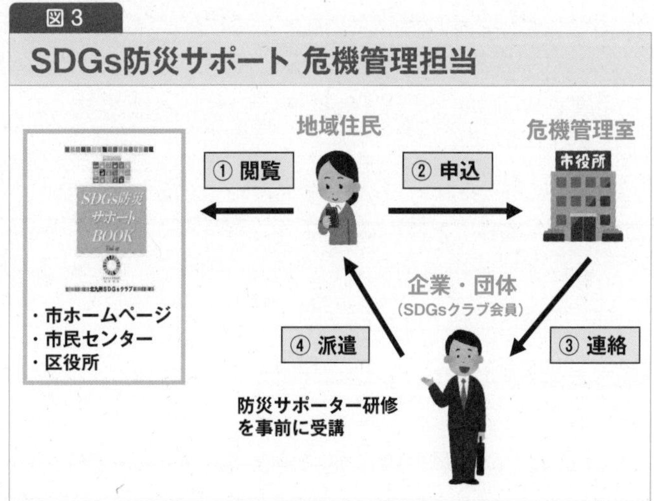


●北九州SDGsステーション

「北九州SDGsクラブ」を中核に、市民・企業・団体などの主体的なSDGsの取り組みを促進するため、多様なステークホルダー間の連携、ニーズ・シーズ等の情報の集約と発信、市民・企業からの相談対応などを行う北九州市独自のプラットフォーム「北九州SDGsステーション」を2022（令和4）年に設置しました。

北九州市環境首都検定 練習問題

## （1）SDGs未来都市 北九州市の選定にあたり、評価された取り組みでないのはどれでしょう?

□ ①相手国のニーズに応じた環境保全などの「環境国際協力」 □ ②官民のパートナーシップによる水ビジネスなどの「環境国際ビジネス」
□ ③地域課題の解決などを目指した「自治会やESDの取り組み」 □ ④産業の発展による「深刻な公害」

## （2）「北九州SDGsクラブ」に存在しない組織は、次のうちどれでしょう?

□ ①防災サポート □ ②プロジェクトチーム □ ③環境サポート □ ④経営サポート

答え：(1)④ (2)③

# 第７節 OECD SDGs北九州レポート

OECDが北九州市の取り組みを評価した「OECD SDGs北九州レポート」を通して、SDGsについて考えてみましょう。

## ❶OECDの「SDGsモデル都市」に選定

2018（平成30）年にOECD（経済協力開発機構）は都市や地域におけるSDGsを発展させる目的で「SDGs推進に向けた地域的アプローチ」プロジェクトを立ち上げました。

SDGsに積極的に取り組む世界の9つの都市や地域が「SDGs推進に向けた世界のモデル都市」として選定され、アジアからは、北九州市が唯一選ばれました。

これは、北九州市の皆さんの環境活動の努力が評価されたとともに、SDGsの一層の推進を期待されたものです。

本市とOECDによる共同記者会見

資料

### OECDについて

経済協力開発機構の略称で、Organisation for Economic Co-operation and Developmentの頭文字をとったものです。

1961（昭和36）年に設立され、世界の38ヶ国（2021（令和3）年6月1日現在）が加盟し、経済成長や環境問題など幅広い分野で、研究、分析、或いは政策提言を行うとともに、各国間の政策協調を図るための協議の場を提供しています。

本部はフランスのパリにあり、我が国には、アジア・太平洋地域を担当するOECD東京センターが設けられています。

【OECDと北九州市のつながり】

北九州市は、1985（昭和60）年に、OECDの環境レポートで「灰色のまちから緑のまちへ」と紹介されました。2011（平成23）年には、環境と経済成長を両立させる取り組みを進める「グリーン成長都市」に選定され、グリーン成長都市調査に協力するなど、これまでも密接な関係があります。

## ❷「SDGs推進に向けた地域的アプローチ」プロジェクト

このプロジェクトでは、OECDと、ドイツ・ボン市やデンマーク・南デンマーク地域など9つのモデル都市・地域が協働して、4つの活動を行い、世界の都市・地域間で学びあいながら、SDGsを推進することを目的としています。

<４つの活動>

【学ぶ】
各モデル都市・地域のSDGsの実態を調査・分析し、プロセスや成果などの教訓を学ぶ。

【測る】
都市や地域に適した共通のSDGs指標をOECDのデータベースを活用して開発する。

【共有する】
都市・地域、国や関係者の間で、教訓・好事例・課題などを共有し、相互学習を行う。

【助言する】
地域の背景や調査結果を踏まえて、OECDから政策提言を行う。

## ❸OECD SDGsレポート

OECDが「地域的アプローチ」プロジェクトを通して、各モデル都市の主要課題や対策の評価、今後の方向性などを独自の視点で取りまとめたもので、世界に発信されています。

北九州市のレポートは、2021（令和3）年6月に発表され、北九州市がSDGsを推進する背景や目的、計画、優良事例、課題、実施体制、データからの分析、そして、北九州市がSDGsを通じてより発展していくための提言が書かれています。

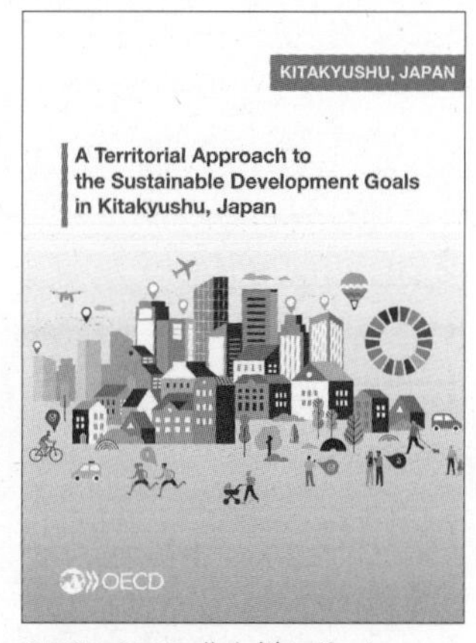


OECD SDGs北九州レポート（英語版）表紙

## ❹SDGsを活用した相乗効果を生み出す優良事例

レポートでは、SDGsを活用した相乗効果を生み出す優良事例として、環境・上下水道分野の「国際的な環境貢献」や市内のコミュニティで実施される「子ども食堂」、響灘沖の「洋上風力発電」が高く評価されています。

また、グリーン成長の大きな可能性をもたらすプロジェクトとして、北九州エコタウン事業も紹介されています。

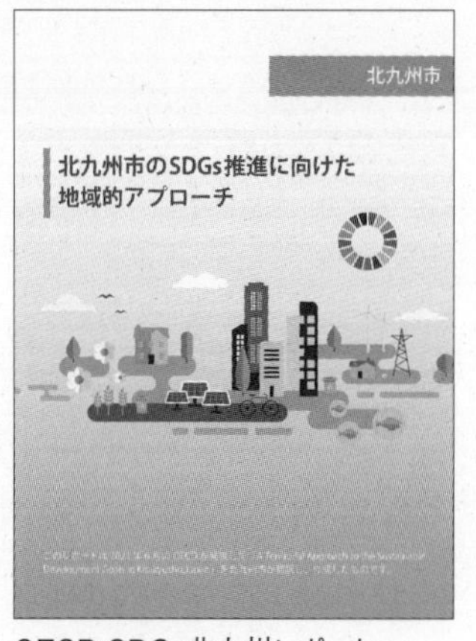


OECD SDGs北九州レポート（日本語版）表紙

OECD SDGs北九州レポート

## ❺SDGs指標による分析

また、OECDが設定した都市及び地域向けの様々な指標による分析が行われ、北九州市の実績が評価されています。OECD加盟国の地域平均と比較されているため、世界の中での位置づけを知ることができます。

環境問題は、国内のみならず、世界の標準を参考にしながら、さまざまな取り組みを積極的に推進することが求められています。

## ❻SDGs達成に向けて

持続可能な社会づくりのためには、一人ひとりが自らの行動を変革し、社会に働きかけていく必要があります。これからも「オール北九州」で、SDGs達成に向けて身近なところから取り組んでいきましょう。

北九州市環境首都検定　練習問題

SDGs達成には
世界のみんなで考えて行動する
ことが大事なんだね

### 「SDGs推進に向けた地域的アプローチ」プロジェクトの特色で、間違っているものはどれでしょう？

- □ ①9つのモデル都市を、様々な指標で分析している
- □ ②レポートを通してSDGsの推進を目的としている
- □ ③OECDと9つのモデル都市・地域が協働して、「学ぶ」「測る」「共有する」「助言する」という4つの取組を行った。
- □ ④OECD指標を用いて、国内の大都市と比較され、北九州市の現状が評価されている。

答え：④

これができれば満点も夢じゃない！

## 北九州市環境首都検定 チャレンジ問題

**1 北九州市の当時の状況や公害克服の歴史について、まちがっているものは、次のうちどれでしょう?**

(2019年度出題)

- □ ①工場の煙突から出る"七色の煙"により、多くの人がぜんそくなどの健康被害に苦しんだ
- □ ②戸畑の中原婦人会の調査活動を機に、近隣の火力発電所に集じん機が設置された
- □ ③1965年、戸畑区婦人会協議会が8ミリ記録映画「青空がほしい」を自主制作した
- □ ④市民の声を受け、行政が主体となり、公害の克服に至った

**2 北九州市が環境改善と経済発展を両立できた大きな要因となった「クリーナープロダクション(低公害型生産)技術」について、まちがっているものは、次のうちどれでしょう?**

(2017年度出題)

- □ ①照明位置の工夫などで製造施設を明るくすることで、省エネを実現
- □ ②最小量の廃水から抽出した有価物や処理水の再利用
- □ ③工場の稼働率を下げ、汚染物質の削減に成功
- □ ④省エネのためにインゴット鋳造から連続鋳造へ変えるなど、生産プロセスを改善

**3 2004年に策定した環境首都グランド・デザインは、"「真の豊かさ」にあふれるまちを創り、未来の世代に引き継ぐ"を基本理念として、3つの柱があります。その中でまちがっているものは、次のうちどれでしょう?**

(2018年度出題)

- □ ①「共に生き、共に創る」
- □ ②「持続可能な社会の構造改革」
- □ ③「環境で経済を拓(ひら)く」
- □ ④「都市の持続可能性を高める」

答え：1-④(☞第1章第2節)、2-③(☞第1章第3節)、3-②(☞第1章第4節)

# 第2章

# 地域から広がる市民環境活動の環（わ）

［第１節］ 北九州市民の環境力・
北九州エコライフステージ

［第２節］ まち美化に関する啓発

［第３節］ ３Ｒ（スリーアール）と循環型社会

［第４節］ 地元いちばん！地産地消の推進

Official Textbook for Kitakyushu City World Environmental Capital Examination

# 第1節 北九州市民の環境力・北九州エコライフステージ

北九州エコライフステージでは、「市民環境力」の向上を目指してさまざまな工夫がされています。北九州市民環境力を持続的に発展させるための取り組みを見てみましょう。

## ❶「北九州博覧祭」の成果を引き継ぎ、市民の力でさらなる取り組みを育むステージへ

「北九州エコライフステージ」は、2001(平成13)年に開催した「北九州博覧祭」をきっかけに、「身近なとこからできるエコライフの実践・提案」を目指し、2002(平成14)年からスタートしました。年間を通じ、市内各所においてさまざまな行事を開催するなど、環境活動の環(わ)を広げています(☞資料)。情報発信交流できる「環境ポータルサイトの運営」があります。

### (1)年間を通じ､それぞれの地域で環境活動を実践

市民、NPO、企業、学校、行政などさまざまな団体が、年間を通じ、エコライフ活動を実践することによって、「環境の環」と「環境に対する意識の高まり」が市民に着実に浸透しています。

### (2)シンボル事業「エコライフステージ」でエコライフを提案

2022(令和4)年は、11月19日・20日の2日間、勝山公園大芝生広場で開催され、約12万8千人が参加しました。(オンライン含む)64団体から出展があり、来場者へさまざまなエコライフを提案しました。会場では毎年、使い捨てではない食器(リターナブル食器*1)やEV(電気自動車)を用いた外部給電の実演を行い、環境にやさしい電力の利用や、普段エコについて意識していない人にも足を止めていただくため、学生や団体の活動報告、環境〇×クイズ、アーティストのライブなど、さまざまなプログラムを実施しています。また、古着や空き缶などのリサイクル資源の回収や、各団体の環境活動のパネル展示やワークショップなど、来場者が楽しみながらエコを体験できるイベントになるように取り組んでいます。

シンボル事業
「エコライフステージ」では
環境にやさしい会場運営の
ために、"3つの約束"に
取り組んでいるよ

**エコライフステージ "3つの約束"**

①ごみを出しません。
②環境にやさしいグリーン電力を使います。
③食品ロスゼロに取り組みます。

(*1)リターナブル食器:貸し出し式の食器です。エコライフステージでは、来場者に使い終わった食器を洗って返却するように声かけを行っています。

### (3) 環境活動の情報発信をお手伝い「北九州エコライフステージ」ポータルサイト

「北九州エコライフステージ」は、「北九州市の環境情報を入手するならココ」というほど、市民、NPO、企業、学校、行政などのさまざまな環境情報を一堂に集めたポータルサイト*2を運営しています。身近で暮らしに役立つ情報を掲載するなど、便利な情報も盛りだくさん。環境活動の環を広げるお手伝いをしています。

2022(令和4)年は、リアルイベントやオンラインによるエコライフステージを実施し、北九州市内で活躍する市民、NPO、企業等の活動や状況をイベント終了後もポータルサイト*2で見ることができます。

北九州エコライフステージは、環境情報の入り口だよ

(*2) ポータルサイト：ポータルとは門や入り口という意味をもちます。ポータルサイトとは、すなわち"ある分野や対象の入り口となるホームページ"のことです。ここを通じて関連するホームページにアクセスでき、またサイト自らが総合的な内容を提供する場合もあります。

エコライフステージ　検索

資料

#### 北九州エコライフステージ

**①地域の環境活動支援事業**

環境に配慮したイベントや講座など各地域が主体となって実施される事業です。年間を通じて、市内各所でさまざまな行事が開催されます。

**②シンボル事業「エコライフステージ」**

市民、NPO、企業、学校、行政が協働で、日ごろ実践している日常生活に密着したエコライフを発表・提案するエコライフステージのシンボルイベントです。

メインステージ

市民脱炭素宣言！

電動車展示試乗会

環境首都検定にチャレンジ！ ○×クイズ

(写真：北九州エコライフステージより)

ごみ・電力・食の大切さの3本柱で3つの約束を行っているよ

北九州市環境首都検定 **練習問題**

**シンボル事業「エコライフステージ」での3つの約束にあてはまらないものはどれでしょう?**

□ ①食品ロスゼロの推進　□ ②ていたんダンス　□ ③環境にやさしい電力の使用　□ ④ごみを出さない

答え：②

# 第2節 まち美化に関する啓発

まち美化には、“自分たちのまちは自分たちの手で”という気持ちが大切です。現在、多くの市民、団体などがさまざまなまち美化活動に参加しています。より多くのみなさんが取り組みやすいように、北九州市では定期的または機会あるごとに参加を呼びかけています。さまざまな活動を支援し、協働できるしくみを見てみましょう。

## ❶自分たちのまちは自分たちの手で

ニューヨークの「割れ窓理論*1」に基づき、割れ窓修理や落書き消しを徹底し、地域ぐるみで犯罪の芽を摘み取る活動が行われました。割れ窓の放置が、市民の気持ちの荒廃を生み、まちの崩壊につながるという指摘は、ごみ問題にも当てはまるでしょう。北九州市におけるまち美化の基本姿勢は“自分たちのまちは自分たちの手で”であり、ニューヨークが実践した精神と似ています。地道な活動ですが非常に大きな意義をもっているのです。

(*1) 割れ窓理論：「割れ窓を放置すると、誰も注意を払っていないという象徴になり、やがて他の窓も全て壊される」とする犯罪学の理論です。シャッターや壁に書かれた落書きや張り紙を、小さなうちに消去・撤去し、地域ぐるみで犯罪の芽を摘み取る活動に活かされています。

## ❷気軽に参加できる美化活動

毎年5月30日（ごみゼロの日）から6月30日までの1ヶ月間は、ごみゼロ事業として「“クリーン北九州”まち美化キャンペーン」を実施しています。観光地や公園など市内各区に会場を設け、市民、企業、行政が連携して大規模な「まち美化清掃」を実施したり、主要駅前での「ポイ捨て防止の呼びかけ」や啓発品の配布を行ったりしています。また、1994（平成6）年の「北九州市空き缶等の散乱の防止に関する条例*2」（まち美化条例）施行日にあわせ、毎年10月1日から7日までを「清潔なまちづくり週間」と定めました。10月の第1日曜日は「市民いっせいまち美化の日」として、市民が地域の歩道、公園、河川、海浜などを清掃します。

また、地域団体や事業者などが気軽にまち美化清掃活動に参加できるように、環境センターによる清掃用具の貸し出しや協働作業によるまち美化清掃などの支援を行う「生活環境クリーン」サポート事業が行われています。

(*2) 北九州市空き缶等の散乱の防止に関する条例：市、事業者および市民等が一体となって空き缶などの散乱を防止することによって、快適な生活環境を確保し、市内の環境美化を推進することを目的として制定されました。

## ❸ごみ問題を元から解決するために

問題を元から解決するには、マナーやモラルを育てることも大切です。「“クリーン北九州”百万市民運動推進協議会」は、地域、学校、企業、ボランティアを代表する38団体（2023（令和5）年4月1日現在）で構成され、「5分間清掃」「ポイ捨て防止」「ごみの持ち帰り」の3つが運動目標です。「まち美化条例」に基づく「まち美化推進員」には、149名（2023年4月1日現在）が選任され、行政と市民とのパイプ役として、市内各地においてまち美化の最前線で活躍しています（☞資料）。

また、幼稚園、保育所、学校でも子どもたちがまち美化の活動に積極的に取り組んでいます。この取り組みに対しては、表彰制度を設けたり、事例集「校区まち美化レポート」を作成したりしています。2019年度は24の学校などが表彰されました。このように、北九州市のまち美化は、多くの市民の協力のもと、子どもから大人までの幅広い活動により進められています。

資料

## まち美化促進区域の活動状況（2022年度）

「北九州市空き缶等の散乱の防止に関する条例」（まち美化条例）第6条第1項の規定により、多くの市民の集まる駅前や観光地など、市のイメージアップなどの観点から特にまち美化が必要な区域を「まち美化促進区域」として指定しています（11ヶ所）。

| 促進区域名 | 美化推進協議会名 | 活動日数（活動日） |
|---|---|---|
| 門司港レトロ地区まち美化促進区域 | 錦町まち美化促進協議会 | 年間 10日（第4金曜） |
| 大里柳校区駅前周辺地区まち美化促進区域 | 柳校区指定地区美化の会 | 年間 7日（第4日曜） |
| 小倉駅前地区まち美化促進区域 | 小倉都心部美化推進連絡協議会 | 年間 8日（第2水曜） |
| 勝山公園まち美化促進区域 | ※市職員による「5分間清掃」 | 年間 12日（第3火曜） |
| 朽網であい坂地区まち美化促進区域 | 朽網であい坂美化推進協議会 | 年間 6日（5月、7月、10月各2回） |
| 若松南海岸エルナード地区まち美化促進区域 | 主に4自治会が活動（名称なし） | 年間107日（自治会ごとの日程） |
| 国際通りまち美化促進区域 | 「国際通り」美化推進協議会 | 年間 6日（偶数月） |
| 帆柱自然公園まち美化促進区域 | NPO法人帆柱自然公園愛護会 | 年間 12日（第4日曜） |
| 沖田地区まち美化促進区域 | 沖田校区金山川を守る会 | 年間 8日 |
| 黒崎地区まち美化促進区域 | 黒崎地区美化推進協議会 | 年間 9日（第2木曜） |
| 戸畑駅前地区まち美化促進区域 | 戸畑区まち美化と交通安全促進協議会 | 年間 9日（第2木曜） |

●まち美化ボランティア袋：道路・公園・河川などの公共の場所をボランティアで清掃する市民に「まち美化ボランティア袋」を配布し活動の支援を行っています。また、希望する場合は「資源化物用ボランティア袋」を使って、「かん・びん」「ペットボトル」「プラスチック製容器包装」の資源化物が分別できます。

まち美化ボランティア袋

資源化物用ボランティア袋

《配布窓口》
- 市民センター
- 区役所総務企画課
- 区役所出張所
- 環境センター

※清掃したごみの排出量が10袋を超える場合は、ごみの集積場所を環境センター（☞資料編174ページ）に連絡してください。

北九州市環境首都検定 練習問題

## 北九州市の「市民いっせいまち美化の日」は、いつでしょう？

「清潔なまちづくり週間」の期間中に行われているよ


- □ ①10月の第1日曜日
- □ ②清潔なまちづくり週間である10月1日～7日
- □ ③ごみゼロの日と呼ばれる5月30日
- □ ④環境の日である6月5日

答え：①

# 第3節 3R(スリーアール)と循環型社会

私たちは、これまで多くの資源を使ってものを作り、使い終わったものを捨てながら、便利で快適な生活を送ってきました。しかし資源にも限りがあります。今のまま使っていけば、やがてなくなってしまい、ごみを埋める場所も不足します。地球環境を守り、限りある資源を未来に引き継いでいくための取り組みを見てみましょう。

## ❶3Rと優先順位

3Rとは、できる限りごみとして出さない「リデュース(Reduce)」、まだ使用できるものは捨てずにくり返し使う「リユース(Reuse)」、分別して再び資源として利用する「リサイクル(Recycle)」の3つの言葉の頭文字をとったものです(☞資料)。貴重な資源を利用して生まれたものも、いつかはごみになります。リサイクルに取り組むことは重要ですが、そのためにはエネルギーもコストも必要となります。しかし無駄なものを買わなければごみは発生しません。また、できるだけ長く使えばごみの発生量は少なくなります。3Rの取り組みのなかで、ごみそのものを出さない「リデュース」が一番環境に配慮した重要な行動になります。

## ❷切り札は循環型社会を目指すこと

資源問題と環境問題を同時に克服し、今後も持続可能な発展を続けていくためには、循環型社会を作っていくことが必要です。循環型社会とは、ライフスタイルや経済活動を見直して、3Rに取り組んだ上で、どうしてもリサイクルできないものは熱回収*を行い、最後にごみとして処分する場合は適正に処理を行うことにより、石油などの天然資源の消費を少なくして、環境への負荷をできる限り抑えた社会のことです。

(＊)熱回収
ごみから熱エネルギーを回収すること。ごみの焼却に伴い発生する熱を回収し、発電をはじめ、施設内の暖房・給湯、温水プール、地域暖房などに利用すること。

## ❸ごみの減量・資源化に向けたさまざまな啓発活動

循環型社会を作っていくためには、ごみの減量・資源化を一層推進していく必要があります。そこで市民一人ひとりの減量・リサイクル意識の向上を目的に、北九州市では各種の啓発事業を行っています。「資源」と「ごみ」の分け方・出し方が簡単に調べられる「分別大事典」は、全世帯に配布し、市外からの転入時に区役所などでも配布しています。2013(平成25)年には、雑がみの回収強化を図るため「市民いっせい雑がみ回収グランプリ」を実施するとともに、生ごみの減量のため「3切り運動(使い切り・食べ切り・水切り)」の啓発強化に努めました。2015(平成27)年からは、本来は食べられるのに捨てられている食品、いわゆる「食品ロス」を削減するため、市民および

5ヶ国語(日本語・英語・中国語・ハングル・ベトナム語)で作られた「分別大事典」

事業者が取り組むことができる「残しま宣言」運動を行っています。

## ❹環境活動を行う市民・市民団体への支援

北九州市では、市民や市民団体の自主的な環境活動を推進し、その活動を通じた地域コミュニティの活性化を図ることを目的として、ごみの減量・資源化、自然環境保全などに向けた環境活動を行う市民・市民団体に支援・助成を行っています。古紙・古着回収に関しては、町内会や子ども会、老人会などの市民団体に対し、回収量に応じた奨励金の交付（集団資源回収団体奨励金制度）や資源回収用保管庫の貸与、古紙回収未実施地域の解消や回収促進のPRなどに取り組むまちづくり協議会へ奨励金の交付（まちづくり協議会古紙回収地域調整奨励金制度）を実施しています。また、北九州市が用意した環境活動メニュー（剪定枝リサイクル事業、廃食用油リサイクル事業）の中から、地域の特性にあった環境活動を選択し、自主的に行う地域団体に対する支援や、家庭から出る生ごみの堆肥化を推進する「生ごみコンポスト化容器活用講座」などを行っています。

2016（平成28）年6月からは、さらに生ごみコンポストを普及させるため、家庭で取り組んでできた「余った生ごみ堆肥の回収」を行っています。

残しま宣言応援店ステッカー

食べ切りを促進する取り組みを行っている飲食店等を「残しま宣言応援店」として登録しています。

残しま宣言啓発カード

資料

### 3Rとは何でしょう？

まず　**Reduce** リデュース（発生抑制）

できるだけ大切に使って、ごみを出さないようにします。
- ●無駄なものは買わない。詰め替え商品を選ぶ。
- ●買物にはマイバッグなどを使い、レジ袋を断るようにする。
- ●買った商品はシールのみ、または簡単につつんでもらうようにする。

次に　**Reuse** リユース（再使用）

作り直したり、修理したりして、再び使います。
- ●服をリフォームしたり、ものを修理して長く使ったりする。
- ●バザーやフリーマーケット、リユースショップ等を利用し、必要な人に使ってもらう。

最後に　**Recycle** リサイクル（再生利用）

違うものに作りかえて、再び使える物にします。
- ●資源化物は分別マナーを守ってきちんと分別収集に出す。
- ●古紙は集団資源回収や市民センターの保管庫などに出す。
- ●生ごみはコンポスト化容器などで堆肥にする。

北九州市環境首都検定 練習問題

**環境に配慮した行動である3Rの中で、優先する取り組みは次のうちどれでしょう？**

- □ ①古紙など分別して再び使える物にする「リサイクル」
- □ ②修理する等して再び使用する「リユース」
- □ ③レジ袋を断る等の「リデュース」
- □ ④生ごみを堆肥にする「リサイクル」

答え：③

# 第4節 地元いちばん！ 地産地消の推進

「地産地消」とは、地元で生産されたものを地元で消費するという意味です。北九州市は海や大地の豊かな自然、そこから生まれる豊かな食べ物に恵まれたまちです。そんな地元・北九州市での地産地消の取り組みをあなたはどれだけ知っているでしょう。

## ❶農地がもたらす環境への役割

田や畑といった農地は私たちに生きるための糧（かて）を与えてくれるだけでなく、多様な生物のすみかとなり、目と心をいやす風景を生み、環境を学習する場を提供します。また、水田は水源のかん養、洪水の防止、土壌の浸食や崩壊の防止など多くの市民の財産や暮らしを守っています。

地域の農業を支えることがこれら多様な価値を守ることにつながります。

## ❷海がもたらす環境への役割

海の中は、田や畑のように日ごろは目にすることはできません。

しかし、海は多様な生物のすみかとなり魚介類の豊かな恵みを私たちに与えてくれるだけではなく、人と海とのふれあいによる環境学習の場も提供しています。

また、海にすむ植物プランクトンや海藻（そう）は、光合成により海水中の$CO_2$を吸収するとともに酸素を作り出しており、その量は地球の酸素の3分の2に達します。多様な生物がすむ豊かな海を守っていくことが、私たちの食糧を確保することにもつながっています。

地産地消は
フードマイレージ削減
になり、$CO_2$削減に
つながるよ

（＊）フードマイレージ：食糧の総重量と輸送距離をかけあわせたものです。同じ運搬手段であれば、食糧の生産地から食卓までの距離が長いほど、輸送にかかる燃料や$CO_2$排出量が多くなります。フードマイレージの高い国ほど、食糧消費が環境に負荷を与えていることになります。

## ❸地産地消とフードマイレージ*

日本は多くの食糧を海外から輸入しています。また国内においても遠くから運ぶことが多く、輸送に伴う$CO_2$が大量に発生しています。

輸送食糧の重量と輸送距離をかけあわせたものを「フードマイレージ」といい、生産地域の人々が消費すると輸送距離が減り、フードマイレージも減ることになります。

## ❹海の幸・山の幸を愛する地産地消サポーター

2007（平成19）年に始まった「海の幸・山の幸を愛する地産地消サポーター」は、消費者、販売店、加工・製造、飲食店、生産者という立場の人が交流活動を行っています（☞資料-1）。「地元いちばん」という合言葉のもと、地産地消をすすめ、市内の農林水産業を応援することが目的です(☞資料-2)。

北九州市内産食材の積極的な使用や購入あるいは情報の発信など、市内の農林水産業を応援する気持ちがあれば、個人や団体を問わずどなたでも登録可能です。

資料-1

## 海の幸・山の幸を愛する地産地消サポーター

つくるとたべるをつなぐ—「海の幸・山の幸を愛する地産地消サポーター」

地元を食べよう! 北九州
地元いちばん
地域産業の活性化

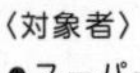

**生産者サポーター**
〈対象者〉
●農業者 ●漁業者
●農業団体
●漁業団体 など
〈役　割〉
●消費者が求める安全・安心な農作物の生産と安定供給
●農業体験の受け入れ
●生産現場の情報提供

**販売店サポーター**
〈対象者〉
●スーパー
●デパート
●小売店
●直売所 など
〈役　割〉
●市内産食材の積極的な販売
●市内産食材の積極的なPR

**加工・製造サポーター**
〈対象者〉
●自ら加工品を製造する生産者
●食品製造メーカー
●食品加工業者 など
〈役　割〉
●市内産食材を活用した加工品の開発(6次産業化)
●農林水産業と他産業(加工・漁業・販売業)との連携(農商工連携)

**飲食店サポーター**
〈対象者〉
●飲食店
●レストラン
●ホテル など
〈役　割〉
●市内産食材を活用したメニューの提供、および商品の開発
●市内産食材の積極的なPR

**消費者サポーター**
〈対象者〉
●一般消費者
●消費者団体
●NPO など
〈役　割〉
●市内産食材の積極的な購入
●生産者に対する理解と応援

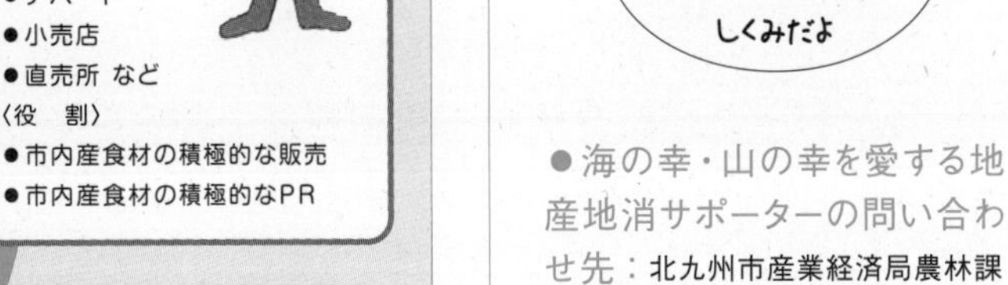

海の幸・山の幸を愛する地産地消サポーターってなあに?
いろいろな立場の人が交流して「地産地消」を推進するしくみだよ

●海の幸・山の幸を愛する地産地消サポーターの問い合わせ先：北九州市産業経済局農林課 電話(093) 582-2078

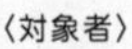
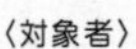

メモ

資料-2

## 北九州市内産の農林水産物いろいろ

大葉しゅんぎく

合馬たけのこ

若松潮風® キャベツ

若松水切りトマト

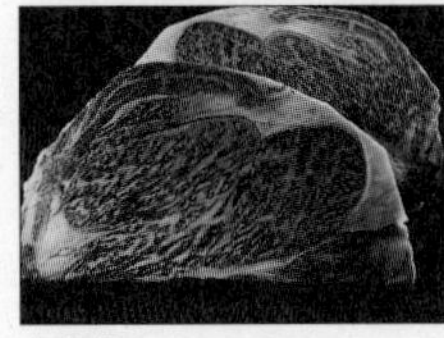
小倉牛

豊前本ガニ

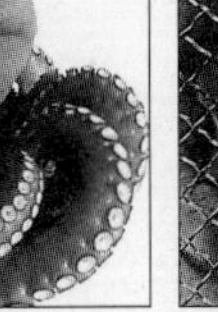
関門海峡たこ

豊前海一粒かき

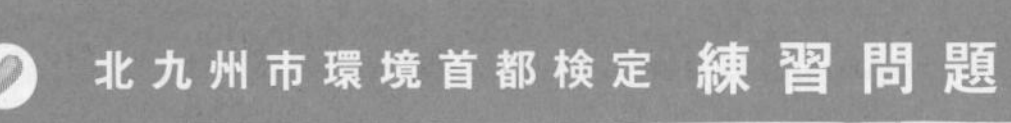

北九州市環境首都検定 **練習問題**

5分野のサポーターが北九州市の食をつないでいるのね

### 2007年度に始まった海の幸・山の幸を愛する地産地消サポーターにないものはどれでしょう?

□ ①生産者サポーター　□ ②販売店サポーター　□ ③環境サポーター　□ ④飲食店サポーター

答え：③

これができれば満点も夢じゃない！

## 北九州市環境首都検定 チャレンジ問題

**1 2002年にスタートしたシンボル事業「エコライフステージ」での3つの約束に当てはまらないのは、次のうちどれでしょう?**

（2020年度出題）

- □ ①ごみを出さない
- □ ②グリーン電力の利用
- □ ③プラスチックを使わない
- □ ④フードロスゼロの推進

**2 北九州市では、まち美化のためのさまざまな活動の参加を市民のみなさんに呼びかけています。この活動のうち、「市民いっせいまち美化の日」は、次のうちどれでしょう?**

（2017年度出題）

- □ ①毎年10月1日から7日までの1週間
- □ ②毎年5月30日から6月30日までの1ヶ月間
- □ ③6月5日
- □ ④10月の第1日曜日

**3 環境に配慮した行動である 3R の中で、優先する取り組みは、次のうちどれでしょう?**

（2019年度出題）

- □ ①古紙など分別して再び使える物にする「リサイクル」
- □ ②修理する等して再び使用する「リユース」
- □ ③レジ袋をもらわない等の「リデュース」
- □ ④生ごみを堆肥にする「リサイクル」

答え：1-③（☞第2章第1節）、2-④（☞第2章第2節）、3-③（☞第2章第3節）

# 第3章

# 環境学習の取り組み

[第１節] タカミヤ環境ミュージアムを拠点とした環境学習の推進

[第２節] 未来を変える環境学習“ドコエコ！”

[第３節] 北九州こどもエコクラブ

[第４節] 幼児から小・中学生に対応した環境教育副読本

[第５節] 学校における環境教育

[第６節] 持続可能な開発のための教育（ESD）の推進

[第７節] 北九州市環境首都検定の取り組み

第1節

# タカミヤ環境ミュージアム[*1]を拠点とした環境学習の推進

“環境学習するなら北九州市へ”と言えるほど、市内の環境学習施設は充実しています。その総合拠点であるタカミヤ環境ミュージアムとはどのような施設か紹介します。ぜひ何度も訪れ、楽しく学んでください。

## ❶環境学習の総合拠点として

「タカミヤ環境ミュージアム」は、2001(平成13)年に開催された北九州博覧祭におけるパビリオンを利用して、2002(平成14)年にオープンしました。以来、北九州市の環境学習・活動・交流の3つの機能を兼ね備えた総合拠点となっています(☞資料)。

館内には北九州市の公害克服の歴史をはじめ、地球環境問題、環境技術やライフスタイルのあり方、SDGsの取り組みなどを展示し、ガイドが丁寧に、楽しく紹介しています。また、書籍やビデオ、パネル・実験機器などの貸し出しを行い、環境情報の発信の場となっています。さらに、環境学習サポーター[*2]が環境学習のお手伝いやアドバイスを行っています。

また、2010(平成22)年には、環境にやさしい住まいづくりの情報発信拠点「北九州エコハウス[*3]」が、2012(平成24)年には新たな体験学習プログラム「北九州 地球の道[*4]」が完成しました。

## ❷体験型の学習施設

環境ミュージアムは、単なる知識習得ではなく、体験・体感型の施設です。「見て、考え、行動する」ことを重視し、ガイドによる来館者に応じた分かりやすい解説に加え、“アクティビティ”と呼ばれる手法を取り入れています。アクティビティの内容は、ガイドや環境学習サポーターが、さまざまな環境に関する事柄をクイズ形式で紹介したり、廃材を利用したエコ工作を行うなどオリジナルの体験型学習を行っています。

## ❸国内外から多くの人に愛されるミュージアム

環境ミュージアムには、国内外から年間10万人を超える人が訪れています。研修や視察も多く、近年では、他の環境関連施設と連携して、「北九州の環境学習のスタートはここから!」のテーマによる修学旅行のコースとしても人気があります。このように環境ミュージアムは、市民はもとより国内外の人々にも魅力的な施設となっています。

(＊1)タカミヤ環境ミュージアム:2023(令和5)年4月1日より北九州市環境ミュージアムはネーミングライツ(命名権)を導入して株式会社タカミヤ様がサポーター企業となりました。

(＊2)環境学習サポーター:タカミヤ環境ミュージアムを拠点とし、市民の環境意識を高め、環境学習・活動の活性化に向けたサポートを行う市民ボランティアです。サポーターは、環境に関する知識や環境学習の指導・アドバイスを行うための研修を受講したうえで、タカミヤ環境ミュージアムや市内環境イベント、また小学校や市民センターで“出張環境ミュージアム”などの活動を行います。2023(令和5)年4月現在、54名が登録されています。

●問い合わせ先:
北九州市環境局環境学習課
電話(093)582-2784

(＊3)北九州エコハウス(21世紀環境共生型モデル住宅):家庭部門からの$CO_2$排出量を削減するため、環境負荷が少なく、かつ快適な暮らしを実現するエコハウスの普及促進を目的に、環境省の認定を受けて建設しました。自然・再生可能エネルギーの活用やエコな住まい方などを学べます。

自然の風や光を利用した「北九州エコハウス」。断熱壁や複層ガラスなども取り入れています。

資料

## 環境学習の総合拠点「タカミヤ環境ミュージアム」

住所：北九州市八幡東区東田2丁目2-6（JRスペースワールド駅から徒歩約5分）
電話（093）663-6751　☞http://eco-museum.com/

風レンズ風車や壁面緑化、太陽光発電など環境配慮設備を取り入れている環境ミュージアムと北九州エコハウス

北九州市の公害克服の歴史、地球環境問題、SDGs、北九州市の環境への取り組みなどについて展示

環境学習サポーターと一緒にエコ工作

ガイドによる環境学習プログラム

（＊4）北九州 地球の道：脚本家・倉本聰氏が監修する「富良野自然塾」で考案された環境学習プログラムを北九州市で展開。環境ミュージアムから東田第一高炉史跡広場へと続くフィールドを舞台に、地球誕生から現代までの壮大なドラマを体験できます。

想像力をかきたてるガイドの解説を受け、自分の足で踏みしめながら体感できる「北九州 地球の道」。

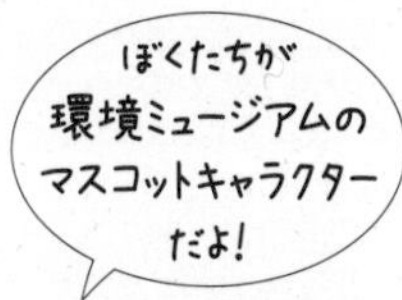

ぼくたちが
環境ミュージアムの
マスコットキャラクター
だよ！

環境学習サポーターは
毎年、市政だよりなどで募集
しているよ


北九州市環境首都検定　練習問題

### 環境学習サポーターの活動に、あてはまらないものはどれでしょう？

☐ ①環境学習の指導・アドバイス　☐ ②出張環境ミュージアム

☐ ③エコ工作など体験型学習の実践　☐ ④公害監視

答え：④

# 第2節 未来を変える環境学習“ドコエコ!”

北九州市には、恵まれた自然や充実した環境関連施設が多くあります。それらを環境資源として結びつけ、多世代の市民がまち全体で楽しく環境学習を行い、市民環境力の向上につなげるしくみ、それが「“ドコエコ! ”」です。

●ドコエコとは?：「ドコへ行こう? エコはどこ?ドコがエコ?」の略です。

ドコエコ!のロゴマーク

エコツアーでは施設職員の詳細な説明を受けることができます。

## ❶環境学習施設×環境資源＝未来を変える環境学習（ドコエコ!）～そして一人ひとりがエコなライフスタイルへ～

北九州市は、環境ミュージアムやエコタウンセンターをはじめとする環境学習施設や、響灘ビオトープ、平尾台、曽根干潟などの豊かな自然環境フィールドなど、たくさんの環境資源に恵まれています。一つひとつの場所でもすばらしい環境学習ができますが、これらを組み合わせて学習を行うことで、一つのテーマについて深く学んだり、幅広い視点で物事を考えたりと、環境学習の幅が大きく広がります。

また、この豊富な環境資源を活用し、「豊かな自然」に加え、「環境にやさしい産業」「公害克服の歴史」など、さまざまな学びを取り入れた北九州市ならではの魅力的なエコツアーを実施しており、市内外から多くの人々が参加しています。

このように、まち全体で楽しく環境を学ぶことが、自分たちの住むまちに誇りや愛着を持ち、よりよいまちづくりのために行動することにつながります。その取り組みを広げ、北九州市が「持続可能なまち」になることを目指して「愛称：ドコエコ! 」を2011年度から推進しています。

## ❷「タカミヤ環境ミュージアム」では、「環境学習コンシェルジュ」が学びをサポート

タカミヤ環境ミュージアムでは、環境学習のコーディネーターである「環境学習コンシェルジュ」が市内の環境学習施設や体験プログラムなどの紹介、エコツアーの企画立案、研修やセミナーの相談・提案などを行っています。また、SNSなどで情報発信を行っています。

## ❸ホームページも充実

情報発信のしくみとして、施設情報や体験プログラムをまとめた冊子「環境体験学習施設案内ドコエコ!」や、北九州の環境について本格的に学習するのに最適な冊子「エコツアーガイドブック」の発行を行っています。また、「ドコエコ!ホームページ」やSNSなどを通じ、多くの市民にわかりやすく環境学習情報をお届けしています（☞資料）。

資料

## 環境学習情報

### 「ドコエコ!ホームページ」

施設情報、体験学習プログラム等の情報に加え、施設案内冊子・情報誌・エコツアーガイドブック等の各種資料の閲覧などができます。また、イベント情報もリアルタイムで掲載しており、環境学習情報を総合的に集めることができます。

### 「ドコエコ!」

Facebook、Twitterを利用し、環境に関する情報をリアルタイムで発信しています。

●Facebook

●Twitter

### 「エコツアーガイドブック」

北九州市のエコツアーをさらに充実させるガイドブックです。「自然」・「環境産業」・「まちづくり」・「活動」の各テーマごとに分かれており、用語解説、データ、関係者へのインタビューなどを交えながら、環境情報を詳しく解説しています。また、北九州市の公害克服の歴史を学べる「公害克服編」もあります。環境局環境学習課（市役所10階）で配布しています。ドコエコ!ホームページでも閲覧可能です。

メモ

北九州市環境首都検定 練習問題

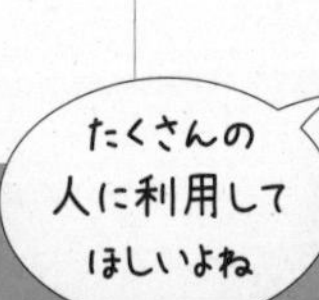

## 「ドコエコ！」について、まちがっているものはどれでしょう?

- □ ①市内の環境関連施設や自然を結びつけて、まち全体で学ぶしくみである
- □ ②ホームページやSNSなどを通じて情報発信をしている
- □ ③エコツアーガイドブックは、テーマごとに分かれた、エコツアーを充実させるガイドブックである
- □ ④「ドコエコ!」とは、環境学習サポーターの愛称である

答え：④

# 第3節 北九州こどもエコクラブ

こどもエコクラブは、次世代を担う子どもたちが人と環境との関わりについて学び、環境を大切にする心を育んでいくことを目的としています。北九州市のこどもエコクラブについて見てみましょう。

こどもエコクラブ
イメージキャラクター
エコまる

●こどもエコクラブ全国事務局：
公益財団法人日本環境協会
電話（03）5829-6359
インターネットでも登録できます。

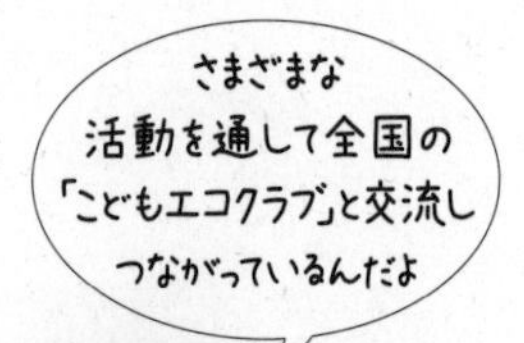


●北九州こどもエコクラブ
問い合わせ先：
北九州市環境局環境学習課
電話（093）582-2784

さまざまな
活動を通して全国の
「こどもエコクラブ」と交流し
つながっているんだよ


## ❶「こどもエコクラブ」を知っていますか

「こどもエコクラブ」は、子どもたちが主体的に環境に関する学習や活動を行うクラブで、地域の子ども会や近隣の友人、家族、なかよしグループ、学校などが登録・活動しています。2つの活動の柱をもち、自分たちでできる身近な環境活動に、自由に取り組みます。

（1）“エコロジカルあくしょん”

クラブが自主的に行う活動です。生きもの調査、街のエコチェック、リサイクル活動など、環境に関することなら何でも「エコロジカルあくしょん」になります。

（2）“エコロジカルとれーにんぐ”

全国事務局が作成する「ニュースレター」やウェブサイトの中で紹介される、環境活動・学習プログラムに取り組む活動です。

## ❷環境学習を通して、全国のメンバーたちとつながろう

「こどもエコクラブ」は、幼児（3歳）から高校生まで誰でも参加することができます。こどもエコクラブに登録すると、クラブの活動に役立つツールや情報、イベント案内等が得られるなど、子どもたちと地域で環境活動を始めたい大人たちにも最適です。

こどもエコクラブウェブサイトでは、自分たちのクラブの活動をPRできるほか、全国のこどもエコクラブの活動紹介が見られるなど、全国で同じような活動をしている大勢のメンバーたちとつながることができます。

## ❸全国的にも活動が盛んな「北九州こどもエコクラブ」

「北九州こどもエコクラブ」は、1996年度の創設以来、会員数が常に全国上位です。その活動が評価され、2005（平成17）年3月に開催された全国フェスティバルでは、環境大臣から感謝状を授与されました。1999（平成11）年と、2008（平成20）年には、全国フェスティバルが北九州市で開催され、環境学習施設へのエコツアー*、壁新聞による

活動報告、サポーター交流会などに約12,800名が参加しました。また、2010年度こどもエコクラブ壁新聞大会で、北九州市の「たぶのきエコキッズ」が「環境大臣賞」を受賞しました。

2023(令和5)年1月現在、登録数・メンバー数は、51クラブ・2,629名です。それぞれのクラブは、地域で清掃活動をしたり、廃材で工作をしたり、イベントに参加したり、楽しく活動しています。

北九州こどもエコクラブ事務局では、イベント情報等の提供、「こどもエコクラブだより」の発行を通じて、クラブへの支援を行っています(☞資料)。

(＊)エコツアー：自然や歴史、文化などを素材に、環境を体験・学習する観光ツアーのことです。環境意識の高まりから、新しい旅行のかたちとして注目され、自然のなかで動植物について学ぶだけでなく、公害や環境技術なども重要なテーマとなっています。

資料

## 北九州こどもエコクラブの活動

紙作り

清掃活動

野菜作り

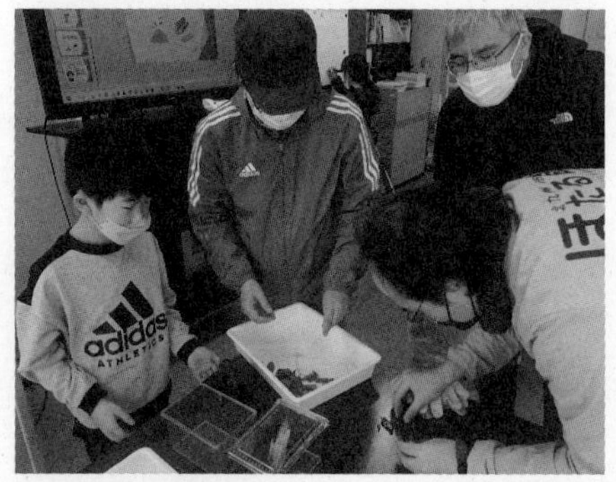
adidas
昆虫先生の出前講座

北九州こどもエコクラブは1996年度創設だよね

北九州市環境首都検定 **練習問題**

### こどもエコクラブについてまちがっているものはどれでしょう?

- □ ①3歳から高校生まで誰でも参加が可能
- □ ②北九州こどもエコクラブができて2年目
- □ ③全国で環境活動をしているメンバーとつながる
- □ ④"エコロジカルあくしょん"と"エコロジカルとれーにんぐ"の2つの活動の柱をもつ

答え：②

# 第4節 幼児から小・中学生に対応した環境教育副読本

北九州市の環境教育副読本は、幼児から中学生まで、発達段階に応じて作られています。市内すべての幼稚園・保育所・小学校・中学校に配布され、子どもたちは身近な北九州市の環境について学んでいます。環境教育副読本について見てみましょう。

## ❶工夫とアイデアの詰まった環境教育副読本

北九州市内の小・中学校で使っている環境教育副読本は、30年以上の歴史があります。2000年度の総合的な学習の時間の創設時に再編集しました。再編集の基本的な考え方は、①総合的な内容を、②発達段階に応じた構成で、③身近な地域など北九州市の事例を多く、④写真やイラストで見やすく、⑤実験・調査やクイズ、ゲーム、歌などの楽しい内容を含み、⑥学校の先生が執筆するなどでした。

年齢に応じた分冊として、小学校用は2学年ずつの3段階に分け、テーマごとの章立てとし、中学校用は複数の教科・科目の内容を相互に関連づけて学習する「クロスカリキュラム[*1]」の手法で編集するなど、きめ細かく現場に対応しています。2002年度に幼児用、小学校低学年・中学年・高学年用および中学校用の5段階シリーズが完成しました。小学校高学年用の「みんなで守ろう!!きれいな地球」は2018年度、環境教育副読本[*2]追加版を挿入し、北九州市環境首都検定ジュニア編のテキストにもなっています(☞資料-1)。また、北九州市のホームページ上からダウンロードすることができます。

(*1)クロスカリキュラム：特定のテーマについて、複数の教科が連携し、互いの内容を関連させ編成するカリキュラムです。環境問題解決に必要な、広い視野から総合的に課題を理解し、判断する能力の獲得を目指すものです。(例)社会科・家庭科・理科をクロスさせ水質保全を学ぶ。

(*2)環境教育副読本：
環境教育副読本はインターネットでご覧になれます。

環境教育副読本 

## ❷別冊「青い空を見上げて」に込めた思い

2005年度には、小学校高学年向けに環境学習サポーター(☞第3章第1節)が語る公害克服の体験紙芝居をもとに、環境教育副読本別冊「青い空を見上げて」を発行しました。環境学習サポーターには、当時の工場に勤めていた人や北九州市に住んでいた人が多く、紙芝居は一人ひとりが体験に基づき語る形式になっているため、柔らかく語る言葉からは重みと同時に、自信と希望が伝わってきます。実際に環境学習サポーターが学校へ行き、紙芝居の読み聞かせをしたり、体験談を話したりすることもあります。

別冊「青い空を見上げて」

## ❸「みどりのノート」の誕生

2009年度には、環境教育ワークブック「みどりのノート」（小学校低学年・中学年・高学年用の3種類と教師用指導書）の製作に取り組み、2010（平成22）年春に市内小学校全児童に配布しました（☞資料-2）。現在、毎年、全1・5年生に配布しています。

北九州市の事例を用いて、脱炭素社会の良さに気づき、身近なところからエコライフに取り組んでみたいと思えるような具体的な例や、太陽光発電などの再生可能エネルギーにも焦点を当てています。各学年の学習に関連させながら、各教科や総合的な学習の時間の中で、児童が自分の思いを書き込みながら幅広く活用することを目的としています。

● 環境教育副読本の問い合わせ先：北九州市環境局環境学習課
電話（093）582-2784

メモ

資料-1

### 「環境教育副読本」

～幼児から小中学生まで～ 市内すべての幼稚園・保育所、小中学校へ配布

小学校低学年用

小学校中学年用

小学校高学年用

音声CD

中学校用

小学校教師用　幼児用絵本

点字版　大型版

資料-2

### 「みどりのノート」

特徴
①各学年の学習に関連させながら総合的、体系的に仕上げています。
②北九州市の事例により、環境問題とその取り組みを理解できるようにしています。
③脱炭素社会の良さに気づき、身近なところからエコライフに取り組んでみたいと思えるような具体的な例を紹介しています。
④再生可能エネルギーにも焦点を当てています。
⑤写真やイラストなどビジュアルで分かりやすくしています。
⑥学校の先生が執筆しています。

小学校低学年用　小学校高学年用　教師用

北九州市環境首都検定 練習問題

### 環境教育副読本の特徴について、まちがっているものはどれでしょう?

- □ ①小学校高学年用は、北九州市環境首都検定ジュニア編のテキストになっている
- □ ②幼児から小中学生まで、発達段階に応じた種類がある
- □ ③環境学習サポーターが作成した紙芝居をもとに作られたものがある
- □ ④みどりのノートは、3年ごとに小学生に配布している

答え：④

# 第5節 学校における環境教育

北九州市では、児童生徒の発達段階や地域の特性を考慮し、各教科などの中で相互に関連を図りながら、学校教育活動全体で環境教育に取り組んでいます。また、小・中・特別支援学校に太陽光発電を設置し、環境教育の教材として活用することも広がっています。具体的にはどのような取り組みが行われているのでしょう。

地域や学校、
子どもの実態に応じた
教育活動が求められて
いるんだ!


(*)「SDGs環境アクティブ・ラーニング」における活動の様子：北九州市の豊かな自然と環境関連施設を活用した環境体験活動を展開しています。

環境ミュージアムでの活動の様子

● 学校における環境教育の問い合わせ先：
北九州市教育委員会教育情報化推進課
電話(093)582-3445

## ❶わが街わが校のSDGs作戦

北九州市内の小・中・特別支援学校、幼稚園においては、特色ある環境教育を行い、ホームページで実践を紹介しています。具体的には、学校の特色を生かし、子どもの実態に応じた年間計画に基づき、地域の川や山などの環境調査活動、アルミ缶や古紙などのリサイクル活動や地域の清掃活動などが行われています。併せて、優秀な取り組み(学校・団体)を募集し、表彰も行いました。

## ❷SDGs環境アクティブ・ラーニング*

環境保全への関心、意欲を育てることを目的に、市立小学校第4学年の児童を対象に実施しています。平尾台、山田緑地、いのちのたび博物館、環境ミュージアム、スペースLABO、響灘ビオトープ、エコタウン、日明浄化センター(ビジターセンター)の8ヶ所から2ヶ所の体験学習コースを指定し、各々の施設の学習プログラムで体験活動を行うものです。各学校の環境教育の内容との接続を考慮して、総合的な学習の時間の中で事前学習、体験学習、事後学習を行い、児童の実態や学校の特色を活かしながら実施しています。

## ❸SDGs推進校

北九州市教育委員会では、「第2期北九州市子どもの未来をひらく教育プラン」に示されているSDGsの視点を踏まえた学校教育を推進しています。その中で、SDGs推進校として、「環境」「福祉」「国際理解」「人権」「防災」などSDGsの視点を踏まえた教育活動に積極的に取り組んでいる学校を支援しています。SDGs推進校には、大学教授を招いた研修を実施したり、授業実践を全市的に広めたりしています。そうした中で、持続可能な担い手として求められる価値観が、本市児童生徒の具体的な行動としてあらわれることを目指しています。「SDGs推進校」は、小学校9校(赤崎小、市丸小、小倉中央小、曽根東小、花尾小、すがお小、竹末小、鞘ヶ谷(さやがたに)小、藤松小)、中学校12校(尾倉中、早鞆(はやとも)中、菊陵中、黒崎中、中原中、柳西中、富野中、湯川中、吉田中、高須中、洞北中、則松中)、特別支援学校1校(八幡西特別支援学校)、高等学校1校(北九州市立高等学校)の計23校です(2023(令和5)年4月現在)。各校の特色に応じた持続可能な社会の構築に主体的に取り組む能力、態度を育成する継続研究を行っています。

## ❹エコ改修で環境教育も

北九州市内の小・中・特別支援学校に太陽光発電を設置し、発電パネルなどを使って環境教育の教材として活用しています。特に曽根東小学校では、2006年度に、文部科学省や環境省などが連携して進める「学校エコ改修・環境教育」事業の第1期モデル校に採択され、①外断熱(そとだんねつ)(屋根・壁)、②ペアガラス、③高反射塗装、④壁面緑化、⑤庇(ひさし)の設置、⑥高窓による自然換気、⑦夜間の通風によるコンクリート冷却、⑧教室のオープン化、⑨雨水の散水への利用、⑩照明の高効率化、⑪節水型トイレの導入、⑫給湯設備の高効率化、⑬太陽光発電、⑭環境学習スペースの整備などを実施しました。現在でも、児童はもちろん地域住民、建築技術者などの環境教育の教材としても活用されています。

### 学校設置の太陽光システム

発電された電力は、校舎の照明電源などに利用しています。
(写真は最大発電電力10kWの太陽電池)

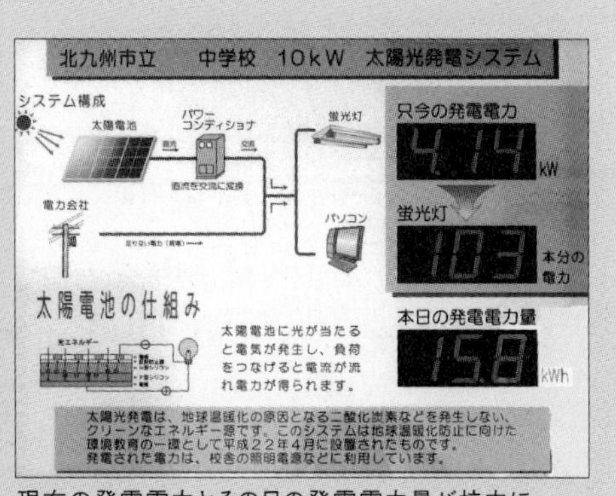


現在の発電電力とその日の発電電力量が校内に表示されます。

●エコ改修の例(曽根東小学校):

《壁面バルコニーの緑化》緑化プランターを設けることによって、日よけや視覚的な効果をもたらしています。

《ソーラーチムニー》階段室上部の屋根部に開口部を設け、上昇気流を排気すると同時に明るく照らします。

メモ

北九州市環境首都検定 練習問題

**北九州市の小・中・特別支援学校に設置されている発電装置は、次のうちどれでしょう?**

□ ①風力発電　□ ②太陽光発電　□ ③地熱発電　□ ④バイオマス発電

答え:②

第6節

# 持続可能な開発のための教育(ESD)の推進

**世界では地球温暖化などの環境問題をはじめ、経済や社会の大きな課題を抱えています。さらに、少子高齢化や大規模災害、地域コミュニティの希薄化など複雑な問題が絡み合う日本。私たちが地球に暮らし続け、将来世代が安心して暮らせる社会を築くためには、今、何に取り組むべきでしょう。**

●ESDに関する世界の主な動き

- 1987(昭和62)年:国連ブルントラント委員会で、「持続可能な開発」の概念が取り上げられる。
- 1992(平成4)年:「国連環境開発会議(地球サミット)」において、持続可能な開発についての行動計画「アジェンダ21」に教育の重要性が盛り込まれる。
- 2002(平成14)年:ヨハネスブルグ・サミットにおいて、日本が「ESDの10年」を提唱し、国連総会にて、満場一致で採択される。
- 2005(平成17)年～2014(平成26)年:「ESDの10年」として、世界が連携してESDの推進を図る。
- 2012(平成24)年:「国連持続可能な開発会議(リオ+20)」が開催され、成果文書に「2014年以降のESDの推進」が明記される。
- 2014(平成26)年:「ESDに関するユネスコ世界会議」が愛知県と岡山市で開催される。
- 2015(平成27)年～2019(平成31)年:グローバル・アクション・プログラム(GAP)に基づき世界規模でESDの推進に取り組む。
- 2019(令和元)年:国連総会で、「持続可能な開発のための教育:SDGs達成に向けて(ESD for 2030)」が採択される。

ESDは、持続可能な社会づくりに向けた人づくりなんだ

## ❶ESDとは?

ESDとは、持続可能な開発のための教育「Education for Sustainable Development」の略称です。ESDは、多様な問題がからみ合い、解決が困難な現代の課題に対し、地球レベルの視野をもって、地域などで多くの人たちが「つながり、一緒に考え、取り組む」ことで解決に導き、持続可能な社会へと変えていく、これからの時代にふさわしい人材育成の手法です。ESDの対象は、学校教育をはじめ、社会教育や企業の人材育成など持続可能な社会を担(にな)うすべての活動が含まれ、分野も環境、福祉、人権、男女共同参画、多文化共生など多岐にわたります。

## ❷ESDの土壌が育まれた北九州市の歴史

北九州市では、急激な経済発展に伴う1960年代の深刻な公害を、市民・企業・大学・行政が一体となって克服した歴史があります。これは母親たちが家族の健康を侵す環境の変化に気づき、大学の先生に相談したり、自ら調査を行って勉強会を開いたりする活動をきっかけとして、その取り組みが企業や行政に広がったものです。そしてこれが北九州市におけるESDの原点と言えます。この経験をもとに、北九州市ではさまざまな取り組みを展開してきました。

## ❸北九州市における主な取り組み(北九州ESD協議会)

2006(平成18)年に、市民を中心に産学官民からなる北九州ESD協議会が設立され、国連大学からESDの推進拠点であるRCE*に認定されました。この協議会を核として、現在、ESD活動が進められ、産学官民の垣根を越えたつながりをもたらすプラットフォームとなっています。

(1) 部会活動

①ブランディング部会

広報紙「未来パレットだより」やホームページ、Facebookを活用して協議会の活動などを発信

②調査研究・国際部会

市内のESD活動の調査や韓国RCEと、お互いの国やESDの取り組みについての学び合いなどを実施

ESDツキイチの集い

(2) イベント活動

市内で開催される各種イベントの出展や、ESD出前講座、市民センター館長・職員研修などを実施

## ❹市内のESDの取り組み事例

[保育施設の活動]

- SDGsと社会貢献の根っこを育てる ～誰一人残さずできること～
- キッズ・キッズ保育園

使い捨てカイロ・ペットボトルキャップ・子ども服の回収やフェアトレード・BG無洗米の使用など、0～2歳児やハンディのある子どもでも一緒にできることに取り組んでいます。子どもたちが行動することで、保護者や地域にも協力してもらい、SDGsの理解を広めていきたいと思います。

[高等学校の活動]

- 戸畑高校フードロス削減プロジェクト ～もったいないを ありがとうに～
- 福岡県立戸畑高等学校 家庭クラブ

企業における1/3ルールや余剰食品の存在を知り、生徒自らフードロス削減プロジェクトチームを立ち上げ、校内でフードパントリーを実施したり、地域の子ども食堂でボランティアをしたりすることで、フードロスにつながる活動を行っています。

(＊) RCE：「Regional Centre of Expertise on ESD」の略称。全世界においてRCEづくりが進められており、2021(令和3)年12月現在、世界で181地域、日本では8地域(北海道道央圏、仙台広域圏、横浜、中部、兵庫-神戸、岡山、北九州、大牟田)が認定されています。

●北九州まなびとESDステーション

小倉の中心商店街に、ESDコミュニティスペースとして開設しました。子どもから大人まで誰もが集えるまなびの場として、さまざまなイベントや講義などを開催しています。お気軽にお立ち寄りください。

所在地：北九州市小倉北区魚町3-3-20中屋ビル地下1階

電話(093) 531-5011

●北九州ESD協議会

各種イベントや事業の詳細は、HPをご覧ください。

●ESDの問い合わせ先：

北九州市環境局環境学習課

電話(093) 582-2784

ESDは、持続可能な
社会づくりで、対象は多岐に
わたっているよ


北九州市環境首都検定 練習問題

### ESDに関する記述として、正しいものはどれでしょう？

- ☐ ①ESDの分野は「環境問題」だけである
- ☐ ②ESDは、SDGsの目標4だけでなく、全ての目標達成に貢献する
- ☐ ③ESD に取り組むのは日本だけである
- ☐ ④北九州にESDの推進拠点「RCE」はない

答え：②

第7節

# 北九州市環境首都検定の取り組み

世界の環境首都を目指す北九州市の取り組みや魅力を再発見し、実践的な環境行動につなげるきっかけづくりを目的に始めた環境首都検定。受検者数も年々増加し、内容も充実してきています。

## ❶環境の“ご当地検定”を北九州市から発信

北九州市は、公害克服の実績をもち、環境の取り組みで国際的にも高い評価を受けています。そこで、市民の環境学習の機会を増やし、環境意識の向上や環境に関心を持つ市民の裾野（すその）を広げることを目的に、全国で初めて、環境分野の“ご当地検定*”である「北九州市環境首都検定」を2008（平成20）年より実施しています。

## ❷さらに価値ある環境首都検定へ

検定は、受検者のアンケート結果や応援団の意見をもとに企画しています。今後も、環境意識の向上や北九州市の魅力の再発見、そして市民のみなさんの活動の一助となる検定を目指します。

(1)**受検区分**：主に高校生以上を対象とした「一般編」と、さらに高いレベルを目指した「上級編」、中学生・高校生を対象とした「中高生編」、小学校5・6年生を対象とした「ジュニア編」の4区分で実施しています。より多くの人に受検してもらえるように、受検料を無料としています。2022年度の受検者数は5,751人（上級編81人、一般編830人、中高生編1,303人、ジュニア編3,537人）でした。そのうち、市外の受検者は102人でした。

(2)**グループ受検**：学校や企業、家族などで2人以上で申し込みできる「グループ受検」があります。2022年度は80チームが参加しました。

(3)**検定応援団**：北九州市内の企業・団体を対象に「検定応援団」を募集しています。具体的な応援内容は、①検定当日のサービスや広報、②企業・団体内での合格者優遇、③合格証提示による特典・サービスの提供などです。

(4)**表彰制度**：年度末に表彰式を実施しています。優秀な成績をおさめた人、グループ全体で一致団結して検定に取り組んだ人たちを表彰しています（☞資料-1・2・3）。

（＊）ご当地検定：その土地の歴史・文化などについて、その知識レベルを認定する検定制度。多くの場合、予習のためのガイドブックも販売されています。主な受検者は観光関係者・地域振興関係者・地元通など。近年、全国各地で、地域振興を目的とした制度創設が相次いでいます。（出典：「大辞林・第三版」）

令和4年度　北九州市環境首都検定

成績表　合格

上級編

山田 太郎　様

100点

あなたは、北九州市の環境の取り組みだけでなく、地球環境問題について、大変よく習得されており、最も優秀な成績を収めました。

あなたがもっている知識を十分に活かし、これからも環境に優しい生活を続けていただき、あらゆる面で活躍されることを祈念いたします。

令和5年2月1日
主催　北九州市

北九州市環境首都検定

受検者全員に個別に郵送される成績表（見本）

資料-1

## 環境首都検定 受検者数推移 (2020～2022年度)

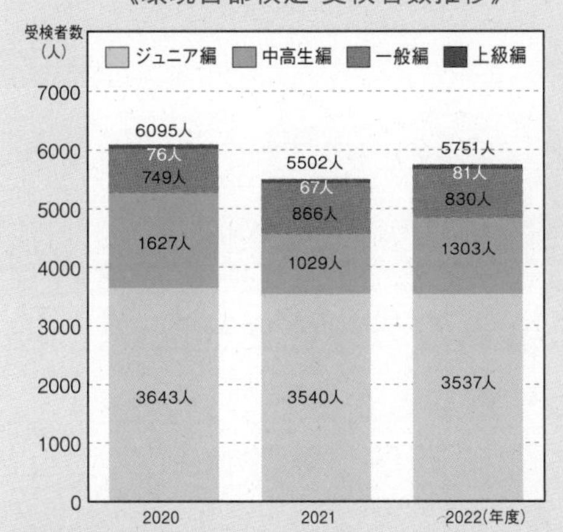


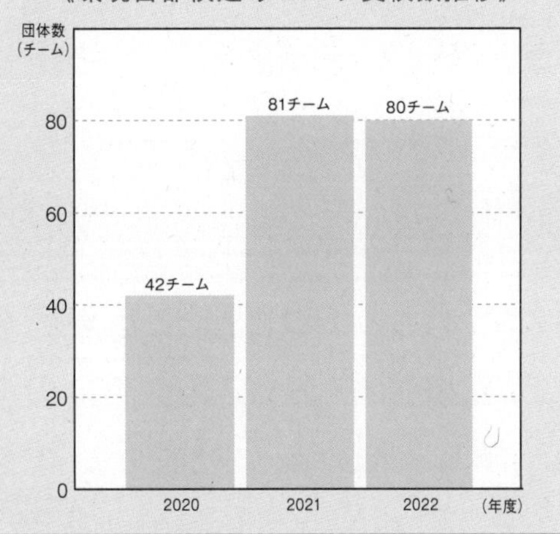


資料-2

## 2022年度 検定実施結果

| 受検区分 | ジュニア編 | 中高生編 | 一般編 | 上級編 | 計 |
|---|---|---|---|---|---|
| 申込者数 | 3,761名 | 1,462名 | 1,006名 | 94名 | 6,323名 |
| 受検者数 | 3,537名 | 1,303名 | 830名 | 81名 | 5,751名 |
| 受検率 | 94.0% | 89.1% | 82.5% | 86.2% | 91.0% |
| 平均点 | 69.0点 | 55.1点 | 69.3点 | 64.7点 | — |
| 合格率 | 52.0% | 14.7% | 56.4% | 43.2% | 44.0% |
| 合格者数 | 1,838名 | 192名 | 468名 | 35名 | 2,533名 |
| 100点 | 40名 | 0名 | 6名 | 0名 | 46名 |
| 90~99点 | 303名 | 6名 | 91名 | 2名 | 402名 |
| 70~89点 | 1,495名 | 186名 | 371名 | 33名 | 2,085名 |

2022年度受検風景

資料-3

## 環境首都検定の特設サイト

検定受検者の勉強方法として、過去問題を解くサイトがあります。こちらのサイトよりぜひ挑戦してみてください。

※令和5年3月31日をもちまして、スマートフォンアプリ「環境ドリル」(iOSおよびAndroid)のサービス提供を終了しました。

特設サイト画面

特設サイト
二次元バーコード

2021年度から
webで検定がうけられるよ!
合格目指して一緒に
頑張ろう!


●環境首都検定の問い合わせ先：北九州市環境局環境学習課
電話 (093) 582-2784

●環境首都検定検討会：市民、企業、教育、行政など、あらゆる分野から選出した8名の構成員による検討会です。検定実施の基本方針や問題作成に関することなど、環境首都検定運営全般について、検討・協議しています。

メモ

北九州市環境首都検定 練習問題

### 北九州市環境首都検定の記述としてまちがっているものはどれでしょう?

一般編の問題は
この公式テキストの中から
出題されるのね


- ☐ ①受検料は無料である
- ☐ ②グループ受検ができる
- ☐ ③受検区分は「上級編」と「一般編」の2つである
- ☐ ④特設サイトで過去問が解ける

答え：③

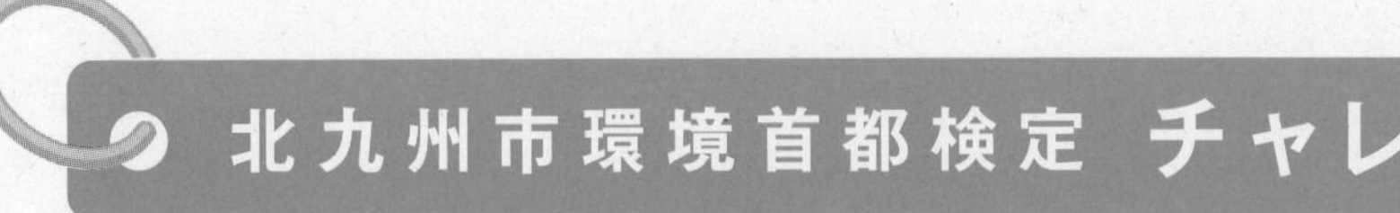

これができれば満点も夢じゃない！

## 北九州市環境首都検定　チャレンジ問題

**1 2002年にオープンした A には北九州の公害克服の歴史や地球環境問題、環境技術やライフスタイルのあり方などを展示し、ガイドが丁寧に楽しく紹介しています。2012年に新たな体験学習プログラム B が完成しました。A B に入る言葉の組合せで、正しいものはどれでしょう？**

（2020年度出題）

- □ ①A.エコタウン　B.北九州　地球の道
- □ ②A.環境ミュージアム　B.北九州　宇宙の道
- □ ③A.環境ミュージアム　B.北九州　地球の道
- □ ④A.エコタウン　B.北九州　太陽の道

**2 ESD（持続可能な開発のための教育）について、まちがっているものは、次のうちどれでしょう？**

（2019年度出題）

- □ ①ESDの分野は、環境問題だけである
- □ ②北九州ESD協議会は、市民を中心に産学官民からなる
- □ ③北九州ESD協議会は、国連大学からESDの推進拠点であるRCEに認定されている
- □ ④小倉北区の中心商店街に「北九州まなびとESDステーション」が開設されている

**3 ESD（「Education for Sustainable Development」：持続可能な開発のための教育）について、まちがっているものは、次のうちどれでしょう？**

（2018年度出題）

- □ ①ESDの分野は、環境だけでなく、福祉、人権、男女共同参画、多文化共生など多岐にわたる
- □ ②2006年、市民を中心に産学官民からなる「北九州ESD協議会」が設立された
- □ ③2002年、「持続可能な開発に関する世界首脳会議（ヨハネスブルク・サミット）」で、日本が「ESDの10年」を提唱し、世界規模の取り組みが始まった
- □ ④2015年9月の国連サミットで採択された国際目標SDGs（Sustainable Development Goals：持続可能な開発目標）の達成に向け、北九州市は自治体としてさまざまな取り組みをしているが、ESDの取り組みはその中に含まれていない

答え：1-③（☞第３章第１節）、2-①（☞第３章第６節）、3-④（☞第３章第６節）

# 第4章

# 脱炭素社会への取り組み

# 第1節 エネルギーのうつりかわり

日本のエネルギー利用は、石炭から石油へとうつりかわり、その後は原子力発電が注目されるようになりました。しかし、東日本大震災以降、再び石炭や石油などの化石燃料に頼ることとなります。これからのエネルギー供給について、日本のエネルギー事情を知り、なぜ今「再生可能エネルギー」が注目されているのか学習しましょう。

## ❶日本のエネルギー情勢

日本でも石炭がエネルギーの主役であった1960(昭和35)年には、58%の高いエネルギー自給率*1を維持していましたが、高度経済成長に伴う（ともな）エネルギー需要の増加と、国内の石炭生産量減少によって、エネルギー自給率は急速に低下していきました。1970年代、一次エネルギー*2の利用が国内供給の7割を超えて石油に依存していた日本は、二度にわたるオイルショックにより、石油から得られるエネルギーに頼りすぎることを反省し、その経験から原子力や石油代替エネルギー*3の導入が進みました。1980年代以降は、石油代替エネルギーの利用が進みましたが、次第に燃料の輸入が増えるようになりました。2018(平成30)年現在では、日本のエネルギー自給率はわずかに11.8%程度しかありません。

(*1) エネルギー自給率：生活や経済活動に必要な一次エネルギーのうち、自国内で確保できる比率です。

(*2) 一次エネルギー：エネルギーを生み出すための資源で、原油、液化天然ガス、石炭などの化石燃料や、原子力発電の燃料としてのウランなど。石油事業者や電力・ガス事業者などによりガソリンや灯油、電気、都市ガス等といった使いやすい二次エネルギーへと転換されて、消費者のもとへ届けられ、使用されています。

(*3) 石油代替エネルギー：石油に代わりうるエネルギー。太陽光、風力、水力、地熱、天然ガスなど。

## ❷再生可能エネルギーへの期待と活用

原子力は、エネルギー資源が乏しい日本にとって、技術で獲得できる事実上の国産エネルギーとして注目され、1954年度以降、九州電力などの各電力会社により原子力発電所の建設が相次いで行われました。2010年度の原子力発電電力量は、日本の発電電力量の28.6%を占めていました(☞資料-1)。

東日本大震災後は、原子力発電所の災害時における安全性の確保が課題となっており、2013年度の原子力発電量は、日本の発電電力量のわずか1.0%となりました。日本は再び、石炭や液化天然ガスを含めた化石燃料に頼ることとなり、2016年度には化石燃料全体への依存度は89%まで上昇しました。しかし化石燃料は、資源の枯渇（こかつ）問題に加えて、燃焼したときに$CO_2$を多く発生するため、地球温暖化の原因にもなっています(☞トピックス第2節)。国が2021(令和3)年に発表した「第6次エネルギー基本計画」では、2030年度の再生可能エネルギーによる発電量が全体の36～38%まで増加すると見込んでいます(☞資料-2)。再生可能エネルギーは、純国産(輸入バイオマスは例外)のエネルギーであることに加え、地球温暖化の原因である$CO_2$を発生させないなどの利点があります。一方で、発電コストや発電量が不安定などの課題があります。

日本のエネルギー自給率は、わずか11.8%しかないんだ
だからこそ再生可能エネルギーの導入が進んでいるんだよ

電気は、発電と消費が同時に行われるため、これらを常に一致させる必要があります。九州本土では再生可能エネルギーの導入量が急速に増えていることから、九州全体の発電量が消費量を上回らないよう、火力発電の制御とともに揚水発電の活用や、本州への送電などの対応を行っていますが、まだ発電量の方が多い時があり、2018(平成30)年10月に国内で初めて再生可能エネルギー発電量を制御しました(出力制御)。再生可能エネルギーをたくさん導入するためには、再生可能エネルギーの発電量が多い時間帯に、電気を蓄電池や水素に変換して貯めたり、発電されている時間に合わせて電気を使うというようなライフスタイルの転換が必要になるかもしれません。

## ❸日本の再生可能エネルギーへの取り組み

再生可能エネルギーには、太陽光、風力、水力、地熱、太陽熱、波力、潮力、大気中の熱、バイオマス(生物資源)などがあります。

2012(平成24)年7月より再生可能エネルギーの固定価格買取制度*4が開始され、再生可能エネルギーの導入が進んできました。風力発電も、導入事業者への支援措置などにより年々増えてきています。また、水源地ダムの水が流れ下る落差を利用した小水力発電*5などの取り組みが、日本の各地で実施されてきました。

2019年度、日本の発電電力量に占める再生可能エネルギーの割合は、18%となっています(☞資料-1)。

(*4)再生可能エネルギーの固定価格買取制度:再生可能エネルギー源(太陽光、風力、水力、地熱、バイオマス)を用いて発電された電気を、国が定める固定価格で一定の期間電気事業者に調達を義務づける制度です。

(*5)小水力発電:河川などで生じる水の落差を利用して水車を回して発電する水力発電のうち、規模や出力が小さい発電のことを小水力発電と呼び、一般的には出力1,000kW以下のものをさします。特に小水力発電は、小さな河川や水路が多い日本に合ったエネルギー源として注目されています。

(*6)エネルギーミックス:発電設備には、太陽光や風力などの再生可能エネルギーのほか、石油火力、原子力などさまざまなタイプがあります。電気が安全で、安定して、また安く供給され、さらに$CO_2$排出量を抑えるためには、バランスの取れた電源構成とする必要があります。そのような最適な電源構成を「エネルギーミックス」または「ベストミックス」と言います。

資料-1

**東日本大震災前後の日本の電源構成**

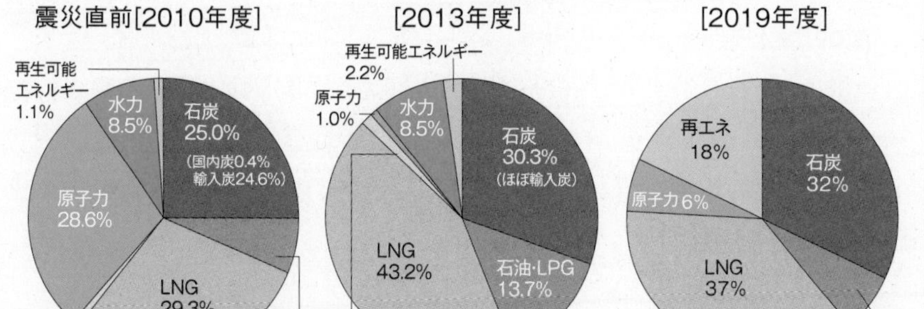

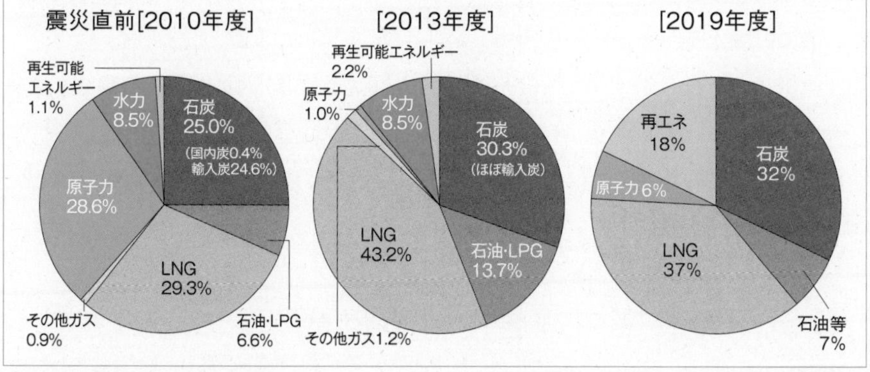

震災直前[2010年度]
再生可能エネルギー 1.1%
水力 8.5%
石炭 25.0%(国内炭0.4% 輸入炭24.6%)
原子力 28.6%
LNG 29.3%
その他ガス 0.9%
石油・LPG 6.6%

[2013年度]
再生可能エネルギー 2.2%
原子力 1.0%
水力 8.5%
石炭 30.3%(ほぼ輸入炭)
LNG 43.2%
石油・LPG 13.7%
その他ガス1.2%

[2019年度]
再エネ 18%
石炭 32%
原子力 6%
LNG 37%
石油等 7%

(出典:日本のエネルギー〈資源エネルギー庁〉)

資料-2

**2030年度エネルギーミックス*6**

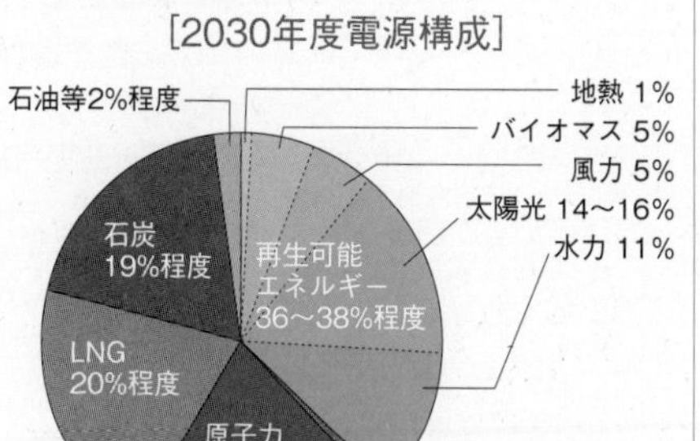

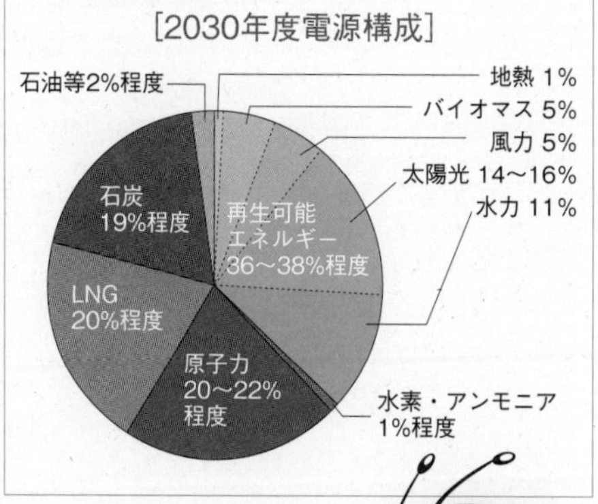

[2030年度電源構成]
石油等2%程度
地熱 1%
バイオマス 5%
風力 5%
太陽光 14~16%
水力 11%
石炭 19%程度
再生可能エネルギー 36~38%程度
LNG 20%程度
原子力 20~22%程度
水素・アンモニア 1%程度

東日本大震災があって、災害時の安全性が見直されるエネルギーがあったよね

北九州市環境首都検定 練習問題

### 日本のエネルギー事情として、まちがっているものはどれでしょう?

- ☐ ①1960年には、石炭により58%という高いエネルギー自給率を維持していた
- ☐ ②1970年代のオイルショックにより、エネルギーを石油に頼りすぎることを反省した
- ☐ ③資源が乏しくても技術で獲得できるため、原子力発電所の建設は年々進められている
- ☐ ④再生可能エネルギーは、純国産のエネルギーであり、$CO_2$を発生させない利点がある

答え:③

# 第2節 風力発電関連産業の総合拠点化に向けた取り組み

北九州市では、響灘地区を中心に充実した港湾インフラや港の直背後(ちょくはいご)に広がる広大な臨海部産業用地を活用し、風力発電をはじめとした環境・エネルギー関連産業の集積を図る「グリーンエネルギーポートひびき」事業に2011(平成23)年から取り組んでいます。

## ❶風力発電のしくみ

風力発電は、風の力で風車を回し、この回転エネルギーを発電機に伝送して電気を起こすシステムです（☞資料-1）。発電の際に温室効果ガスを排出しない再生可能エネルギーの一つで、風さえあれば夜間でも発電できるほか、将来的には発電コストの低下による経済性も期待できるエネルギー源です。

## ❷わが国の取り組み

わが国では、2020（令和2）年10月に「2050年カーボンニュートラル、脱炭素社会の実現を目指す」ことを宣言しました。これを踏まえ、同年12月に経済産業省が関係省庁と連携して「2050年カーボンニュートラルに伴うグリーン成長戦略」を策定しました。この中で、洋上風力発電は、大量導入やコスト低減が可能であるとともに、経済波及効果が期待されることから、再生可能エネルギーの主力電源化に向けた切り札と位置付けられています。

洋上風力発電は、先行しているヨーロッパ地域に加え、近年では中国での導入も進んでいます。わが国においても、洋上では安定した風況による効率的な発電が可能なことや、陸上に比べ大きな部材の輸送の際の制約が少なく、大型設備の導入が可能なことから、今後、整備が進むことが期待されています（☞資料-2）。

## ❸風力発電関連産業の総合拠点の形成 ～グリーンエネルギーポートひびき事業～

風力発電産業は、多数の部品の製造や輸出入、保管、移送、設置工事からO&M(オーアンドエム)*1に至るまで、広い裾野(すその)を持つ産業と言われています。また、風車の部材を輸送し海上に設置するには、特殊な船舶や技術・経験などが必要です。工業都市、港湾都市として発展してきた北九州市には、これらの技術やノウハウが豊富に蓄積されています。

グリーンエネルギーポートひびき事業は、北九州市に蓄積された技術や響灘地区の充実した港湾インフラを活用し、響灘地区に「風車の積出・建設機能」「風車部品の物流機能」「O&M機能」「関連産業を集積させる製造産業拠点機能」の4つの機能を整備した風力発電の「総合拠点」（☞資料-3）を形成することで、地域産業の活性化を目指しています。

（＊1）O&M：（Operation & Maintenance）風車が故障することなく効率的に発電するため運転(オペレーション)と迅速・的確な維持・補修のためのメンテナンスを行います。

### (1) 北九州響灘洋上ウインドファーム（仮称）事業

北九州市では、2016（平成28）年に響灘の港湾区域において洋上風力発電を行う事業者を公募し、2017（平成29）年に事業者（現在の「ひびきウインドエナジー株式会社」）を選定しました。この事業では、最大約220MWの発電を行う大規模な洋上ウインドファーム（北九州響灘洋上ウインドファーム（仮称））の設置に向け、2023（令和5）年3月に建設工事が開始されています（☞資料-4）。ここでの年間の発電予定量は、15～17万世帯の1年分の電力使用量に相当します。

### (2) 洋上ウインドファーム[*2]を支える基地港湾

洋上ウインドファームを設置するためには、重厚長大な風車部材の荷揚げ、運搬・保管、事前組み立てや洋上への積み出しを可能とする高い耐荷重性を備えた広いヤードと岸壁が必要となります。このため、国が「海洋再生可能エネルギー発電設備等拠点港湾（基地港湾）」の1つに北九州港を指定し、響灘地区でこれらの機能を備えた基地港湾の整備に取り組んでいます。

（*2）ウインドファーム：風力発電設備である風車を集中的に設置した発電施設。このうち海洋に設置されたものは洋上ウインドファームと呼ばれています。

メモ

資料-1

**風力発電のしくみ**

①ブレード　風を受けて回り、その力を増速機に伝えます。
②増速機　風車の回転数を上げて、発電機に伝えます。
③発電機　発電機が回って電気を作ります。
風
風の向きに合わせて風車の向きを変えます。
風の強さに合わせてブレードの角度を変えます。

資料-2

**2022年末時点の世界の洋上風車の発電量内訳**

※GWECの資料を元に作成

総発電量 64,320MW
ヨーロッパ以外 53%：中国49%、その他4%
ヨーロッパ 47%：イギリス22%、ドイツ13%、オランダ4%、デンマーク4%、ベルギー 3%、その他1%

資料-3

**総合拠点のイメージ**

資料-4

**響灘洋上ウインドファーム設置予定図**

（若松区響灘エリア）

北九州市環境首都検定　練習問題

たくさんの電気がつくられるんだね


**北九州響灘洋上ウインドファーム（仮称）で予定されている1年間の発電量で何世帯分の電気をまかなうことができるでしょう？**

□ ①1,000 ～ 2,000世帯　□ ②1万～ 2万世帯
□ ③15万～ 17万世帯　□ ④40万～ 45万世帯

答え：③

第3節

# 北九州次世代エネルギーパーク

「北九州次世代エネルギーパーク」は、若松区響灘地区に位置し、太陽光発電や風力発電などいろいろなエネルギー関連施設が集まった国内最大級のエリアです。どのような施設があるのか見てみましょう。

## ❶次世代エネルギーパークとは

次世代エネルギーパークとは、太陽光や風力などの新エネルギーを実際に見て触れる機会を増やし、エネルギー問題への理解を深めることを期待して、経済産業省が提唱しているものです。北九州市は2007(平成19)年に、全国初の6ヶ所の1つとして認定され、2009(平成21)年にオープンしました(2021(令和3)年4月現在全国66ヶ所)(☞資料)。

●「kW(キロワット)」:kWはキロワットと読み、発電する力(能力)を表しています。実際に発電する量は、太陽の照り具合や風の吹き具合によって変動します。

## ❷北九州次世代エネルギーパークの特徴

若松区響灘地区などに立地する北九州次世代エネルギーパークには、太陽光発電や、大型風力発電(陸上風力発電、洋上風力発電)、大型のバイオマス・石炭混焼発電、廃食油からのバイオディーゼル燃料(BDF)製造設備などの施設があります。このパークの特徴は、太陽光、風力、バイオマスなど多種多様なエネルギー関連施設が集積している点や、工場廃熱による発電電力などを地域内工場で活用する「エネルギーの地産地消」が行われている点です。

また、北九州市エコタウンセンター別館内には、各エネルギー(太陽光、風力など)やエネルギー関連施設について紹介する展示コーナーを常設し、いつでも楽しく学ぶこともできます。また、各施設を見学できるツアーも実施しています(要予約)。

## ❸再生可能エネルギーの集積に向けた取り組み

北九州市は、地域エネルギー拠点化推進事業において、若松区響灘地区を中心に、風力発電をはじめとする再生可能エネルギー導入の推進を行っています。

風力発電産業の集積等を見据え、北九州市立大学等と連携し、再生可能エネルギーに資する人材の育成にも取り組んでいます。

資料

## 次世代エネルギーパークエリア内に立地する関連施設

(出典：Next Generation Energy Kitakyushu - エネルギーの未来は北九州から -)

市民太陽光発電所（1,500kW）

NEDO洋上風力発電（提供：NEDO）

バイオマス・石炭混焼発電

電源開発グリーンオイル

風車＋太陽光
響灘ウインドエナジーリサーチパーク

●次世代エネルギーパークの問い合わせ先：
北九州市環境局再生可能エネルギー導入推進課
電話（093）582-2238

●次世代エネルギーパーク見学の問い合わせ先：
北九州市エコタウンセンター
電話（093）752-2881

メモ

北九州市環境首都検定 練習問題

### 北九州次世代エネルギーパークにはない施設はどれでしょう?

- □ ①太陽熱を利用した発電施設
- □ ②1,500kWの太陽光発電（メガソーラー）
- □ ③バイオディーゼル燃料（BDF）製造設備
- □ ④バイオマス・石炭混焼発電

答え：①

第4節
# 水素社会実現に向けた取り組み

水素は、「持続可能」で「環境にやさしい」次世代のクリーンなエネルギーとして、今後の活用が期待されています。
北九州市では、水素社会実現に向け、全国に先がけてさまざまな取り組みを行ってきました。具体的にはどのような取り組みが行われているのでしょうか。

(*1) 燃料電池：水素と空気中の酸素を反応させて電気を起こす発電システムです。

(*2) エネルギーセキュリティ：政治、経済、社会情勢の変化に過度に左右されずに、国民生活に支障を与えない量を適正な価格で安定的に供給できるように、エネルギーを確保することです。

(*3) 副生水素：製鉄所、食塩電解などの工場で発生するガスから副産物として生じる水素のことです。

## ❶水素エネルギーの特長

水素は、エネルギーとして利用する際、地球温暖化の原因である二酸化炭素（$CO_2$）を発生しないため、次世代のクリーンエネルギーとして注目されています。

水素エネルギーの利活用には、主に4つの意義があります。

【水素エネルギー利活用の意義】

(1) 環境負荷の低減：水素の利用段階では、地球温暖化を進める二酸化炭素を一切排出しません。水素の製造段階で再生可能エネルギーを使用すると、トータルで二酸化炭素を排出しません。排出されるのは水だけで、硫黄酸化物などの大気汚染物質を一切排出しません。

(2) 省エネルギー：水素と空気中の酸素を反応させて発電する燃料電池*1では、発生する熱を有効利用できるので、エネルギーを効率よく使えます。

(3) 産業振興：水素関連産業は日本が強い競争力を持っており、関連産業も多いので、高い経済波及効果があります。

(4) エネルギーセキュリティ*2：製鉄所や化学工場から発生するガスから副産物として生じる水素（副生水素*3）といった未利用エネルギーや、風力や太陽光のような再生可能エネルギーによる電力を使って水を電気分解して製造される水素を利用することにより、エネルギー自給率を高めることができます。

## ❷北九州水素タウン（八幡東区東田地区）

### （1）北九州水素タウン実証事業（2010年度～2014年度）

水素タウンでは、市街地に敷設した全長1.2kmの水素パイプラインを通じ、一般住宅、商業・公共施設へ水素を供給し、燃料電池などで利用する全国初の実証が行われました。

### （2）水素パイプラインを活用した技術実証（2018（平成30）年7月～）

水素燃料電池実証住宅やタカミヤ環境ミュージアム（エコハウス）に設置された燃料電池へ水素供給を再開しました。ここでは、大規模なパイプラインなどを活用し、水素ビジネスに乗り出す企業の実証フィールドとして提供するなど、水素エネルギーの実証・PR拠点化を目指しています。

企業のニーズや
技術の進展に応じた、
新たな実証を進めていくよ

## ❸$CO_2$フリー水素製造・供給実証（若松区響灘地区）（2020年度～2022年度）

### 脱炭素社会の実現に向けた「$CO_2$フリー水素」の実証事業を実施しました。

- 響灘地区に集積する太陽光や風力発電、北九州市内のごみ発電（バイオマス）といった複数の再生可能エネルギーを使って、「$CO_2$フリー水素」をつくり、燃料電池自動車の燃料にしたり、公共施設や住宅の電気や熱にしたりして実際に使いました。
- 水素の製造から輸送・利用までの全工程で実証を行うことで、安価で効率的な水素の製造方法、将来の大規模化を見据えた設備の規模や制御方法、輸送ネットワークなどを検証しました。
- この実証を通じ、水素エネルギーの社会実装による温室効果ガス削減、水素社会の実現を目指します。

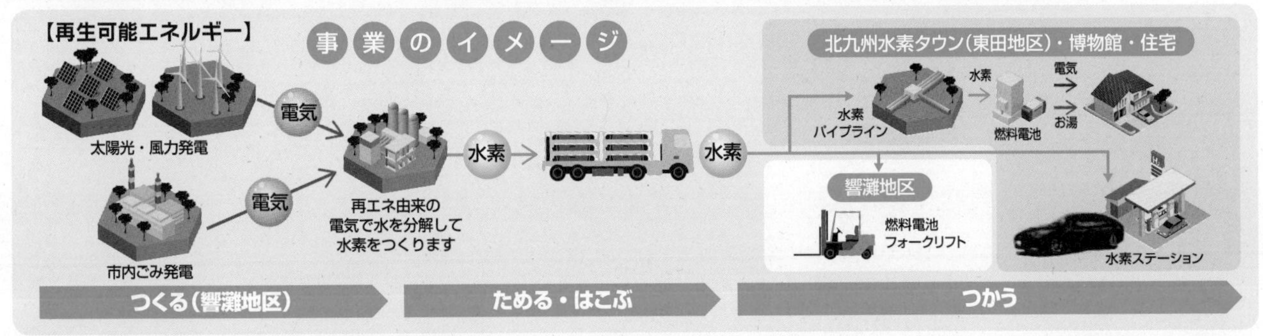


※本事業は、環境省の委託事業「既存の再エネを活用した水素供給低コスト化モデル構築・実証事業」の採択を受け、地域新電力である㈱北九州パワーを事業主体として、㈱IHI、福岡酸素㈱、ENEOS㈱、北九州市、福岡県など共同で実施しました。

## ❹燃料電池自動車（FCV）*4の普及促進

### （1）公用車へのFCV率先導入

北九州市役所の公用車として、FCV4台を導入しています。

### （2）市内イベントでのFCVの普及啓発活動

市内のさまざまなイベントに出展し、FCVの展示や外部給電*5デモンストレーションによる市民へのPRを行っています。

### （3）水素ステーションの整備

FCVに水素を充填する水素ステーションの整備を推進し、現在、市内に2ヶ所のステーションが整備されています。

イベントでのFCV（ホンダ CLARITY FUEL CELL）展示の様子

ENEOS八幡東田水素ステーション

（*4）燃料電池自動車（Fuel Cell Vehicle）：燃料電池で水素と酸素の化学反応によって発電した電気エネルギーを使って、モーターを回して走る自動車。地球温暖化や大気汚染の原因となる物質を排出せず、発生するのは水のみです。

（*5）外部給電：車両の電気を家庭用電源に変換して使用することができる機能。燃料電池自動車では、燃料満充填から一般家庭の使用する電力の約7日分の電力が供給可能で、災害時の非常用電源として期待されています。

FCVからの外部給電の様子

FCVをたくさんの人たちに知ってもらうために、いろいろな取り組みを行っているよ


北九州市環境首都検定 練習問題

**北九州市の燃料電池自動車（FCV）普及促進の取り組みのうち、あてはまらないものはどれでしょう？**

- □ ①公用車へのFCV率先導入
- □ ②水素ステーションの整備
- □ ③FCVのカーシェア
- □ ④市内イベントでのFCV普及啓発活動

答え：③

# 第5節 世界の動き

2015(平成27)年11月30日～12月13日、フランス・パリで196ヶ国・地域が参加して、気候変動枠組条約第21回締約国会議(COP21)が開催され、気候変動*に関する2020(令和2)年以降の新たな国際枠組みである「パリ協定」が採択されました。地球温暖化について最近の世界の動きを見てみましょう。

(*)気候変動：地球の表面温度が長期的に上昇する現象。地球温暖化とその影響。

## これまでの国際交渉(☞資料-1)

### ①気候変動に関する国際連合枠組条約

温室効果ガスの削減について、国際的に取り組みが始まったのは、1992(平成4)年です。この年、世界は国連の下、大気中の温室効果ガスの濃度を安定させることを究極の目標とする「気候変動に関する国際連合枠組条約」を採択しました。これにより、地球温暖化対策に世界全体で取り組んでいくことに合意し、1995(平成7)年から毎年、気候変動枠組条約締約国会議が開催されることとなりました。

### ②京都議定書

1997(平成9)年、京都で開催された気候変動枠組条約第3回締約国会議(COP3)では、日本のリーダーシップの下、先進国に対して、拘束力のある削減目標を明確に規定した「京都議定書」に合意することに成功しました。世界全体での温室効果ガス排出削減の大きな一歩を踏み出しました。

●COP：Conference of the Partiesの略。「締約国会議」。

### ③COP21・パリ協定

2015(平成27)年に開催されたCOP21で採択されたパリ協定は、京都議定書に代わる温室効果ガス削減へ向けた新たな国際枠組みで、歴史上初めて全ての国が参加する公平な合意ともいうべきものです。

パリ協定には、世界共通の目標として、「世界気温上昇を産業革命前から2℃より十分低く保ち、1.5℃に抑える努力を追求すること」や、5年毎の状況把握・更新などが位置づけられており、日本の提案が取り入れられたものもありました。

また、同協定は2016(平成28)年に発効され、2020年から運用が開始されており、各国は「国が決定する貢献(NDC)」として温室効果ガスの排出削減目標(☞資料-2)を提出しています。

すべての国が参加したことは、歴史上初めてのことなんだね

### ④COP27

2022(令和4)年にエジプトのシャルム・エル・シェイクでCOP27が開催されました。成果として、気候変動対策の分野における取り組みの強化を求める「シャルム・エル・シェイク実施計画」、2030年までの緩和の野心と実施を向上するための「緩和作業計画」が採択されたほか、気候変動の悪影響に伴う「ロス&ダメージ」に関する基金の設置などが決まりました。

開催期間中に環境省が開設したジャパン・パビリオンにおいて、国内外の関連機関による取り組み事例などの紹介および共有が行われる中で、北九州市もCOP26に引き続きオンラインで発表を行いました。発表では、2050年ゼロカーボンシティに向けた水素の利活用の事例として、東田地区での北九州水素タウン実証事業、響灘地区での$CO_2$フリー水素製造の実証事業ついて紹介するなど、北九州市の有する最新の知見を世界に向け発信・共有しました。

COP27 ジャパン・パビリオン



資料-1

## 気候変動に関する国際交渉の経緯

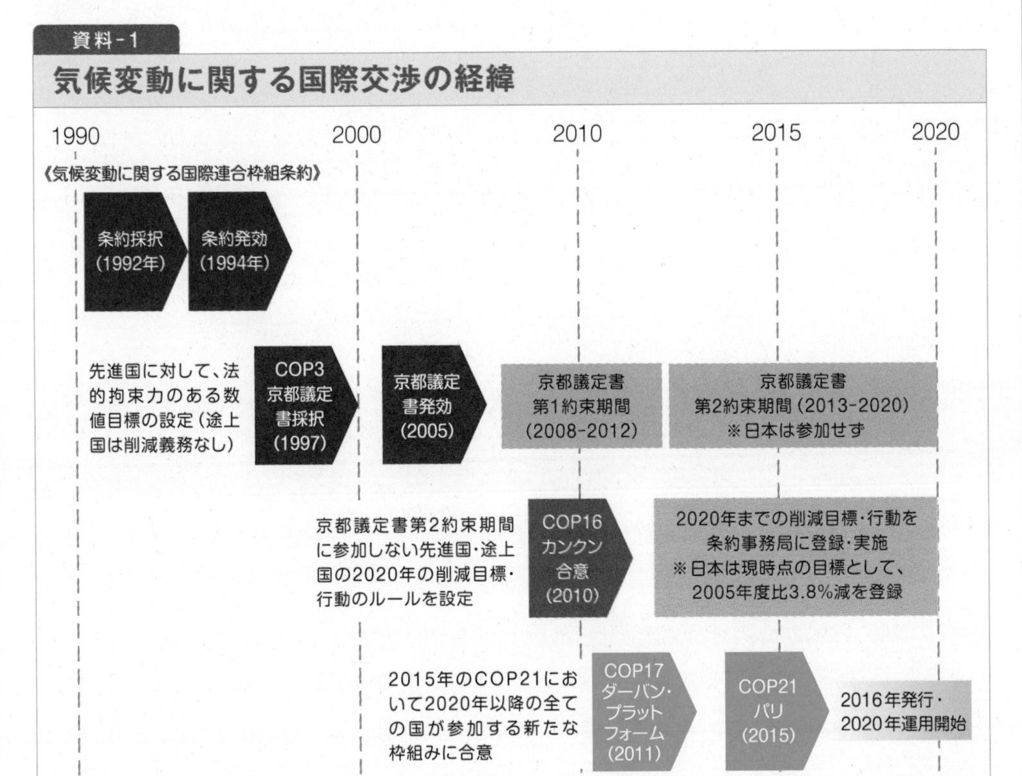

日本だけではなく
世界中で地球温暖化について
取り組もうとしているよ


メモ

資料-2

## 各国の2030年目標

| 国・地域 | 2030年目標 | 2050ネットゼロ |
|---|---|---|
| 米国 | ▲50% ～ ▲52%（2005年比） | 表明済み |
| EU | ▲55%以上（1990年比） | 表明済み |
| ロシア | ▲30%（1990年比） | 2060年 |
| 日本 | ▲46%（2013年度比）（さらに、50%の高みに向け、挑戦を続けていく） | 表明済み |
| 中国 | (1) $CO_2$排出量のピークを2030年より前にすることを目指す<br>(2) GDP当たり$CO_2$排出量を▲65%以上（2005年比） | 2060年までに |
| インド | GDP当たり排出量を▲45%（2005年比） | 2070年 |

（資料-1の出典：環境省「COP21の成果と今後」）
（資料-2の出典：外務省「日本の排出削減目標」より作成）

北九州市環境首都検定 練習問題

世界規模で
温室効果ガスの削減が期待
できる会議になったよ

## COP21が開催された都市はどこでしょう?

☐ ①京都　☐ ②パリ　☐ ③ローマ　☐ ④ベルリン

答え：②

# 第6節 自動車環境対策

北九州市では、地球温暖化対策の一環として、車から排出される$CO_2$を削減するため、さまざまな取り組みを行っています。北九州市の自動車環境対策には、どのようなものがあるか学んでみましょう。

## ❶エコドライブ

エコドライブとは、無駄なアイドリングや空ぶかし、急発進、急加速をしないなど、車を運転する上で容易に実施できる環境対策です。誰でもすぐに実践でき、車から排出される$CO_2$の量を少なくするだけでなく、交通事故の減少や燃料代の削減など、メリットのある取り組みです。そこで北九州市では、市民を対象に出前講演において「エコドライブ10のすすめ」（☞資料-1）などの運転方法の普及啓発を行うとともに、企業の社有車を対象とした燃費管理や社内教育を推進するプロジェクトを実施しています。

## ❷ノーマイカーデー

北九州市では、過度なマイカー利用の抑制のため、マイカーを利用する代わりに、環境にやさしい電車やバスなど公共交通機関の利用を促進する「ノーマイカーデー」を毎週水曜日と毎週金曜日に実施しています（☞資料-2）。

また、気候の良い10、11月を「ノーマイカー強化月間」とし、より多くの市民に参加してもらえる取り組みを行っています。

## ❸電動車の普及促進

北九州市では、環境負荷の少ない電動車*1の普及のため、2030年度までに全ての一般公用車*2を電動化する目標を掲げるとともに（☞資料-3）、官民協働での市内各所への電気自動車用充電設備の整備、電動車の展示などに取り組んでいます。

（*1）電動車：電気自動車、プラグインハイブリッド自動車、ハイブリッド自動車、燃料電池自動車

（*2）一般公用車：塵芥車や救急車、ポンプ車等の特殊車両を除く車両

資料-1

## エコドライブ10のすすめ

1. 自分の燃費を把握しよう
2. ふんわりアクセル「eスタート」[*3]
3. 車間距離にゆとりをもって、加速・減速の少ない運転
4. 減速時は早めにアクセルを離そう
5. エアコンの使用は適切に
6. ムダなアイドリングはやめよう
7. 渋滞を避け、余裕をもって出発しよう
8. タイヤの空気圧から始める点検・整備
9. 不要な荷物はおろそう
10. 走行の妨げとなる駐車はやめよう

（出典：環境省ホームページ「エコドライブ10のすすめ」）

資料-2

## ノーマイカーデー

ノーマイカーデーのチラシ

（*3）ふんわりアクセル「eスタート」：発進時、5秒間かけて20km／h程度にゆっくりと加速すること。1年間取り組むと、年間194kgの$CO_2$削減、約11,370円の節約になります。（出典：一般財団法人省エネルギーセンター「家庭の省エネ大事典」）

メモ

資料-3

## 公用車に導入している電動車

電気自動車（EV）……………………64台
プラグインハイブリッド自動車（PHV）…… 6台
燃料電池自動車（FCV）……………… 4台

（2023年3月末時点）

電気自動車（EV）

プラグインハイブリッド自動車（PHV）

燃料電池自動車（FCV）

北九州市環境首都検定 練習問題

### エコドライブの取り組みとして、不適切なものはどれでしょう?

- ☐ ①タイヤの空気圧をこまめにチェックする
- ☐ ②エアコンは自由に使用する
- ☐ ③ふんわりアクセルを心がける
- ☐ ④早めのアクセルオフを心がける

答え：②

# 第7節 環境首都総合交通戦略

**交通計画は、土地利用、学校や病院など公共施設の配置、自然や農地の保全など、まちのかたちを決める力をもちます。北九州市が2008（平成20）年12月に策定した計画には、「環境首都」と「戦略」という言葉がつきます。計画のポイントはどこにあるでしょう。**

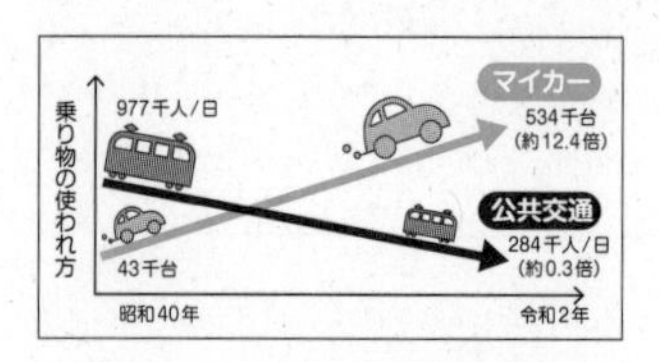


北九州市内の公共交通利用者数および自家用車保有台数の推移

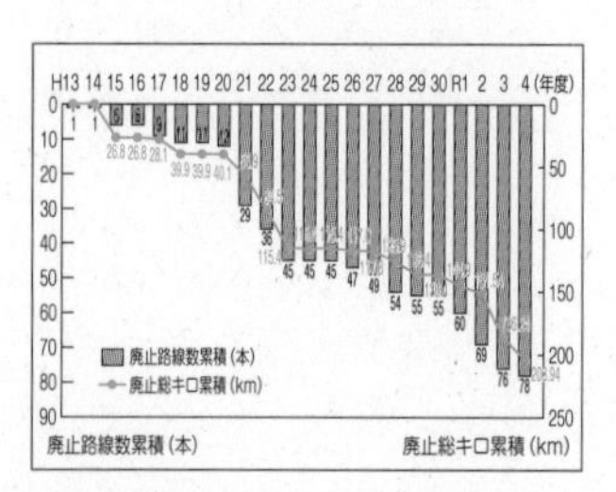


北九州市内のバス廃止路線数及び廃止路線総延長の推移

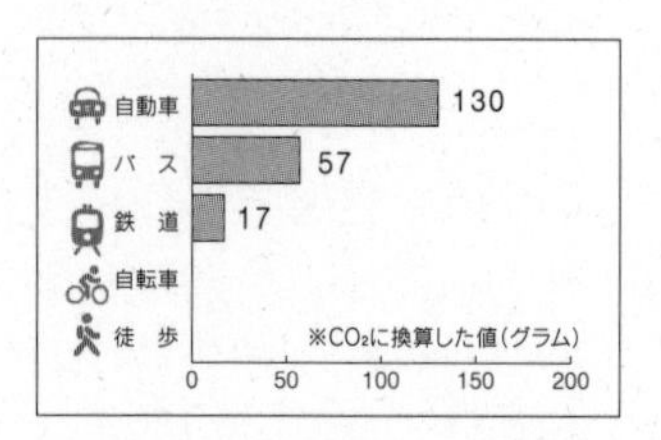


人間1人を1km運ぶことで出される$CO_2$排出量（出典：国土交通省資料）

（＊1）公共交通人口カバー率：総人口に対して、十分な公共交通サービスを受けることができる人口の比率のこと。北九州市は、現在86％で、公共交通空白地域の人口は約20万人です。

（＊2）運輸部門$CO_2$排出量：2030年度の目標（2013年度を基準）。

## ❶環境首都総合交通戦略とは

北九州市では、公共交通利用者が、1965（昭和40）年から2020（令和2）年までに約7割減りました。一方でマイカー利用は増え続け、同じ期間に12倍以上も伸びました。バス路線は、その影響をうけ、2001（平成13）年以降、約204km（78路線）が廃止されました。マイカーから出される$CO_2$排出量は非常に多く、1km移動するときに出される1人あたりの$CO_2$排出量は、バスの約2倍、鉄道の約8倍にもなります。このまま公共交通利用者の減少が進むと、さらなる路線の廃止などが増えて、公共交通で移動できない人々が増えるおそれがあります（☞資料-1）。

それらに歯止めをかけるため、2008年に過度のマイカー利用から、地球環境にやさしい公共交通への利用転換を図り、市民の移動手段を確保するため、今後の都市交通のあり方と短中期の交通施策を盛り込んだ「環境首都総合交通戦略」を策定し、さまざまな事業を実施してきました（☞資料-2・3）。

また2016（平成28）年には、この「環境首都総合交通戦略」を基本として、人口減少社会においても公共交通を維持していくための計画である「地域公共交通網形成計画」（2022（令和4）年3月改訂：「北九州市地域公共交通計画」）を策定しています。この計画はまちづくりの計画である「立地適正化計画」と連携して、コンパクトなまちを目指すための計画です。

2026年度の目標は、「現在の公共交通が利用できる環境の維持（公共交通人口カバー率[*1]約86％）」「現在の公共交通利用者数の維持（人口10万人あたりの公共交通利用者数約3.8万人）」「公共交通に対する満足度の向上（約70％）」「マイカーから排出される$CO_2$の削減（運輸部門$CO_2$排出量[*2]約40％削減）」となっています。

## ❷乗り物もエコを意識

資料-1のような計算があります。JR黒崎駅周辺の自宅からJR小倉駅周辺の会社までの通勤では、マイカー、バス、電車で、かなりの金額差になります。公共交通は、地球にも家計にもやさしいのです。2021（令和3）年10月より新しいシェアサイクル事業「ミクチャリ」がスタートしました（☞資料-4）。

資料-1

## 交通手段の比較

例えば、黒崎駅周辺の自宅から小倉駅周辺の会社までの通勤手段をマイカーと鉄道・バスで比較すると…

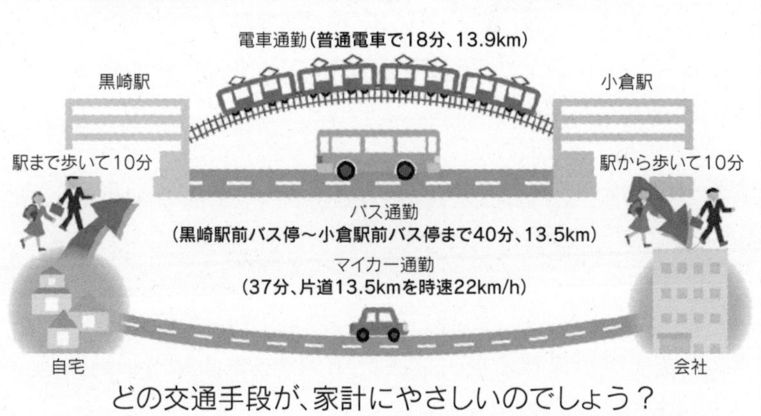


どの交通手段が、家計にやさしいのでしょう？

| 交通手段 | 所要時間 | 1ヶ月の費用 | 1人あたりのCO₂排出量 |
|---|---|---|---|
|  | 約38分 | 8,390円/月 | 約 10kg-$CO_2$/月 |
|  | 約60分 | 12,200円/月 | 約 34kg-$CO_2$/月 |
|  | 約37分 | 16,600円/月 | 約 77kg-$CO_2$/月 |

※マイカーの費用は燃料費と駐車場代のみ

資料-2

戦略の具体的施策

## 交通結節機能の強化／幹線バス路線の高機能化

交通結節機能の強化イメージ（バス停）

幹線バス路線の高機能化イメージ

資料-3

## 戦略の具体的施策 モビリティ・マネジメント

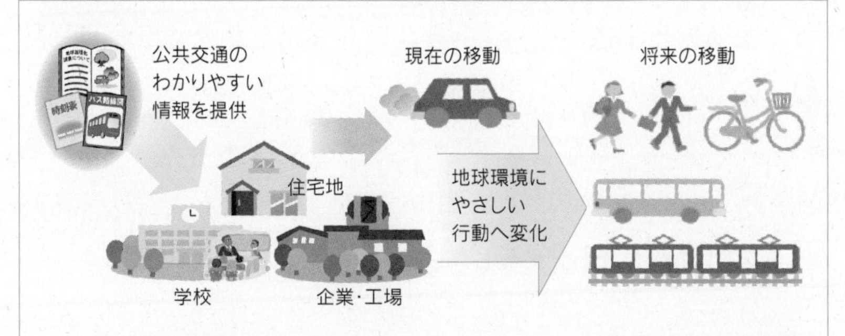


●モビリティ・マネジメント：一人ひとりのモビリティ（移動）が、社会的にも個人的にも望ましい方向に自発的に変化することをうながす、コミュニケーションを中心とした交通政策。（出典：土木学会発行「モビリティ・マネジメントの手引き」）

資料-4

## 戦略の具体的施策 シェアサイクル

ミクチャリ　西小倉駅前

公共交通を使った方がマイカーを使うよりも家計にやさしいね

北九州市環境首都検定 練習問題

## 環境首都総合交通戦略の取り組みでないものはどれでしょう?

☐ ①シェアサイクル　☐ ②幹線バス路線の高機能化　☐ ③マイカーの禁止　☐ ④モビリティ・マネジメント

答え：③

# 第8節 城野ゼロ・カーボン先進街区「みんなの未来区 BONJONO(ボン・ジョーノ)」

「北九州市環境モデル都市行動計画(第2期)」の主要プロジェクトである「城野ゼロ・カーボン先進街区の整備」を見てみましょう。小倉北区城野地区では、低炭素なまちづくりが進められています。

## ❶行動計画の位置づけ

城野ゼロ・カーボン先進街区形成事業は、「北九州市環境モデル都市行動計画(第2期)」の主要プロジェクトに位置づけられています。

## ❷ゼロ・カーボンの考え方

省エネに取り組むことで家庭のエネルギー(電力・熱など)利用を抑制し、その後に残る必要なエネルギーを創エネルギーに転換することにより$CO_2$排出量を大幅に削減し、ゼロ・カーボン($CO_2$排出量が理論上ゼロ)を目指すものです(☞資料-1)。

## ❸城野ゼロ・カーボン先進街区形成事業

城野ゼロ・カーボン先進街区形成事業は、小倉北区の陸上自衛隊城野分屯地(ぶんとんち)跡地を中心とした城野地区(約19ha)において実施しています(愛称:ボン・ジョーノ*)。この地区は、小倉都心から約3kmに位置し、JR城野駅や国道10号に近接する交通利便性の高い地区です。本事業では、この地区でいろいろな低炭素技術やしくみを取り入れて、ゼロ・カーボンを目指したまちを整備しました。

## ❹まちづくりの取り組み

⑴省エネ・創エネ設備を備えたエコ住宅:

省エネで長く住める家を建てたり、太陽光パネルなどの創エネ設備を設置しました。

⑵地域内のエネルギー最適化(☞資料-2):

まち全体でエネルギーを賢く使って利用するしくみ(エネルギーマネジメント)を取り入れたり、住んでいる人たちが節電をしたくなるしくみを取り入れたりします。

⑶公共交通の利用促進:

まちと駅をつなぐ通路をつくって、駅を身近に使えるような環境を整えました。

(＊)ボン・ジョーノ:

●ネーミングの由来
「いい」という意味を表すフランス語「BON」。BON+JONOでBONJONO。軽やかに響く「ボン・ジョーノ」がまちの合言葉になっていきます。

●ロゴマークについて
やわらかな円で描かれたロゴマークが、これからどんどん変化し、成長していくまちのコンセプトを表しています。住む人の個性でまちが変化し、住む人たちがアイデアを持ち寄ってまちを育てていく、BONJONOの自由な可能性を表現したロゴマークになっています。

まちのイメージ

低炭素社会を実感できるまちなんだよ!

(4)持続可能なタウンマネジメント：

まちの魅力が長く続くしくみや、住みよいまちをつくるしくみを取り入れます。

資料-1

**ゼロ・カーボンの考え方**

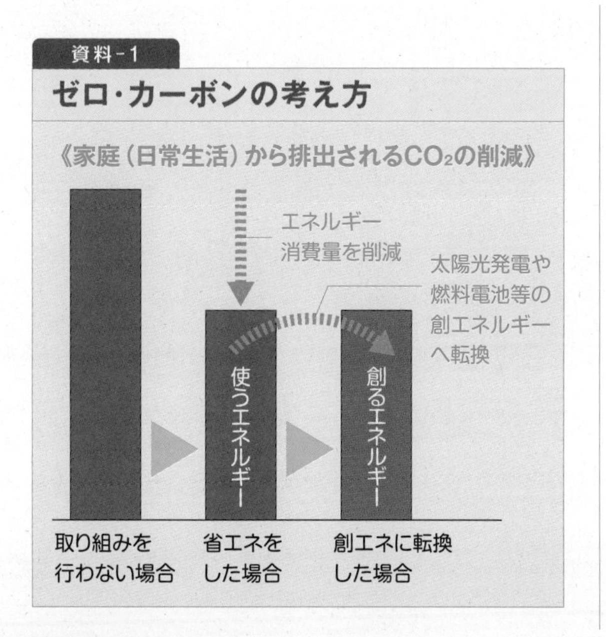


●長期優良住宅：「長期優良住宅の普及の促進に関する法律」（2009（平成21）年6月4日施行）に基づき、構造躯体の劣化対策、耐震性、維持管理・更新の容易性、可変性、バリアフリー性、省エネルギー性の性能を有し、かつ、良好な景観の形成に配慮した居住環境や一定の住戸面積を有する住宅を認定するものです。認定を受けた住宅は一定の条件で税制の特例措置をうけることができます。



資料-2

**地域内のエネルギー（電力）情報共有のしくみ**

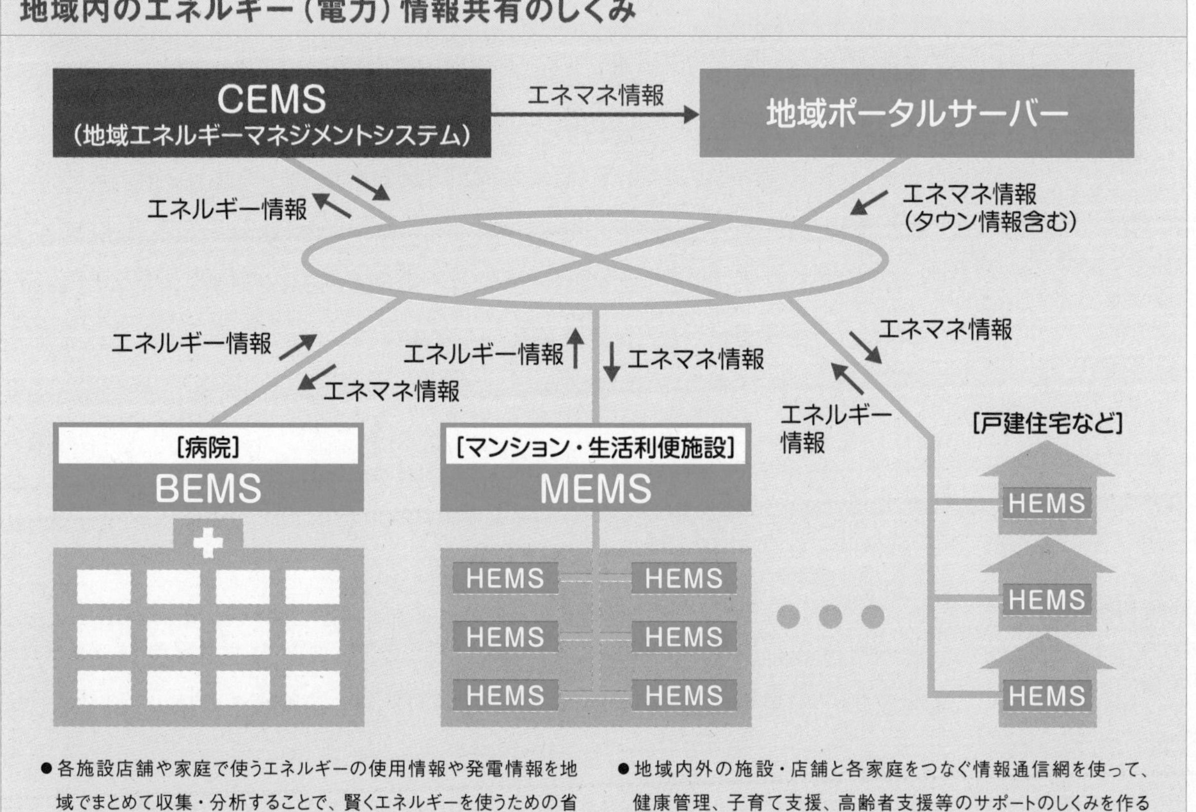


●各施設店舗や家庭で使うエネルギーの使用情報や発電情報を地域でまとめて収集・分析することで、賢くエネルギーを使うための省エネ情報を提供していきます。

●地域内外の施設・店舗と各家庭をつなぐ情報通信網を使って、健康管理、子育て支援、高齢者支援等のサポートのしくみを作ることで、いつまでも安心して暮らし続けられるまちを育みます。

北九州市環境首都検定 練習問題

**城野ゼロ・カーボン先進街区で進める事業ではないものはどれでしょう？**

ゼロ・カーボン先進街区では
環境に負荷のかからないまちづくり
を進めているのよ


☐ ①地域内のエネルギー最適化　☐ ②公共交通の利用促進　☐ ③先端工業拠点　☐ ④タウンマネジメント

答え：③

# 第9節 CASBEE（キャスビー）北九州（北九州市建築物総合環境性能評価制度）

建築物が環境に与える影響を評価するCASBEEという評価システムがあります。これを用いて、建築主は建築物の環境性能を自己評価し、消費者などにアピールできます。北九州市は、この制度をどのように活用しているのでしょう。

## ❶CASBEEとは

建築物はライフサイクル*1を通じて、エネルギーの消費や廃棄物の発生など、環境に対してさまざまな影響を与えます。CASBEEは、建築物が環境に与える影響について、「外部に達する環境影響の負の側面（L：環境負荷）」と「建物ユーザーの生活アメニティ*2の向上（Q：環境品質）」をそれぞれ区分して評価し、その結果から、建築物の環境性能を総合的に評価するもので、国土交通省のもと産学官で共同開発された評価システムです。

これは、計画建物がどれだけ環境に配慮した建築物であるかを判断する全国共通のものさしであり、CASBEEの評価結果は「Sランク（素晴らしい）」から、「Aランク（大変良い）」「B＋ランク（良い）」「B－ランク（やや劣る）」「Cランク（劣る）」という5段階に格付けされます。

（＊1）ライフサイクル：建築物のライフサイクルとは、"建材などの原料採取から建築解体による廃棄"に至る一連の流れのことです。

（＊2）アメニティ：ここでいうアメニティとは、生活環境の快適さのことです。

## ❷北九州市によるCASBEEの活用

北九州市では、2008（平成20）年10月1日から、北九州市の重要課題である「環境問題」や「高齢社会対策」に関する項目を盛り込み、地域性を考慮した評価システム「CASBEE北九州」を活用した届出制度を本格的に実施しています（2022年度実績25件、累計312件）。CASBEE北九州は、床面積2,000m²以上*3の建築物を新築、増築または改築する建築主が、建築物の環境性能を自己評価し、その結果を市に届け出るものです。評価結果などは市のホームページで公表されます。そこで、CASBEE北九州では、4つの重点項目を設け、全国共通の5段階評価とあわせて、マスコットキャラクターの表情で「よい」「ふつう」「がんばろう」の3段階評価を表示します（☞資料－1・2）。

建物の環境
性能を総合的に評価
するんだね


（＊3）：本文記載の実績や面積は、民間建築物についての数値です。北九州市が建設する公共建築物については1,000㎡以上を対象としており、2022年度の実績は4件、累計が72件です。

CASBEE（建築環境総合性能評価システム）とは
Comprehensive《総合》 Assessment《評価》 System《システム》 for
Built《建築》 Environment《環境》 Efficiency《効率》の略です。

※CASBEEのツール群がまちづくりをはじめ、建築物以外の環境性能も評価するように拡大したことに伴い、CASBEEの正式名称（英語・日本語）が変更されました。（2009年4月1日）

資料-1

## CASBEE北九州のイメージと評価結果公表用シート（例）

**CASBEE北九州のイメージ**

**全国共通**

CASBEE-建築（新築）
2016（平成28）年版
建築物の環境効率ランクを5段階評価
（素晴らしい～劣る）

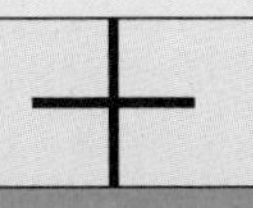

**北九州市独自**

北九州市の重点項目への取り組み度を評価*4

[1] 循環型社会への貢献
[2] 地球温暖化対策の推進
[3] 豊かな自然環境の確保
[4] 高齢化社会への対応

**評価結果公表用シート（例）**

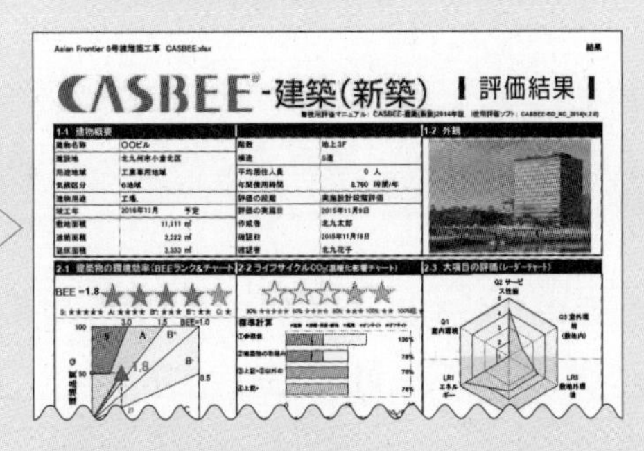
CASBEE®-建築（新築）
評価結果

CASBEE北九州 評価結果

● CASBEEの問い合わせ先：
北九州市建築都市局建築指導課
電話（093）582-2531

北九州市では
独自の4つの重点項目が
加わっているよ！

（*4）重点評価項目：
[1] 循環型社会への貢献→リサイクル、長寿命化に関する配慮
[2] 地球温暖化対策の推進→省エネ・省資源、節水に関する配慮
[3] 豊かな自然環境の確保→生態系保全、緑化に関する配慮
[4] 高齢化社会への対応→バリアフリーに関する配慮

メモ

資料-2

## CASBEEによる評価の実施施設（事例）

桃園市民プール

八幡西消防署

建築主が
"環境"の視点から建物を
自己評価するのね

北九州市環境首都検定 練習問題

## CASBEE北九州の説明として適切でないものはどれでしょう？

- ☐ ①建築物の環境性能を総合的に評価するもの
- ☐ ②循環型社会への貢献を推進するもの
- ☐ ③床面積5,000㎡以上の建築物を評価する
- ☐ ④地域性を考慮し、4つの重点項目が加わっている

答え：③

これができれば満点も夢じゃない！

## 北九州市環境首都検定　チャレンジ問題

**1 風力発電関連産業の総合拠点化に向けた取り組みの説明として正しいものは、次のうちどれでしょう？**

（2022年度出題－改）

- □ ①風力発電は、再生可能エネルギーの一つで、風さえあれば夜間でも発電できるが、発電コストが高いので、経済性は期待できない
- □ ②洋上は、陸上に比べ大きな部材の輸送の際の制約が少ないが、特殊な船舶や技術・経験などが必要なので今後、整備が進むことは難しい
- □ ③北九州市では、大規模な洋上ウインドファームの設置が予定されており、ここでの年間発電予定量は、15～17万世帯の1年分の電力使用量に相当する
- □ ④洋上風力発電は、アメリカ、カナダなど北アメリカで導入が最も進んでおり、次いでイギリスやドイツなどヨーロッパである

**2 建築物が環境に与える影響を評価するCASBEEという評価システムがあります。北九州市では独自に重点評価項目を加えた「CASBEE 北九州」を活用した届出制度を実施しています。次のうち、「CASBEE 北九州」の４つの重点評価項目でないものは、どれでしょう？**

（2022年度出題）

- □ ①循環型社会への貢献
- □ ②地球温暖化対策の推進
- □ ③豊かな自然環境の確保
- □ ④環境リテラシーの向上

**3 北九州市では若松区響灘地区を中心に、風力発電をはじめとする再生可能エネルギーの導入をすすめています。響灘地区で行われている再生可能エネルギーに関する取り組みとして、間違っているものは、次のうちどれでしょう？**

（2022年度出題）

- □ ①響灘地区に集積している太陽光や風力などの再生可能エネルギーを使って「$CO_2$フリー水素」の実証事業が行われている
- □ ②風力発電産業の集積等を見据え、大学等と連携し、再生可能エネルギーに資する人材の育成に取り組んでいる
- □ ③大規模な陸上ウィンドファームの設置を予定している
- □ ④工場廃熱による発電電力などを地域内工場で活用する「エネルギーの地産地消」が行われている

答え：1-③（☞第４章第２節）、2-④（☞第４章第９節）、3-③（☞第４章第３節）

# 第5章

# 循環型の生活様式・産業構造への転換

# 第1節 ごみ処理の基本的な考え方の変遷

北九州市のごみ処理は、処理重視型から、リサイクル型、循環型に発展してきました。どのような背景や課題に応じて、ごみ処理の基本的な考え方を見直してきたのか考えてみましょう。

## ❶北九州市のごみ処理行政の変遷

資源を有効利用し
循環できれば、ごみは
少なくなるよね

ごみ処理行政は、長い間、生活環境の保全と公衆衛生の確保を目指して、出されたごみを適正に処理することを主眼としていました。

北九州市では、焼却工場や最終処分場の計画的な整備により、安定的なごみ処理体制を長期にわたり維持してきたことから、ごみ問題で深刻な事態に陥（おちい）ることはありませんでした。その後、ごみ量の増大やリサイクル意識の高まりなどを受け、1993（平成5）年以降、ごみ処理の基本理念を「処理重視型」から「リサイクル型」へ転換し、分別対象を順次拡大しながら資源化・減量化の取り組みを進めてきました。

その後、地球規模での資源枯渇（こかつ）への危惧などを受け、ごみ問題について新たな視点から取り組むべき状況となりました。このような状況を受け、2001（平成13）年、基本理念をこれまでの「リサイクル型」から、「循環型」に発展させ、3R（☞第2章第3節）からグリーン購入*に至るまでの総合的な取り組みを推進するとした「北九州市一般廃棄物処理基本計画」（2001年～2010（平成22）年）を策定しました。

2011（平成23）年には、持続可能な社会の実現に向け、従来の「循環型」の取り組みに「低炭素」「自然共生」の取り組みを加え、先駆的な廃棄物行政のあり方を示す「北九州市循環型社会形成推進基本計画」（2011年～2020（令和2）年）を策定しました。さらに、2016（平成28）年には、経済社会状況の動向や、ごみ量の変化などを踏まえて計画の中間的な見直しを行い、食品廃棄物・事業系ごみの3Rの推進や、ごみ処理施設の計画的な整備などに重点的に取り組むこととしました（☞資料-1・2）。

2021（令和3）年には、これまでの取り組みや基本理念に、世界的な課題となっているプラスチックごみ対策や食品ロス削減対策のほか、SDGsの実現や脱炭素社会への貢献も新たな視点に加え、「第2期北九州市循環型社会形成推進基本計画」（2021年～2030（令和12）年）を策定しました。

（＊）グリーン購入：製品やサービスを購入する際に、その必要性を十分に考慮し、購入が必要な場合には、できる限り環境への負荷が少ないものを優先的に購入することです。

資料-1

**市民1人1日あたりの家庭ごみ量の推移**

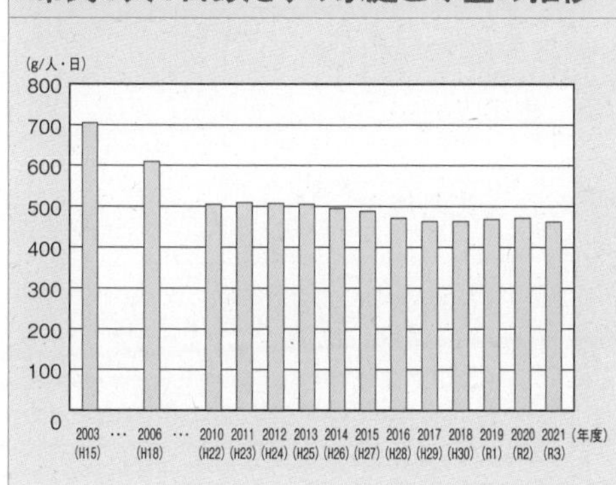


資料-2

**一般廃棄物のリサイクル率の推移**

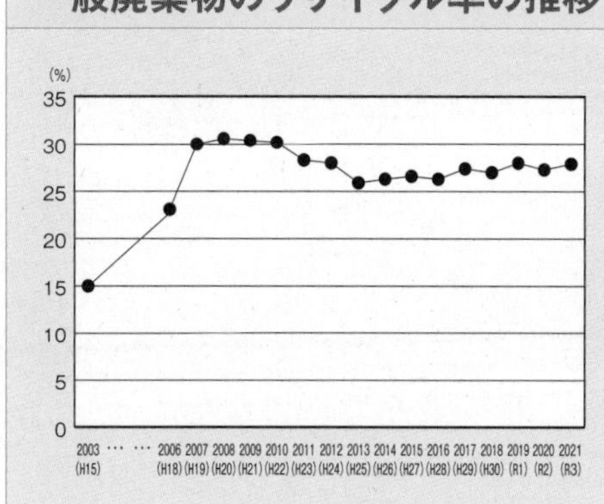


メモ

## ❷北九州におけるごみの分別に関する経緯

北九州市では、ごみ処理の基本的な考え方の変化に応じて分別品目を追加してきました。

新たな品目を追加するにあたっては、

○市民にとっての分別の分かりやすさ

○リサイクル技術の確立、再生品需要の有無

○収集運搬などのコストを含めた効率性

などについて、総合的に勘案して進めています(☞資料-3)。

資料-3

**北九州市における分別の経過**

処理重視型 → リサイクル型 → 循環型※

| 時期 | 分別品目 |
|---|---|
| 平成4年以前 | 家庭ごみ |
| 平成5年 | かん・びん／家庭ごみ |
| 平成9年 | かん・びん／ペットボトル／家庭ごみ |
| 平成12年 | かん・びん／ペットボトル／紙パック／トレイ／家庭ごみ |
| 平成14年 | かん・びん／ペットボトル／紙パック／トレイ／蛍光管／家庭ごみ |
| 平成18年 | かん・びん／ペットボトル／紙パック／トレイ／蛍光管／プラ容器包装／小物金属／家庭ごみ |
| 平成25年 | かん・びん／ペットボトル／紙パック／トレイ／蛍光管／プラ容器包装／小物金属／小型家電／家庭ごみ |
| 平成26年 | かん・びん／ペットボトル／紙パック／トレイ／蛍光管／プラ容器包装／小物金属／小型家電／古着／家庭ごみ |
| 平成29年 | かん・びん／ペットボトル／紙パック／トレイ／蛍光管／プラ容器包装／小物金属／小型家電／古着／水銀体温計等／家庭ごみ |
| 令和3年 | かん・びん／ペットボトル／紙パック／トレイ／蛍光管／プラ容器包装／小物金属／小型家電／古着／水銀体温計等／電池類／家庭ごみ |

リサイクル：かん・びん～水銀体温計等　焼却：電池類・家庭ごみ

※平成23年から「低炭素」「自然共生」の取り組みを加え、更に令和3年から「SDGsの実現」「脱炭素社会への貢献」の視点も加えた。

北九州市では、ごみは安定的に処理されていたけど、環境意識の高まりとともに新たな視点からの取り組みを進めてきたんだよ
北九州市は深刻なごみ処理問題を抱えていたの?


北九州市環境首都検定 **練習問題**

### 北九州市のごみ処理行政の変遷として、まちがっているものはどれでしょう?

□ ①1993(平成5)年以降、ごみ処理の基本理念を「処理重視型」から「リサイクル型」へ転換したが、分別対象を順次拡大することができなかった

□ ②ごみ処理の基本理念を「リサイクル型」から「循環型」に発展させ、北九州市一般廃棄物処理基本計画を2001(平成13)年に策定した

□ ③2011(平成23)年には、従来の「循環型」の取り組みに「低炭素」「自然共生」の取り組みを加え、「北九州市循環型社会形成推進基本計画」を策定した

□ ④2021(令和3)年には、これまでの取り組みや基本理念に、SDGsの実現や脱炭素社会への貢献も新たな視点に加え、「第2期北九州市循環型社会形成推進基本計画」を策定した

答え:①

第2節

# ごみの減量化・資源化の推進

前節の、ごみ処理の基本的な考え方の変遷を踏まえ、これまで、ごみの減量化・資源化に係るさまざまな施策に取り組んできました。そのうち、代表的な施策であった家庭ごみの有料化（1998（平成10）年）及び家庭ごみ収集制度の見直し（2006（平成18）年）について、その内容と成果を見てみましょう。

## ❶政令市初となる家庭ごみの有料指定袋制度の導入

北九州市は、1998年、政令市で初めて家庭ごみの有料指定袋制度を導入しました。

導入後、ごみの量は約6％（約2万トン）減り、一定の減量効果がありましたが、その後は横ばいの状態が続き、さらなるごみ減量化に向けた施策が求められました（☞資料-1）。

資料-1

### 北九州市のごみ量の推移

家庭ごみ有料化により一定の減量効果を維持していましたが、ごみ量は横ばい状態でした。

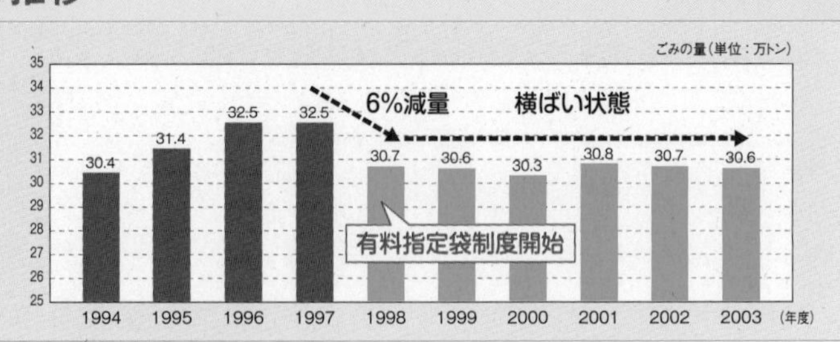

分別・リサイクルも大事だけど、資源化物も加えた総排出量を減らすことが重要だね


## ❷家庭ごみ収集制度の見直し

上記のような課題を解消するため、2006年に、「家庭ごみ収集制度の見直し」を行いました。見直しにあたっては、国の動向などを踏まえ、①ごみの資源化・減量化の一層の促進、②負担の公平性の確保、③排出者として、一定の責任の分担、④ごみ処理やリサイクルにおける多額の処理費という4つの視点から、2003年度（基準年度[*1]）と比較して家庭ごみ20％減量、市全体の一般廃棄物リサイクル率25％という目標を掲げ、「分別・リサイクルのしくみの充実」と「手数料の見直しによる減量意識の向上」という2つの施策をセットで取り組むこととしました。また、「大量排出・大量リサイクル」からの脱却を図るために、資源化物を含む一般廃棄物の総排出量抑制を目標として資源化物についても有料化を導入しました。

「家庭ごみ収集制度の見直し」に際して、市民の理解を得るために「情報公開」と「説明責任」を果たすことが特に重要と考え、「参加者が1人でも、土日祝日に関わらず、

（*1）基準年度：2004（平成16）年7月の古紙集団資源回収奨励金制度の見直し、同年10月の事業系ごみ対策（住居併設以外の事業所ごみの市収集廃止）という先行実施したごみ減量施策の影響がない2003年度としています。

希望時間・場所に出向きます」という基本方針を掲げて、1,376回の市民説明会を実施しました。また、市民（11,700人）と市職員（1,550人）との協働により、延べ参加者10万人に達する「ごみ出しマナーアップ運動」を実施しました。

## ❸「市民との協働」による成果

「家庭ごみ収集制度の見直し」の翌年度には、2003年度と比較して、目標（20%）を上回る約25%の家庭ごみ減量を達成しました（☞資料-2）。また、資源化物を含む総排出量も約10%減少し、ごみ処理に伴って排出される$CO_2$も削減*[2]されたほか、ごみ処理にかかる費用も、年間10億円（1日あたり約270万円）削減されました（☞資料-3）。さらに、2021年度は2003年度と比較して家庭ごみ39%減量（☞資料-2）、ごみ処理経費25億円削減を達成しています（☞資料-3）。

（*2）$CO_2$削減効果：ごみ減量・資源化により、排出される$CO_2$の量が約3万5千トン削減できました。これは、杉の木約250万本が1年間に吸収する量に等しく、森林面積にすると約30km²（北九州空港島の約8個分）に相当します。

資料-2

**ごみ・資源化物の状況**

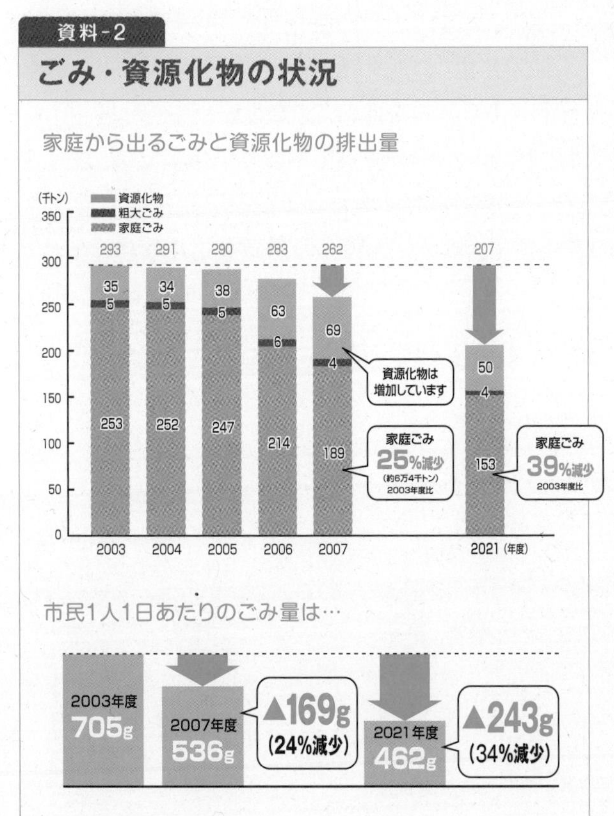


資料-3

**ごみ処理にかかる費用**

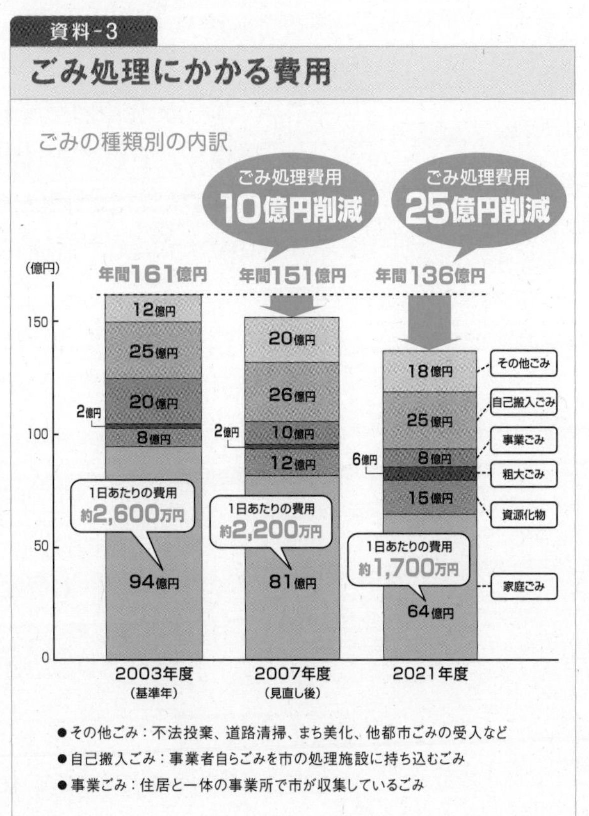


●その他ごみ：不法投棄、道路清掃、まち美化、他都市ごみの受入など
●自己搬入ごみ：事業者自らごみを市の処理施設に持ち込むごみ
●事業ごみ：住居と一体の事業所で市が収集しているごみ

北九州市環境首都検定 練習問題

ごみ処理に伴って排出される$CO_2$も減るのよ

**2021年度の北九州市の家庭ごみの排出量は、2003年度比で何%減量したでしょう？**

☐ ①約10%　☐ ②約20%　☐ ③約30%　☐ ④約40%

答え：④

第3節

# 第2期北九州市循環型社会形成推進基本計画

市町村は、区域内のごみ処理に関する計画を定め、ごみの減量化・資源化や適正処理に向けて、さまざまな取り組みを行わなければなりません。

本市の一般廃棄物処理計画であり、循環型社会の構築を図る「第2期北九州市循環型社会形成推進基本計画」の内容について、見てみましょう。

## ❶計画策定の主旨

本市では2011（平成23）年に「北九州市循環型社会形成推進基本計画」を策定し、「循環型」の取り組みに「低炭素」と「自然共生」の取り組みを加え、“持続可能な都市のモデル”に向けた先駆的な廃棄物行政の取り組みを進めてきました。

一方、環境行政を取り巻く国内外の状況は大きく変化しており、近年では、プラスチックごみや食品ロスの問題の顕在化、自然災害の多発による災害廃棄物の大量発生や感染症の拡大による生活様式の変化など、新たな課題への的確な対応が求められています。

このような社会情勢の変化を踏まえ、2021（令和3）年8月、新たにSDGsの実現と脱炭素社会を見据えた本計画を策定しました。

## ❷基本理念

市民・事業者・地域団体・NPO・行政など地域社会を構成する各主体が、SDGsの実現に向けて主体的・協調的に3R・適正処理に取り組むことを通じ、脱炭素社会も見据え、“持続可能な都市のモデル”を目指す。

## ❸計画期間

2021年度から2030年度の10年間

## ❹計画目標

| 項　目 | 令和元年度（基準年度） | 令和7年度（中間目標年度） | 令和12年度（最終目標年度） |
|---|---|---|---|
| 市民1人一日あたりの家庭ごみ量 | 468g | 440g以下 | 420g以下 |
| 事業系ごみ量（市の施設で処理した量） | 180,582トン | 167,192トン以下 | 157,682トン以下 |
| リサイクル率（一般廃棄物） | 28.0% | 30%以上 | 32%以上 |
| 　うち、家庭系リサイクル率 | 33.1% | 34%以上 | 36%以上 |
| 一般廃棄物処理に伴い発生する$CO_2$排出量 | 88千トン | 60千トン以下 | 60千トン以下 |
| 産業廃棄物の最終処分量 | 203千トン（H30実績） | 185千トン以下 | 170千トン以下 |

## ❺計画の方向性と主な取り組み

基本理念のもとで今後進めていく施策について、次の4つの視点から整理しました。

### 1　3Rの推進による最適な「地域循環共生圏」の構築

○ 家庭ごみの減量化・資源化の促進
　・新たな分別品目の検討や生ごみリサイクルの推進
○ プラスチックごみと食品ロス対策
　・国際貢献や企業との連携など、本市の強みを活かした取り組み
○ 大規模災害への対応や安全・安心の確保
　・災害発生時や感染症まん延時などの非常時においても継続可能なごみ処理体制の確保

### 2　循環型社会形成に向けた地域全体の市民環境力の更なる発展

○ あらゆる世代への環境教育と環境学習の推進
　・小学校等での出前授業や環境教材の提供
　・環境ミュージアムや響灘ビオトープなどを活用した体験型学習の充実

### 3　脱炭素社会、自然共生社会への貢献

○ 脱炭素社会の実現を見据えた廃棄物部門からの$CO_2$発生量の抑制
　・プラスチックごみの焼却量の削減、廃棄物発電効率の向上
○ 未利用間伐材や下水汚泥等のバイオマス*資源の活用推進

### 4　「地消・地循環」を目指した環境産業の創出と環境国際協力・ビジネスの推進

○ エコタウンを中心とした「地消・地循環」による環境と経済の好循環
○ 市内企業との連携およびアジア諸都市とのネットワークの活用による、環境国際協力・ビジネスの推進

コラム

### 「地消・地循環」という新たな考え方

　北九州市では、「ものづくりのまち」として発展してきた強みを活かし、循環型社会の実現のため進めてきた「北九州エコタウン事業」により、我が国最大級のリサイクル事業が集積しています。
　このエコタウン事業により、市内で消費された様々なものが、市内のリサイクル企業で再資源化され、再び新たなものづくりや市民生活に活かされています。
　本計画では、このような本市の特性と強みを活かした資源循環の流れを「地消・地循環」と表し、推進していくことで、環境と経済の好循環や、環境への負荷をさらに低減した循環型社会の構築を目指します。

（＊）バイオマス：生物資源（bio）の量（mas）を示す概念で、再生可能な生物由来の有機性資源で化石資源を除いたものです。



メモ

この計画に基づいて、さらなるごみの減量化・資源化や適正処理の推進に取り組んでいくんだね。

目標達成のために分別などの協力をお願いします。

北九州市環境首都検定　練習問題

### 第2期北九州市循環型社会形成推進基本計画の目標として間違っているものはどれでしょう？

☐ ①市民1人一日あたり家庭ごみ2030年度に420g以下
☐ ②リサイクル率（一般廃棄物）2030年度に36%以上
☐ ③一般廃棄物処理に伴い発生する$CO_2$排出量2030年度に60千トン以下
☐ ④産業廃棄物の最終処分量2030年度に170千トン以下

答え：②

第4節

# 産業廃棄物の適正処理の推進

工場から出るプラスチック、建築物の新築・撤去によるがれき、そして、病院で使用されたあとの注射針、これらは全て産業廃棄物です。日本の産業は産業廃棄物の適正処理の上に成り立っているという事実を認識しておきましょう。

## ❶産業廃棄物とは

事業活動に伴って生じる廃棄物を産業廃棄物といい、鉱さい、汚泥、ダスト類、金属くず、がれき類など、20品目に分類されます。北九州市には製造業が多く立地しており、製造事業者から発生する産業廃棄物の適正処理や3Rの推進は、市の重要な課題です。「北九州市における産業廃棄物の発生量及び処理状況調査」による推計結果から、北九州市全体で発生した産業廃棄物量は、2020(令和2)年度で約641万トンでした。そのうち、約67%が有効利用されたほか、中間処理により減量(約29%)され、最終的に、約4.0%が埋め立て処分されました。

廃棄物は、主に一般家庭から排出される一般廃棄物と、主に工場や事業場などから排出される産業廃棄物に分類されているよ


最近では、自社から発生する産業廃棄物の適正処理・再資源化について製造業者などの排出事業者の意識が向上したことや、最終処分場が逼迫(ひっぱく)していることなどから、産業廃棄物処理業者が社会的に果たす役割が大きくなっています。北九州市では、排出事業者や処理業者への指導・啓発、現場での立入検査、優良業者の認定・表彰など適正処理の推進に向けた多面的な取り組みを行っています。

## ❷北九州市におけるPCB処理事業について

ポリ塩化ビフェニル(以下「PCB」)は、かつては、電気機器用の絶縁油、感圧複写紙(ノンカーボン紙)、熱媒体などに使われていました。しかし、1968(昭和43)年にカネミ油症事件*が発生したことから、1972(昭和47)年にはPCBの製造、販売が中止され、1974(昭和49)年に製造、輸入、および新たな使用が禁止されました。使用を終えたものは保管が義務づけられましたが、処理体制の不備から、その後30年にわたる保管を余儀なくされ、その間に紛失や漏洩(ろうえい)が生じ、環境への影響が問題となりました。

国際的にもPCBなどの残留性有機汚染物質の排出の廃絶等を図る国際条約の策定が求められ、2001(平成13)年にストックホルム条約が結ばれました。

2000(平成12)年、全国的な処理体制づくりに向け、国は北九州市に対して、全国で初めての拠点的広域処理施設の立地要請を行い、北九州市は、市民の意見や

(*)カネミ油症事件:北九州市内の工場で製造された米ぬか油の製造工程でPCBが混入し、油を摂取した人に皮膚障害、肝臓障害、手足のしびれなどの症状が出た事件です。

北九州PCB処理施設(2009(平成21)年7月/中間貯蔵・環境安全事業株式会社提供)

市議会での議論などを踏まえ、2001（平成13）年、立地受け入れを決定しました。その後、2004（平成16）年に第1期施設、2009（平成21）年に第2期施設が操業を開始し、事業主体である中間貯蔵・環境安全事業株式会社（以下「JESCO」）北九州事業所による、岡山以西17県のPCB廃棄物の処理が行われてきました。

北九州市での処理開始後、大阪、豊田、東京、北海道にも処理施設が整備され、全国5ヶ所で処理が進められてきましたが、当初の計画よりも全国的に処理が遅れていることを原因として、2013（平成25）年10月、国から北九州市に対して、JESCO北九州事業所における処理の拡大と処理期限の延長を内容とする計画の見直しについて、検討要請が行われました。要請を受けた北九州市は、市民や議会の意見を幅広く聴いて慎重に対応することとし、70回以上、延べ1,800人を超える市民への説明とともに、本会議などの議会での議論を通じて、市民・議会の意見や想いを、全27項目の条件として取りまとめ、2014（平成26）年4月、国へ提示しました。国からは、条件を全て承諾し、万全を尽くして対応するとの回答があったため、要請の受け入れを決定し、その後、順調に処理を進め、2019（平成31）年3月末に処理を完了する計画の「変圧器、コンデンサー」の処理を全国で初めて完了しました（☞資料）。

しかし、2022（令和4）年3月末に処理を完了する計画の「安定器及び汚染物等」は、掘り起こし調査の進展により処理対象量が全国的に増加したため、期限内での処理の完了は困難な状況となり、2021（令和3）年9月、国から北九州市に対し、2年間の処理事業の継続について、検討要請が行われました。

要請を受けた北九州市は、国に対し、「二度目の要請を安易に受け入れることはできない。今回の要請について、市民によく理解いただくことが先決であり、まずは国において、地元説明に全力を尽くしていただきたい。」旨を申し入れました。その後、国において、38回の市民説明会を行い、延べ900人を超える市民が参加し、「期限を守れなかったことへの不信感」や「再々延長に対する懸念」、「事故の不安」といった意見、また、地域振興を求める意見がありました。

北九州市は、この要請に関する市民や議会から寄せられたさまざまな意見を真摯に受け止め、「処理の安全性の確保」、「期間内での確実な処理」、「地域の理解」等の全30項目の条件として改めて取りまとめ、2022（令和4）年4月、国へ提示しました。国からは、条件を全て承諾し、責任を持って確実に対応するとの回答があったため、要請の受け入れを決定し、北九州PCB廃棄物処理事業を継続しているところです。

PCBの拠点的広域処理施設は、全国に5ヶ所しかないんだよ

メモ

資料

**北九州PCB廃棄物処理事業の概要**

| | | |
|---|---|---|
| 事業主体 | 中間貯蔵・環境安全事業株式会社 | |
| 施設立地場所 | 北九州市若松区響町1－62－24 | |
| 施設概要 | 第1期施設<br>平成16年12月操業開始<br>平成21年6月処理能力増強<br>平成31年3月操業終了 | 第2期施設<br>平成21年7月操業開始<br>平成24年1月処理能力増強 |
| ①処理品目<br>②処理方式<br>③処理能力 | ①変圧器、コンデンサー<br>②脱塩素化分解法<br>③1.0t/日（PCB分解量） | ①コンデンサー<br>②脱塩素化分解法<br>③0.5t/日（PCB分解量） |
| | | ①安定器及び汚染物等(安定器、感圧複写紙、ウエス等)<br>②プラズマ溶融分解法<br>③10.4t/日（安定器等・汚染物等量） |
| 処理対象 | 中国・四国・九州・沖縄地域（岡山以西17県）に保管されている全ての高濃度PCB廃棄物に加え、大阪・豊田・東京事業所で円滑な処理が困難な近畿・東海・南関東地域（14都府県）の変圧器、コンデンサー、安定器及び汚染物等 | |
| 処理期限 | 安定器及び汚染物等は令和5年度末まで<br>（変圧器・コンデンサーは平成31年3月処理完了） | |

北九州市環境首都検定 練習問題

## 以下のうち、産業廃棄物はどれでしょう？

☐ ①家庭から出た生ごみ　☐ ②家で読み終わった雑誌　☐ ③汚泥　☐ ④古くなった私の服

答え：③

第5節

# 北九州市建設リサイクル資材認定制度

建設リサイクル資材とは、再生資源を原材料の全部または一部に使用して製造加工された建設資材のことです。一般的に、リサイクルシステムの成立には、さまざまな基準や規制、誘導などが不可欠ですが、建設リサイクル資材の場合はどうでしょう。

## ❶建設におけるリサイクルの考え方

2000（平成12）年に国が制定した「建設リサイクル法」の目的の冒頭には、「特定の建設資材について、その分別解体等及び再資源化等を促進するための措置を講ずる（以下略）」ことが掲げられています。北九州市では現在、「北九州市建設リサイクル行動計画2016」に基づき、建設廃棄物の再資源化などの建設リサイクルの推進に取り組んでいます。

さらに、再資源化の徹底と再生資源の利用を促進するため、2003（平成15）年から「北九州市建設リサイクル資材認定制度」を開始しました。2023（令和5）年3月末現在、側溝などのコンクリート製品や道路の舗装材など、20社、16品目、25製品（50資材）が認定されています。

●北九州市建設リサイクル資材認定マーク：2013（平成25）年に認定ロゴマーク制度を創設し、事業者が資材、パンフレット、名刺などに使用しています。

## ❷北九州市の認定制度の考え方

認定制度は、「品質・性能評価」に、「ライフサイクルアセスメント的評価」（以下LCA的評価）、「コスト評価」を加え基準を明確にしています。「LCA的評価」の構成項目は以下のとおりであり、すべての項目で従来資材よりも高い評価を得ることが認定条件です。

(1)資源消費量の削減：リサイクル原料の使用、資材の長寿命化、包装材などの使用削減

(2)地球温暖化防止への貢献（省エネ、$CO_2$排出抑制）：製造時のエネルギー、輸送時のエネルギー、施工時の使用エネルギー、解体時の使用エネルギー

(3)環境への貢献：製造時などの化学物質の使用、水の循環利用と環境負荷の削減、大気への放出（製造時排ガスなど放出量、輸送方法）、地域への貢献（地元原料使用など）

(4)最終処分時の環境負荷の削減：使用後の再リサイクル率、使用後の処理方法、リサイクルのタイプ

「コスト評価」は、従来資材価格のプラス20％以下の価格を認定条件とし、環境配慮と価格のバランスをとっています。そして、評価制度と同時に策定した「北九州市建設リサイクル資材使用指針」で、認定した建設リサイクル資材を積極的に使用することと

しています。また、2008（平成20）年より、北九州市の公共工事で使用する側溝などコンクリート製品の一部を「指定使用資材」として活用しています（☞資料-1・2）。

## ❸環境配慮型資材の利用促進

建設リサイクル資材認定の動きは、"環境に良いが高価格な"商品を、いかに育てて普及させるかという制度です。「基準」で目標を明らかにし、適度な「価格競争」に誘導し、一定の努力を示せば「義務化」に持ち込む。つまり、「利用促進」こそが成功の鍵（かぎ）というわけです。

資料-1

### 評価手法

建設リサイクル資材評価検討フロー

評価制度は、「機能評価」に「環境評価」と「コスト評価」を加え基準を明確化しています。

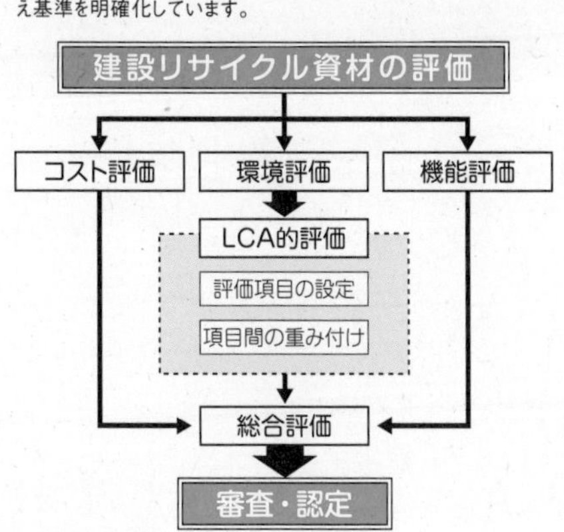


LCAと環境負荷の概念図

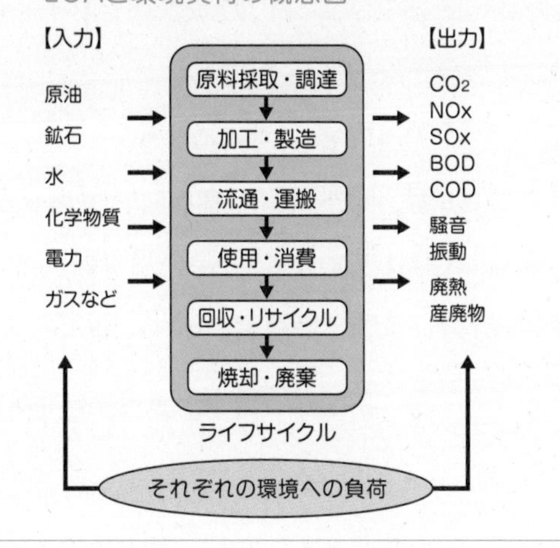


資料-2

### リサイクル材利用状況の一例

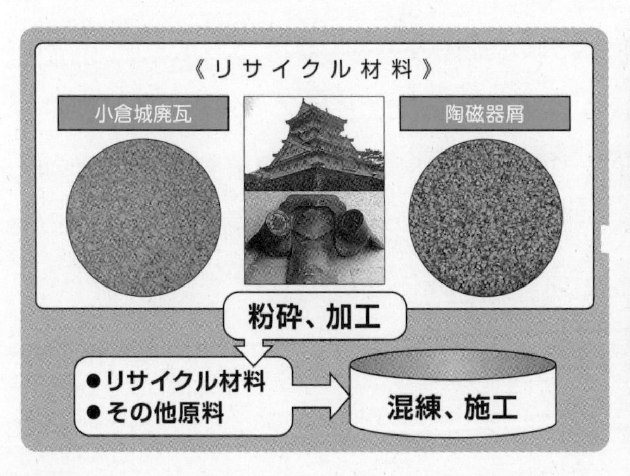

リサイクル薄層カラー舗装
（小倉城廃瓦入り）

環境によい
資材をたくさん利用
すればコスト面も解決
できそうだね


●北九州市建設リサイクル資材認定制度の問い合わせ先：
北九州市技術監理局技術支援課
電話（093）582-3260

メモ

北九州市環境首都検定 **練習問題**

**建設リサイクル資材の評価制度項目として正しくないものは、どれでしょう？**

☐ ①品質・性能評価　☐ ②ライフサイクルアセスメント的評価

☐ ③コスト評価　☐ ④事業者の評判

答え：④

# 第6節 プラスチックごみ・マイクロプラスチック問題

私たちは、ペットボトルやレジ袋、食品トレイ、ストローなど暮らしの中で、たくさんのプラスチック製品を使用しています。それらが使用済みのごみになると環境にどのような影響を与えるのでしょうか。この問題を知り、私たちがこれからできることを考え、行動しましょう。

## ❶プラスチックの性質について

ビニール袋、ペットボトル、食品トレイやお菓子の包装をはじめ、さまざまなところでプラスチック製品は使われています。石油を主な原料とするプラスチックは、耐久性に優れ、さまざまな機能を持ち、安価で製造できるため、世界中の生活のあらゆる面で使用されています。

## ❷プラスチックがかかえる問題点

便利なプラスチックですが、使い捨ての容器や袋、食器などに使用されると、廃棄にあたって環境に大きな負荷を与えます。日本でも、年間で多くのプラスチック製品が消費されており、その中には、ペットボトルのように資源として回収されるものもありますが、リサイクルされなかったものの一部は処分場に埋め立てられます。

また、日本の人口一人あたりのプラスチック容器包装廃棄量は、2018（平成30）年の国連の報告書によると、アメリカに次いで、世界で２番目の多さとなっています（☞資料）。日本は、これらのプラスチックごみの一部をリサイクル原料として中国や東南アジアの国々に輸出していましたが、それらの国々が輸入規制を行ったため、その影響で、日本国内で行き場を失ったプラスチックごみが多く存在し、それらの処理が喫緊の課題になっています。

プラスチックは
とても便利だから、
世界中で使われているけれど、
環境にさまざまな
影響を与えるから、
これからどうするか、
みんなで考えないと
いけないね


## ❸海に漂う大量のプラスチック

焼却や再生など適切に処理されずに捨てられたプラスチックごみは川や水路を通り、やがて海へ流れていきます。実は、海には大量のプラスチックごみが存在します。このままでは、2050年までに海洋中に存在するプラスチックの量が、魚の量を超過するとの試算（重量ベース）が報告されました（2016（平成28）年ダボス会議）。北九州市の海岸に打ち上げられたごみの中にも大量のプラスチックごみが存在しています。

また、大きなサイズのプラスチックが、自然環境中で破砕・細分化されて、5mm以下の大きさとなったものをマイクロプラスチックといいます。マイクロプラスチックには、有害な物質が付着しやすい性質があり、それが食物連鎖に取り込まれ、生態系に及ぼす影響が懸念されています。

海岸に流れ着いたプラスチックごみは、海浜を汚染し、経済価値を損ねるだけでなく、環境汚染を引き起こしています。このように海を漂流するプラスチックごみの影響は世界規模で広がっています。

## ❹SDGs（持続可能な開発目標）にむけて

SDGsには、「海洋ごみや富栄養化を含む、特に陸上活動による汚染など、あらゆる種類の海洋汚染を防止し、大幅に削減する」が挙げられています。私たちができることは、環境負荷をこれ以上大きくしないために、不要な使い捨てプラスチックを減らし、発生したものについては適切に処理をすることです。

また、海に流れ出てしまったものは、回収が難しくなるため、そうなる前に回収することが大切です。そのために、海岸に打ち上げられたプラスチックごみを拾うことで、環境への負荷が防げるのです。

## ❺北九州市における取り組み

北九州市では、プラスチックごみが増加することに対応して、ペットボトルやプラスチック製容器包装の分別収集、食品トレイの拠点回収などを実施しています。2023（令和5）年10月からは、プラスチック資源の循環利用を一層促進するため、「プラスチック製容器包装」に加えて、「製品プラスチック」も一緒に回収する「プラスチック資源の一括回収」を開始します。

集めた資源化物は、再資源化施設でリサイクルされ、食品容器やハンガーなどのプラスチック製品として再使用されたり、製鉄工場の化学原料として有効利用されたりしています。

また、プラスチックごみ対策として、家庭ごみ指定袋などの原材料の一部にバイオマスプラスチック*を導入したり、プラスチックごみ削減などに取り組む事業者等を「プラごみダイエット協力店」として登録・紹介したりする制度を実施しています。

さらに、スーパー等でのレジ袋の無料配布中止については、全国一律の有料化に先駆けて2018年6月より実施しています（市内の主要スーパー7社との協定締結）。

このほか、市民参加による大規模な海岸清掃を実施するなど、プラスチックごみの海洋流出を防止するとともに、市民に身近な問題として考えてもらえるような啓発や対策を進めています。

（＊）バイオマスプラスチック：
植物などを原料としたプラスチック。燃やすと二酸化炭素が発生するが、植物が成長する過程で大気中から吸収した二酸化炭素が大気中に放出されるものであり、差し引きゼロ（カーボン・ニュートラル）とみなすことができる。

資料

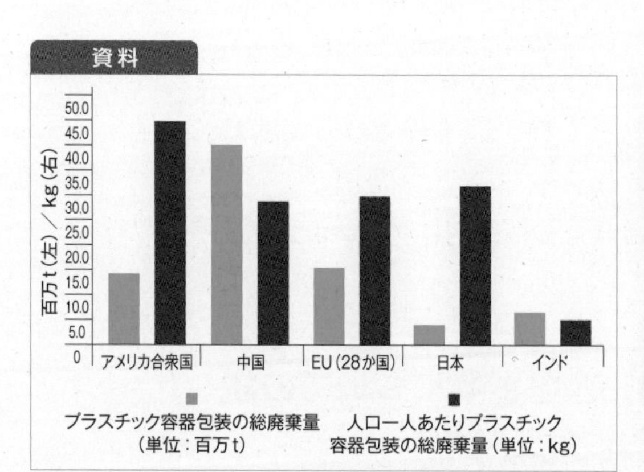


出典:UNEP "SINGLE-USE PLASTICS" (2018)

海岸に打ち上げられたごみ

北九州市環境首都検定 練習問題

プラスチックは
さまざまなところで環境に
負荷をかけているよ

**プラスチックの問題について、正しいものはどれでしょう?**

- ☐ ①プラスチックは川に流すと洪水が起きることがある
- ☐ ②プラスチックは海に捨てると津波が起きることがある
- ☐ ③プラスチックを海に捨てると、クジラなどが誤って食べてしまうことがある
- ☐ ④プラスチックは海に入ると毒物を発生する

答え：③

これができれば満点も夢じゃない！

## 北九州市環境首都検定 チャレンジ問題

**1 北九州市が以前抱えていたごみ減量・リサイクルの課題のうち、まちがっているものは、次のうちどれでしょう？**

（2019年度出題）

- □ ①1993（平成5）年以降、ごみ処理の基本理念を「処理重視型」から「リサイクル型」へ転換したが、分別対象を順次拡大することができなかった
- □ ②家庭ごみの有料指定袋制導入で、6%のごみ減量を達成したが、その後のごみの量は横ばいであった
- □ ③家庭ごみの中にリサイクル可能な資源が分別されずにごみとして捨てられていた
- □ ④ごみを多く出す家庭にごみ処理費用として、多くの税金を支出しており、負担の公平性が確保できていなかった

**2 北九州市では、「家庭ごみ収集制度の見直し」を2006年に行いました。この見直しについて、まちがっているものは、次のうちどれでしょう？**

（2018年度出題）

- □ ①「分別・リサイクルのしくみと充実」と「手数料の見直しによる減量意識の向上」という2つの施策をセットで取り組んだ
- □ ②ごみ減量・資源化により、約3万5,000トンの$CO_2$が削減できた
- □ ③2014年度には、2003年度の基準年度と比較して、約30%もの家庭ごみ減量を達成した
- □ ④資源化物については、分別・リサイクルを徹底するため、分別しやすいよう指定袋を無料で配布した

**3 産業廃棄物とポリ塩化ビフェニル（PCB）処理事業についての説明で、まちがっているものは、次のうちどれでしょう？**

（2019年度出題-改）

- □ ①事業活動に伴って生じる廃棄物を産業廃棄物という
- □ ②産業廃棄物は、鉱さい、汚泥、ダスト類、金属くず、がれき類など、20品目に分類される
- □ ③PCBは、かつては、電気機器用の絶縁油、感圧複写紙、熱媒体などに使われていたが、カネミ油症事件が発生したことから製造、販売は半減し、新たな使用も減少している
- □ ④2019年3月、北九州事業エリアの変圧器・コンデンサーについて全国で初めて計画的処理を完了するなどPCB処理が進んでいる

答え：1-①（☞第5章第1節）、2-④（☞第5章第2節）、3-③（☞第5章第4節）

# 第6章

# 北九州市の環境産業と技術開発

# 第1節 エコタウン事業の推進

エコタウン事業は、廃棄物処理やリサイクルを産業振興策としてとらえ、あらゆる廃棄物を他の産業やリサイクルの原料として活用し、廃棄物の発生をゼロにし（ゼロ・エミッション*）、循環型社会の形成を目指すものです。

（＊）ゼロ・エミッション：産業活動で発生する廃棄物などを、リサイクルや他産業の原料として活用することで、廃棄物の発生をゼロにする技術体系や経営手段のことです。

環境学習
の場としても活用
されているよ

北九州市エコタウンセンター（若松区）
電話（093）752-2881

北九州市エコタウンセンターを訪れる見学者

2017（平成29）年10月30日に上皇、上皇后両陛下がエコタウンセンターを訪問されました。

## ❶全国第1号「北九州エコタウン事業」への道

北九州市は「100年間に蓄積された技術と経験、そしてこれらを継承する人材こそが財産」という認識にたち、環境国際協力にまい進した時代を経て（☞第7章）、1990年代に入り、新たな環境政策を模索していました。一方、広大な響灘埋立地（約2,000ha）には、「響灘開発基本計画」（1996（平成8）年）において、「先進的な環境およびエネルギー産業・技術拠点」という構想が生まれました。その頃、国でも循環型社会の実現に向けた動きが盛んになり、1997（平成9）年、当時の通産省が「エコタウン構想」を打ち出しました。北九州市はその構想を受け入れる十分な準備・検討がすでにできていたため、環境・リサイクル産業の振興を柱とした「北九州エコタウンプラン」が全国に先がけて承認を受け、環境保全政策と産業振興政策を統合した独自の地域政策として、若松区響灘地区で具体的な事業に着手しました。

また、2002（平成14）年には、「エコタウン事業第2期計画」を策定し、新たな戦略のもとに事業を進めています。さらに、2004（平成16）年には対象エリアを市全域に拡大し、既存産業インフラなどを有効活用することにより、環境調和型のまちづくりに取り組んでいます。

## ❷全国最大級の規模を誇る北九州エコタウンの特徴

北九州エコタウン事業は、北九州学術研究都市（☞第6章第3節）との連携により、「教育・基礎研究」「技術・実証研究」「事業化」のいわゆる「北九州方式3点セット」で総合的に展開しています。 2023（令和5）年３月現在、国内には26ヶ所のエコタウン地域がありますが、北九州エコタウンの実証研究数は67（終了分も含む）、事業数は26と最大規模を誇り、2023年3月時点、総投資額は約888億円（市72億円、国など145億円、民間671億円）、雇用者数は約1,040名にのぼり、産業振興の面からも十分な成果をあげています。また、エコタウンの視察者数は、年間約10万人にのぼり、「北九州市エコタウンセンター」を拠点に環境学習フィールドとしても活用されています。

## ❸エコタウンの進出企業と相互連携

北九州方式3点セットの「事業化」の部分を担う「総合環境コンビナート」と「響リサイクル団地」では、ペットボトル、自動車、食用油などをリサイクルする工場が集積しています。企業集積を活かし、リサイクル過程で発生する各工場の残渣を他工場で利用する相互連携が進んでいます（☞資料）。

資料

**総合的な展開（北九州方式3点セット）**

**北九州市の環境産業振興の戦略**
基礎研究から技術開発・実証研究・事業化に至るまでの総合的展開

| 1.教育・基礎研究 | 2.技術・実証研究 | 3.事業化 |
|---|---|---|
| ●環境政策理念の確立<br>●基礎研究、人材育成<br>●産学連携拠点 | ●実証研究支援<br>●地元企業の支援・育成 | ●各種リサイクル事業、環境ビジネス展開<br>●中小、ベンチャー事業の支援 |
| 北九州学術研究都市 | 実証研究エリア | 総合環境コンビナート |

● エコタウン進出企業：
① ペットボトルリサイクル事業　西日本ペットボトルリサイクル㈱
② OA機器リサイクル事業　㈱リサイクルテック
③ 自動車リサイクル事業　西日本オートリサイクル㈱
④ 家電リサイクル事業　西日本家電リサイクル㈱
⑤ 蛍光管リサイクル事業　㈱ジェイ・リライツ
⑥ 食用油リサイクル事業　九州・山口油脂事業協同組合
⑦ 使用済有機溶剤精製リサイクル事業　九州リファイン㈱
⑧ 自動車リサイクル事業　北九州ELV協同組合
⑨ 古紙リサイクル事業　㈱西日本ペーパーリサイクル
⑩ 建設混合廃棄物リサイクル事業　㈱NRS
⑪ パチンコ台リサイクル事業　㈱ユーコーリプロ
⑫ 風力発電事業　㈱エヌエスウインドパワーひびき
⑬ 空き缶リサイクル事業　㈱KARS ㈲KARS
⑭ 廃木材・廃プラスチックリサイクル事業　㈱エコウッド
⑮ 非鉄金属総合リサイクル事業　日本磁力選鉱㈱
⑯ OA機器リユース事業　㈱アンカーネットワークサービス
⑰ 古紙リサイクル事業・製鉄用フォーミング抑制剤製造事業　九州製紙㈱
⑱ 風力発電事業　㈱北九州風力発電研究所
⑲ 汚泥・金属等リサイクル事業　アミタサーキュラー㈱
⑳ 食品廃棄物リサイクル事業　㈱ウエルクリエイト
㉑ 都市鉱山リサイクル事業　㈱アステック入江
㉒ 超硬合金リサイクル事業　㈱光正
㉓ 小型家電リサイクル事業　日本磁力選鉱㈱
㉔ 携帯電話リサイクル事業　㈱JEPLAN
㉕ 二次電池リサイクル事業　日本磁力選鉱㈱
㉖ 古着リサイクル事業　㈱エヌ・シー・エス

（2023（令和5）年3月現在）



北九州市環境首都検定　練習問題

基礎から開発
事業までの総合展開がこの
方式の特徴なのね


**北九州エコタウン事業の「北九州方式3点セット」にあたらないものはどれでしょう？**

- □ ①ごみの埋め立て
- □ ②教育・基礎研究（北九州学術研究都市）
- □ ③技術・実証研究（実証・研究エリア）
- □ ④事業化（総合環境コンビナートなど）

答え：①

# 第2節 環境産業の推進

温室効果ガスの大幅な削減を達成しつつ、地域経済の活力を増大させるためには、脱炭素社会に求められる環境付加価値の高い産業構造への変革が不可欠です。北九州市では、$CO_2$削減の取り組みをビジネスチャンスととらえ、新たなビジネスの創出を図ることにより環境産業を振興し、「環境」と「経済」の両立を目指しています。

## ❶環境産業の推進体制「北九州市環境産業推進会議」

「北九州市環境モデル都市行動計画」（☞第1章第7節）における5つの柱のうちの1つ「環境が経済を拓く」を具体化していくために、脱炭素化に貢献する環境産業のネットワークを構築し、環境産業の振興策について“共に考え、共に行動する場”として2010（平成22）年に「北九州市環境産業推進会議」を設置しました。

この会議では、リサイクル産業の高度化、エネルギーの地産地消、環境ビジネスの振興、環境経営の実践、環境向け投融資制度など、さまざまな視点から、産業界、学術機関、行政が一体となって取り組みを進めています。

## ❷新たな環境産業への取り組み

北九州市では、次世代資源循環拠点を目指しており、新たな地域循環型社会構築に向けた取り組みを進めています。具体的には、北九州エコタウンを基盤として、古着を分別・回収し、自動車用内装材へリサイクルする取り組みや、都市部の食品廃棄物を堆肥（たい）として地域で循環させる取り組みが行われています。

また、世界有数の都市鉱山である我が国のレアメタル、貴金属の再資源化を促進するため、小型電子機器のリサイクルが進められるとともに、太陽光発電パネル、リチウムイオン電池等のリサイクルに関する研究開発から事業化に至るまでの支援が進められています。

## ❸環境経営への支援 エコアクション（EA）21認証・登録支援

環境省が策定した環境経営システムであるエコアクション（EA）21とは、環境負荷の逓減（てい）に取り組む事業者を第三者が評価・認証する制度です。これは、省エネルギー、省資源、生産性の向上など、経営的にも大きな効果があります。北九州市は、脱炭素社会の実現には、環境経営システムの普及拡大は必要不可欠であると考えています。そこで、「EA21」の導入セミナーや認証・登録に向けた実践講座などEA21の認

●リサイクル産業創生期：

1“北九州エコタウンの進出第1号”ペットボトルリサイクル事業：北九州エコタウンのスターティングプロジェクトとして、1998（平成10）年7月に操業を始めたのが、西日本ペットボトルリサイクル株式会社です。

西日本ペットボトルリサイクル株式会社

2“日本初”の使用済み自動車のリサイクル事業：使用済み自動車のリサイクル企業である西日本オートリサイクル株式会社は、自動車の解体にシュレッダー（破砕）処理を行わない解体方法を開発しました。解体工程に、日本初の手さばき方式を導入し、99%以上のリサイクル率を誇る唯一の企業です。自動車リサイクル法の「全部再資源化」という言葉はこの工場から生まれました。

西日本オートリサイクル株式会社

証に向けた各種支援メニューを通して、市内中小事業者の環境経営への取り組みを支援しています。

現在までに市内142社（2023（令和5）年3月末現在）が同制度を取得しており、東京都を除く、全国都市ランキングでは、第5位になっています。

## ❹九州環境技術創造道場

北九州市では、2004年度から優れた環境人財の創出を目的として、九州環境技術創造道場を実施しています。

ここで育成する人財は、環境、特に廃棄物分野での幅広く実務的な専門知識を有する技術者です。国内外の最先端の情報を取り入れた講義のみでなく、発想力・考察力を伸ばすため合宿形式を採用し、グループ討議などを実施します。

2022年度までに、民間・行政の443名が受講を修了しています。今後、国内ひいてはアジアの廃棄物問題の総合的な技術者、環境ビジネスのリーダーとしての活躍が期待されています。

## ❺エコテクノの開催

地域産業界の環境意識の高揚と、環境ビジネスの振興・発展を図ることを目的に、九州最大規模の環境見本市「エコテクノ」展を開催しています（☞資料）。

北九州市のブースでは、SDGs未来都市としての北九州市の取り組みの紹介や、北九州エコプレミアム製品・サービスのPRなどを行っています。

資料

**エコテクノ展（エコテクノ2022）**

北九州市ブース

北九州エコプレミアム

③"日本唯一"の廃家電製品のリサイクル事業：西日本家電リサイクル株式会社は、家電リサイクル法に基づき、使用済みのエアコン、テレビ、冷蔵庫、洗濯機・衣類乾燥機などを高度に分解・選別し、高品位再生原料を生産します。同社は、全国で唯一、すべてのメーカーを取り扱うことができます。

西日本家電リサイクル株式会社

●エコアクション21に関する問い合わせ先：
北九州市環境局環境イノベーション支援課
電話（093）582-2630

エコアクション（EA）21導入セミナー

北九州市環境首都検定 **練習問題**

**脱炭素化に貢献する環境産業の振興策を"共に考え、共に行動する場"として設置されたネットワークは、どれでしょう?**

□ ①北九州市レアメタル推進会議　□ ②北九州市環境産業推進会議
□ ③北九州市エコアクション会議　□ ④北九州市環境産業振興会議

答え：②

# 第3節 産学官連携事業

北九州学術研究都市に代表される研究機関の集積は、より広範な分野へと連携を広げました。産学官連携の成果と新たな動きを学びましょう。

北九州学術研究都市

国 九州工業大学
大学院生命体工学研究科

公 北九州市立大学
国際環境工学部
大学院国際環境工学研究科

私 早稲田大学
大学院情報生産システム研究科
福岡大学
大学院工学研究科

大学の研究機関　公的機関の研究部門

公益財団法人北九州産業学術推進機構

他大学
試験研究機関
共同研究
教員・研究者の交流

企　業
共同研究
委託研究
寄附講座、寄附研究

北九州学術研究都市

## ❶北九州学術研究都市の誕生

北九州学術研究都市では、国・公・私立の大学・大学院や研究機関が1つのキャンパスに集まり、さまざまな研究に取り組んでいます。2001（平成13）年の開設以来、ここでは、いろいろな大学や研究機関が施設を一緒に使い、教育・研究して交流するだけでなく、企業も新しいアイデアや実験を社会のために使おうと共同研究しています。このスタイルは日本初の試みです。未来へ向けて北九州市から新しい産業を生み出すこと、ものづくりのまち・北九州市から新しい技術を生み出すことを通して、北九州市が将来にわたって産業都市として栄え、アジアにおける学術研究の拠点となることを目指しています。また、人材の育成や北九州エコタウンとの連携も行われており、ここで研究された最先端の理論や技術がエコタウンでも活かされています。

市内で行われている産学官連携事業の例を紹介しましょう。

## ❷環境配慮型消火剤の開発

無添加石けんを製造するシャボン玉石けん株式会社（若松区）が、北九州市消防局の提案をうけ、北九州市立大学（上江洲一也教授・河野智謙教授）などとの連携体制で7年をかけて、少水量で効果を発揮する消火剤を2007（平成19）年に開発しました（☞資料-1）。この消火剤は、生分解性に優れた石けんを界面活性剤*1として水に混ぜることで、燃焼物に浸透しやすくなります。そのため、放水量を従来の約17分の1（火災実験ベース）に低減でき、消火活動の効率化や消防車両の小型軽量化にもつながる画期的な開発です。また、環境負荷が小さいという特長から、現在、国際的な課題となっている林野火災や泥炭火災用としても国内外で活用促進が図られています。

（*1）界面活性剤：2つの性質の異なる物質の境界を界面といいます。界面活性剤は、界面の性質を変える物質のことです。石けんは、界面活性剤としての働きで、水と油の界面に働き、水と油を混じり合わせ、汚れを浮かび上がらせます。

## ❸北九州市環境未来技術開発助成・産学官連携の“芽”

北九州市は、環境未来税*2を財源とした「北九州市環境未来技術開発助成制度」を実施し、市内の中小企業などの先進的かつ実現性の高い環境技術の実証研究、社会システム研究およびフィージビリティスタディ研究*3を助成しています。2022年度までに、184件のテーマが採択され、産学官連携による提案も多く採択されています。

## ❹太陽光発電システムのリサイクル

2010年度から2014年度にかけ、公益財団法人北九州産業学術推進機構（FAIS）を中核機関として市や企業、大学が連携し、全国初の太陽光発電（PV：photovoltaic）システムのリサイクルに向けた研究開発プロジェクトを実施しました。この結果、さまざまなタイプの太陽光発電パネルを共通でリサイクル処理できる技術を確立しました（☞資料-2）。本技術は、今後予想される太陽光発電パネルの大量廃棄時に活躍することを見込んでいます。

資料-1

### 環境配慮型消火剤

シャボン玉石けん株式会社＋
北九州市消防局＋
北九州市立大学

放水量を従来の約17分の1に低減できる「環境配慮型消火剤」を開発。

環境配慮型消火剤「ミラクルフォーム」
（シャボン玉石けん株式会社）

資料-2

### 太陽光発電（PV）パネルのリサイクルフロー

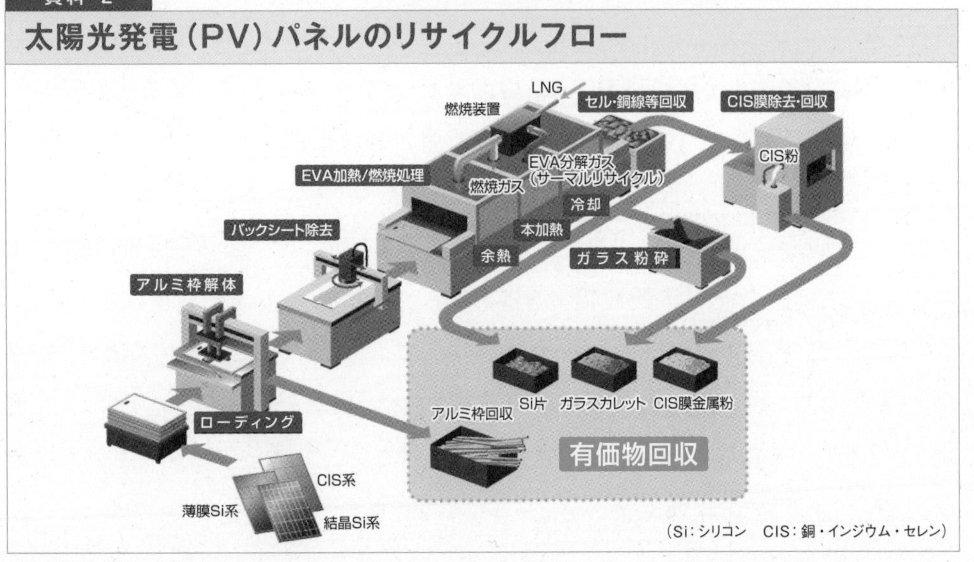


（Si：シリコン　CIS：銅・インジウム・セレン）

（*2）環境未来税：北九州市内の最終処分場で処分する産業廃棄物にかかる税金です。「環境未来都市」の創造に向け、北九州市が取り組んでいる廃棄物処理の適正化やエコタウン事業などの環境施策を積極的に推進するための持続的で安定的な財源を確保することを目的とする法定外目的税です。（法定外目的税とは、地方公共団体が特定の費用に充てるため、独自に課税要件を定めて課税する地方税です。）

（*3）フィージビリティスタディ研究：フィージビリティスタディとは、一般に、新製品や新サービス、新制度に関する実行可能性や実現可能性を検証する作業のことです。北九州市環境未来技術開発助成制度では、実証研究を行う前段階として、技術的内容、市場性および経済性などを調査研究するものです。

メモ



北九州市環境首都検定　練習問題

**北九州学術研究都市が目指すことにあてはまらないものはどれでしょう?**

大学を中心に
企業と共同研究・開発が
進められているよ


- ☐ ①北九州市から新しい産業を生み出す
- ☐ ②国・公・私立の高等専門学校・大学・研究機関が複数のキャンパスに集まり研究に取り組む
- ☐ ③学研都市で研究された理論や技術をエコタウンで活かす
- ☐ ④アジアにおける学術研究機能の拠点となる

答え：②

# 第4節 北九州エコプレミアム

北九州市では、環境負荷を減らした商品や技術・産業活動を新しい付加価値としてとらえ、「北九州エコプレミアム」として“選定”しています。北九州発のエコプレミアムには、どのようなものがあるでしょう。

## ❶エコプレミアムを選定する意味

北九州市は、2004年度に「北九州エコプレミアム」を創設しました。この制度の特徴は、対象を「廃棄物を使用したリサイクル製品」に限定せず、原料調達・製品設計・製造プロセス・使用・廃棄という、製品のライフサイクルの観点から環境負荷を減らした製品、技術(エコプロダクツ)を“選定”することです。選定対象、分野は幅広く、2022年度までに市内の233品目が選定されています。また、通常の“認定”が厳密な基準によるハードル設定型であることに対して、エコプレミアムは、より推薦の意味合いが強い“選定”です。それは、市内の環境産業を、エコタウンに代表されるリサイクルを中心とした静脈産業*だけでなく、動脈産業*側の環境配慮活動も、より強力に進めるため、優れた点を積極的に評価するねらいがあるためです。

(＊)静脈産業・動脈産業:厳密な定義はありませんが、産業におけるモノの流れを人体に例えて、天然資源などを用いて製品をつくるまでを「動脈産業」、廃棄物を回収し、資源や製品を生み出すまでを「静脈産業」と呼びます。双方が無駄なく連続することで循環型社会が完成します。

さらに、2005年度からは、エコプロダクツだけでなく、エコサービスも対象に加えて、市内のあらゆる産業が環境配慮活動を進めることをうながしています。選定されたエコプレミアムは、毎年発行する「北九州エコプレミアム」カタログに掲載するほか、九州最大級の「エコテクノ展」(西日本総合展示場)などの環境をテーマとしたイベントへ出展しています。選定事業者がビジネスチャンスを得て、エコプレミアムを市内外に広めることが、北九州市の環境産業のアピールにつなげます。

エコテクノ展(西日本総合展示場)

## ❷個性的な選定製品「いち押しエコプレミアム」

選定された製品・サービスの中から、「新規性・独自性」「市場性」の面で評価が特に高いものを、「いち押しエコプレミアム」として選定しています(☞資料)。

選定されたエコプロダクツやエコサービス、「いち押しエコプレミアム」は、北九州市のホームページでも公開しています。

資料

## いち押しエコプレミアムの例

**製　　品**

- 工場の作業負荷・エアーロス削減する「ドレンタイマーバルブ」
  （エアーテック株式会社・写真①）
- 産業廃棄物から製造した再生燃料「再生油Bio（バイオ）」
  （株式会社サニックス・写真②）

**サービス**

- EV車両の導入からバッテリーのリユースまで、エネルギーマネジメントをトータルで提供
  （株式会社EVモーターズ・ジャパン・写真③）
- ディーゼル自動車排気フィルター（DPF）の洗浄・再利用サービス
  （菅原産業株式会社・写真④）

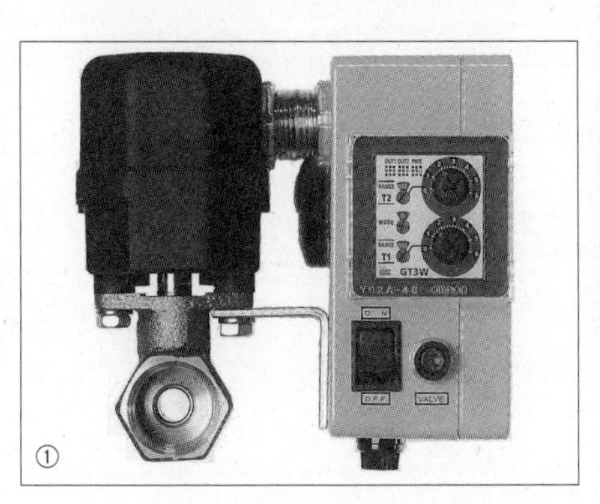

①

②

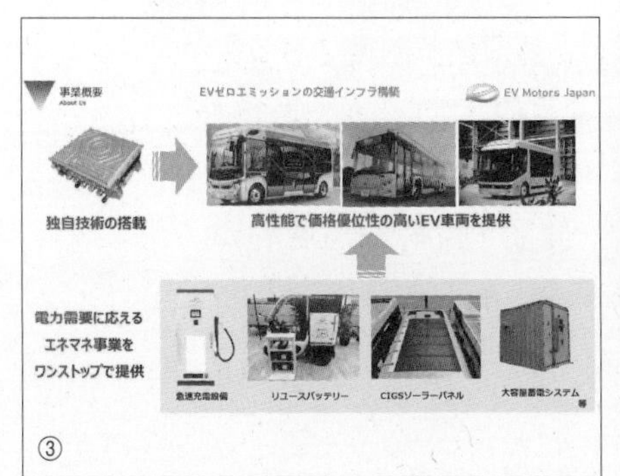

③

④

●北九州エコプレミアムの問い合わせ先：
北九州市環境局環境イノベーション支援課
電話（093）582-2630

メモ

北九州市環境首都検定 **練習問題**

### 北九州エコプレミアムの特徴はどれでしょう？（2つ）

- □ ①リサイクル製品のみを対象とする
- □ ②製品のライフサイクル全般を対象とする
- □ ③市内外の企業を対象とする
- □ ④ビジネスチャンスが得られる

答え：②、④

## これができれば満点も夢じゃない!

## 北九州市環境首都検定 チャレンジ問題

### 1 「北九州エコタウン事業」について、まちがっているものは、次のうちどれでしょう?

(2020年度出題-改)

- □ ①北九州エコタウンの視察者は毎年10万人にのぼる
- □ ②「教育・基礎研究」「技術・実証研究」「事業化」の「北九州方式3点セット」で総合的に展開している
- □ ③風力発電関連産業を中心とした再生可能エネルギー関連産業の集積が進んでいる
- □ ④総投資額は約888億円、雇用者は1000人を超え、産業振興の面からも成果をあげている

### 2 環境産業の推進の説明で正しいものは、次のうちどれでしょう?

(2019年度出題-改)

- □ ①北九州市環境ミュージアムでは、レストラン等の食品廃棄物を収集、堆肥として地域で循環させる取り組みを行っている
- □ ②環境省が策定した環境経営システムであるエンバイロメントマネジメント(EM)21とは、環境負荷の逓減に取り組む事業者を第三者が評価・認証する制度である
- □ ③北九州市では、2004年度から優れた環境人財の創出を目的として、九州環境技術創造道場を実施している
- □ ④地域産業界の環境意識の高揚と、環境ビジネスの振興・発展を図ることを目的に、九州最大規模の環境見本市「エコライフステージ」展を開催している

### 3 産学官連携事業の1つとして、シャボン玉石けん株式会社が北九州市と連携して開発したものは、次のうちどれでしょう?

(2020年度出題)

- □ ①放水量を従来の約17分の1にできる環境配慮型消火剤
- □ ②無添加で使用量を約5分の1にできる環境配慮型除草剤
- □ ③使用量を従来の約12分の1にできる環境配慮型除雪剤
- □ ④無添加で使用量を約3分の1にできる環境配慮型洗車剤

答え:1-③(☞第6章第1節)、2-③(☞第6章第2節)、3-①(☞第6章第3節)

# 第7章

# 北九州市の環境国際協力

Official Textbook for Kitakyushu City World Environmental Capital Examination

# 第1節 公害で経験した負の遺産を財産へ

北九州市は公害克服の過程で培った技術・ノウハウを活用し、開発途上国の環境改善に貢献してきました。北九州市が行ってきたこれまでの環境国際協力の流れを知り、その中心である研修の特徴を学びましょう。

## ❶公害を克服したこのまちの使命は「国際社会への貢献」

公害克服で得た経験や技術を次の世代につなげるため「国際社会に貢献する。これこそが、このまちの使命である。」という市民の総意のもと、1980（昭和55）年に設立された財団法人北九州国際研修協会（KITA）[*1]は、JICA研修コースを通じ、途上国から研修員を受け入れて、経験や技術を伝えてきました。そして、1989（平成元）年にはJICA九州[*2]が北九州市に設立されました。1990（平成2）年の国連環境計画（UNEP）[*3]のグローバル500受賞を契機に、KITAでは、KITA環境協力センターを設置し、（現：公益）財団法人北九州国際技術協力協会（KITA）へと発展しました。また、研修員の受け入れのみならず、現地での技術指導も行うようになり、国内外と活動の輪を広げていったのです。こうして、いよいよ産学官民連携による環境国際協力の基盤が固まっていきました。

## ❷北九州市の研修の特徴

北九州市の環境国際協力の原点は研修事業です。明治以降の産業発展も、公害克服から環境首都への展開も人材育成抜きに考えることはできません。ここでは、アジア諸国のニーズに応えてきた北九州市の研修の特徴を整理します。

### （1）歴史ある「ものづくりのまち」だからできる多彩なカリキュラム

北九州市には、鉄鋼、化学、窯業など素材型産業が多く、公害防止技術や3R、省エネルギー技術を持つ企業が集積しています。これらを背景に行政や大学・研究機関を交えて次のような多彩なカリキュラムを提供しています。

- 循環型社会形成分野：行政の政策（循環型システムの構築、環境産業誘致・育成ほか）や最新の企業技術（廃棄物適正処理、リサイクル技術ほか）を学ぶなど、国内で最も先進的で、実践的な研修です。
- 省エネルギー分野：企業における省エネ対策だけでなく、環境負荷の少ない都市計

（＊1）北九州国際技術協力協会（KITA）：KITA（Kitakyusyu International Techno-cooperative Association）は、持続的な発展のために産業発展と環境保全の調和を目指した国際技術協力を、北九州地域などの300以上の産・官・学諸機関の支援のもと、広く国内外の関係各所機関と効果的な連携を図りながら推進している団体です。

（＊2）JICA九州：JICA（Japan International Cooperation Agency／独立行政法人国際協力機構）は政府開発援助（ODA）の無償資金協力や技術協力を実施する機関です。JICA九州は、九州地区の総合窓口として、研修員の受け入れ、国際協力に関する情報提供などを行っています。

（＊3）国連環境計画（UNEP）：UNEPは、国連諸機関の環境に関する諸活動を統括する国連の補助機関です。グローバル500は、UNEPが環境の保護及び改善に功績のあった個人・団体を表彰する制度です。

画や再生可能エネルギーの活用など、地球温暖化対策・省エネルギー促進を実現するための研修です。

### (2)KITAを中心とする産学官民連携による研修実施体制

KITAでは、専門知識を有する企業や行政のOBがコースリーダーとなり、研修コースのカリキュラム作成と研修実施を担当します。地元企業の現役技術者が経験・技術を直接指導し、豊富な現場実習を行います。また、行政の取り組み（法規制の執行、政策立案、産業支援、住民との連携など）は、市役所職員が全面的に研修をバックアップしています。

## ❸都市間交流とODA*4などとの連携

北九州市の環境国際協力では、都市間での具体的な協力事業を進める上で、政府開発援助（ODA）などとの連携を行うことにより、相手都市における、より効果的・効率的な環境改善を進めています。その代表的事例が、北九州市の友好都市である中国・大連市との協力で、「大連を中国の環境特区に」との北九州市の提案が、1994（平成6）年に中国の国家環境保護重点事業に組み込まれました。その後、北九州市と大連市による両国政府への提案が実現し、環境改善の計画策定（開発調査）を、ODAの開発調査を活用して、北九州市とJICAの共同調査として行うことができました。これは、都市間環境国際協力がODA案件に発展した初のケースです。

(＊4) ODA：開発途上国の抱える問題に取り組むために、日本政府がその途上国に対して提供する資金や技術援助のことで、正式名は政府開発援助（Official Development Assistance）です。

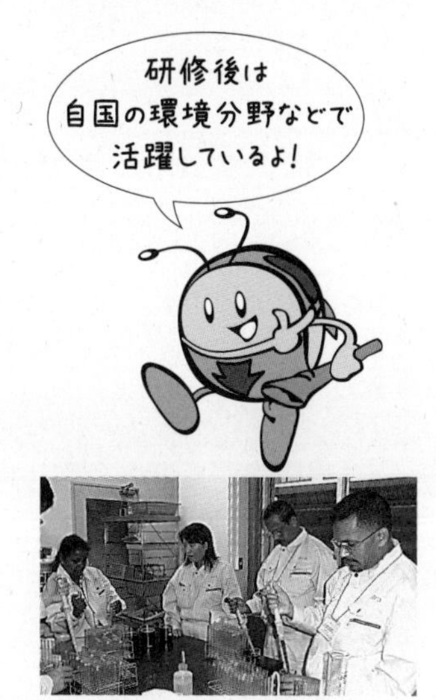

研修後は
自国の環境分野などで
活躍しているよ!


●国際研修員の受け入れ

## ❹アジアの環境人材育成拠点を目指して

北九州市は、「アジアの環境人材育成拠点」を目指しています。KITAを中心に、JICAの国際研修に加え2016（平成28）年からは環境省環境調査研修所が本市で全国の自治体職員を対象にした廃棄物・リサイクル研修を始めました。これまでに10,000人以上の研修員を受け入れています。また、新たなテーマでの研修開拓も進めています。アジアを中心とした途上国では環境分野における実践的な人材育成が急務です。この研修ニーズに応えることで、「環境を学ぶなら北九州市へ」という評価が海外でも定着しつつあります。

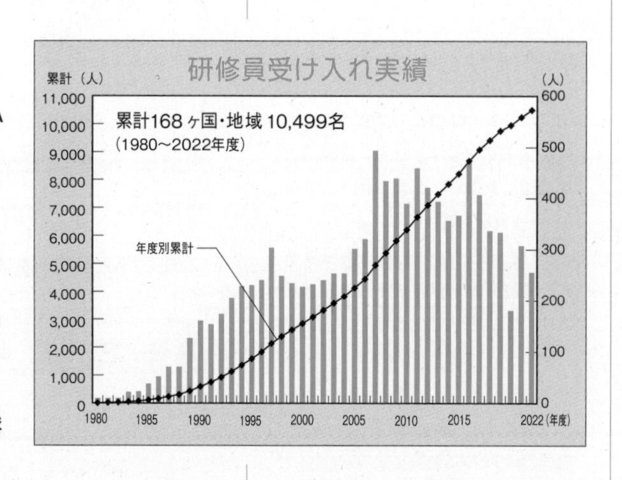


これまでに
10,000人以上の研修員を
受け入れてきたんだよ

北九州市環境首都検定 練習問題

**北九州市の環境国際協力について、あてはまらないことは次のどれでしょう?**

□ ①北九州市は公害克服の過程で培った技術・ノウハウを活用し、開発途上国の環境改善に貢献してきた

□ ②北九州市の環境国際協力の原点は研修事業だった

□ ③北九州市と大連市の交流は、都市間環境協力がODA案件に発展した初のケースだった

□ ④KITA（北九州国際技術協力協会）では、JICAの国際研修を中心とした研修員の受け入れだけを行っている

答え：④

# 第2節 世界に広がる環境国際協力

北九州市の環境国際協力は、今後、中国における大気環境改善のための都市間連携をはじめとする新たな展開へと発展していきます。北九州市の環境国際協力の流れを学んでいきましょう。

## ❶都市間における環境国際協力

北九州市は、都市間での環境協力を通じてきめ細やかな支援や指導・助言、あるいは、地域住民との協働を行うなど、顔の見える地方自治体ならではの国際協力を推進してきました。その結果、具体的な環境改善などの成果をあげることができ、都市環境国際協力の有効性や重要性が認識されるようになりました。都市間環境国際協力の第一号は、友好都市である中国・大連市との協力です。1979（昭和54）年の友好都市締結以降、専門家の派遣、視察団の受け入れ、環境セミナーの開催など数々の協力を進め、1996（平成8）年の「大連市環境モデル地区整備計画」の開発調査がODAに採択された際には、JICAとの共同調査において、クリーナープロダクション（低公害型生産）技術などの分野で専門家を派遣し、現地調査や計画策定に協力しました。大連市は策定された計画に基づく具体的な取り組みによって環境を劇的に改善し、2001（平成13）年には、北九州市が1990（平成2)年に受賞した国連環境計画（UNEP）の「グローバル500」を受賞しました。

## ❷世界に広がるネットワーク

これまで北九州市は、「アジア環境協力都市ネットワーク*1」や、「北九州イニシアティブネットワーク*2」を通じて、公害が進むアジア・太平洋地域の都市の環境改善や、各都市間の経験共有を進めてきました。2010（平成22）年、前記の2つのネットワークを再編し、「アジア環境都市機構」が創設されました。この機構は、環境分野における各都市のベストプラクティスや課題、現地ニーズなどをとりまとめ、情報発信し、アジア地域における環境問題解決につなげていくことを目指しています。

## ❸都市間協力の広がり

都市ネットワークを活用し、アジア諸都市で環境協力を推進しています。

### (1) 生ごみ堆(たい)肥化（コンポスト）普及事業

開発途上国の都市で大きな課題となっている「ごみの適正処理」を実現するため、

(*1) アジア環境協力都市ネットワーク：1997（平成9）年、アジア地域の持続可能な開発の達成に向け、各都市の経験共有と新たな行動促進のため、北九州市で開催された「アジア環境協力都市会議」において北九州市と東南アジア4ヶ国6都市が共同で設立しました。北九州市は、研修員受け入れや専門家派遣、セミナー開催などを担(にな)ってきました。

(*2) 北九州イニシアティブネットワーク：2000（平成12）年、国連アジア太平洋経済社会委員会（ESCAP）主催の「環境と開発に関する閣僚会議（MCED）」が北九州市で開催され、公害を克服した北九州市をモデルに、アジア・太平洋地域の環境改善を推進するための「クリーンな環境のための北九州イニシアティブ」が採択されました。これを実践に移すために設立されたのが「北九州イニシアティブネットワーク」です。アジア・太平洋地域の19ヶ国173都市が参加し、これまで人材交流やセミナー、スタディツアーを実施してきました。また、都市の具体的な取り組みが参加都市の間で行われ、他の都市に広がるなど大きな成果をあげました。

東南アジアの国々で「北九州（KitaQ）方式コンポスト事業」を実施しています。これは、インドネシア・スラバヤ市などにおいて実施している、髙倉弘二氏が開発した生ごみコンポスト化技術（髙倉式生ごみ堆肥化技術*4）を活用した廃棄物管理事業です。市民やNPO団体などとともに、コミュニティでの生ごみ堆肥化や資源化物の分別促進、啓発活動・環境教育の拡充、市場ごみの堆肥化活動の導入などを行い廃棄物の削減を実現させる総合的な取り組みで、北九州市の廃棄物管理行政のノウハウも活かされています。

### （2）アジア諸都市との協力事業

カンボジア・首都プノンペン都では、内戦終結直後の1993（平成5）年に70％程度あった無収水量率（漏水＋盗水）を、2006（平成18）年には北九州市並みの8％に低減し、飲料可能な水道水を実現させるなど「プノンペンの奇跡」といわれる大きな成果をあげました。中国・上海市では、北九州市と環境ミュージアムが取り組んでいる体験型環境教育手法などによる環境教育プログラムと、上海市環境保護局や科技館などの取り組みを共有することで、お互いの環境教育事業の活性化を目的とした事業を行いました。この他にも、アジアの諸都市において協力事業を実施しています。

### （3）中国大気環境改善のための都市間連携協力事業

微小粒子物質（PM2.5）などによる大気汚染への関心が高まる中、2013（平成25）年5月、北九州市で開催された「第15回日中韓三カ国環境大臣会合」を契機に、2014（平成26）年度から5年間に渡り、中国の6都市（上海市、天津市、武漢市、唐山市、大連市、邯鄲（かんたん）市）を対象とした、大気環境改善のための都市間連携協力事業を実施しました。

この事業では専門家の派遣や、訪日研修、共同研究などを行うことにより、大気環境改善の取り組みに協力してきました。

この結果、中国のPM2.5濃度の減少（平均35％）や各都市の環境管理能力向上に貢献したほか、北九州市の環境国際ビジネスの展開や都市ブランド力の向上につながりました。

中国での大気汚染問題についてはさらなる改善が必要であることから、2018（平成30）年日中環境大臣間で本事業を2021（令和3）年度末まで延長することとなり、北九州市も引き続き、中国における大気環境改善事業に取り組みました。

## ❹都市間協力の成果

北九州市のこのような取り組みは、アジア諸都市の環境改善を進めることとなりました。また、北九州市の国際的な評価向上、地場企業の環境国際ビジネス展開などにもつながっています。

（*4）髙倉式生ごみ堆肥化技術＝TAKAKURA METHOD（タカクラ・メソッド）：現地で入手できる発酵菌を利用したコンポスト化手法の一つです。作業は攪拌（かくはん）だけでよく、資材も安価に入手できます。

### アジアでの都市間協力の成果

●インドネシア・スラバヤ市：埋立廃棄物削減

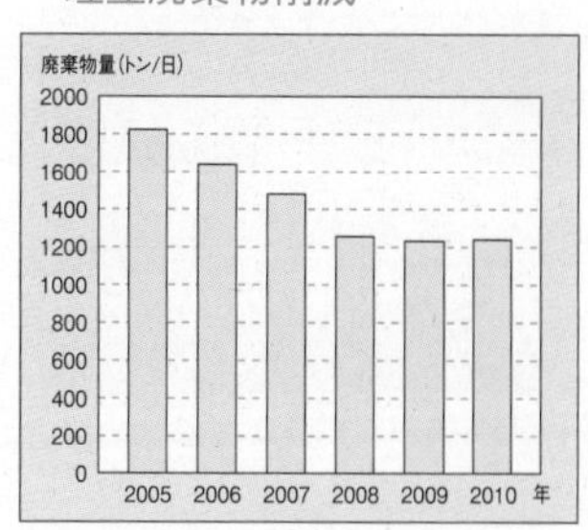


●カンボジア・プノンペン都：上水道の改善

| 1993年 | | 2006年（北九州市並） |
|---|---|---|
| 25% | 行政区域内水道普及率 | 90% |
| 10時間 | 給水時間 | 24時間 |
| 26,881 | 給水戸数 | 147,000 |
| 72% | 無収水量率(漏水等の割合) | 8% |
| 48% | 水道料金納付率 | 99.9% |
| 直接飲料可能な衛生的水道水に改善 | | |

●中国・大連市：環境改善

北九州市は、環境行政、環境モニタリング、下水処理、工場のクリーナープロダクションの分野で協力を行いました。

北九州市環境首都検定 練習問題

アジアの諸都市を中心に環境国際協力を行っているよ

**北九州市が行った環境国際協力と国・都市の組み合わせで、まちがっているものはどれでしょう?**

- □ ①中国・大連市＝クリーナープロダクション技術
- □ ②カンボジア・プノンペン都＝飲料可能な水道水の実現
- □ ③中国・北京市＝大気環境改善のための都市間連携協力事業
- □ ④インドネシア・スラバヤ市＝生ごみコンポスト化技術

答え：③

# 第3節 アジアカーボンニュートラルセンター

経済発展著しいアジア諸国に対して、北九州市は「アジアカーボンニュートラルセンター」を中心として、高い技術力を持つ市内企業による環境ビジネス参入支援を積極的に進めています。「環境」と「アジア」をキーワードとした北九州市の環境国際ビジネスへの取り組みについて学びましょう。

アジアカーボンニュートラルセンターが位置する国際村交流センター

(*1) 地球環境戦略研究機関(IGES) 北九州アーバンセンター：持続可能な都市発展に関する研究を分野横断的に行い、廃棄物管理、公衆衛生、汚染規制、交通などの重要課題を扱っています。

これまでに築いてきた
環境国際ネットワークを
活用しているよ!

## ❶環境国際ビジネスの推進拠点「アジアカーボンニュートラルセンター」

2010(平成22)年、アジア地域の低炭素化を通じて地域経済の活性化を図るための中核施設として「アジア低炭素化センター」を開設しました。また昨今の「低炭素化」から「脱炭素化」への世界的な潮流を「成長の機会」と捉え、脱炭素社会の実現に向けたカーボンニュートラルの取り組みを一層推進するため、2023(令和5)年1月に名称を「アジアカーボンニュートラルセンター(以下、「センター」という。)」に改めました。センターは、技術輸出の支援を行う「北九州市環境局環境国際戦略課」の他、専門人材育成を担う「北九州国際技術協力協会(KITA)」、調査研究・情報発信を担う「地球環境戦略研究機関(IGES)北九州アーバンセンター*1」が一ヶ所に集まり共同で運営しています。

### (1) これまでの取り組み・成果

センターは、北九州市に蓄積してきた地元企業の環境技術を、アジア諸都市とのネットワークを活用しながら、ビジネス展開することを支援します。これまで、中国、ベトナム、カンボジア、インドネシア、フィリピンなどをはじめとするアジアの80以上の都市で260件を超えるプロジェクトを実施してきました。

#### ●インドネシア・スラバヤ市におけるグリーンシティ輸出

センターの重点事業の一つとして、インドネシア・スラバヤ市における「グリーンシティ輸出」を進めています。スラバヤ市とは2012 (平成24) 年11月に環境姉妹都市に関する覚書を締結しました。本取り組みでは、グリーン&ローカーボンの視点から、まちづくりを支える人材育成などのソフトを盛り込んだ総合的なまちづくり計画の策定を中心に、廃棄物・上下水道・エネルギー・都市開発といったさまざまな分野におけるプロジェクトを展開して、グリーンシティの輸出を目指しています (☞資料)。

#### ●ベトナム・ハイフォン市における「グリーン成長推進計画」

2014 (平成26) 年に北九州市の姉妹都市となったハイフォン市は、先進的な環境港湾都市"グリーン・ポート・シティ"を目指しています。持続可能なまちづくりのため、北九州市は「北九州モデル」を活用し、ハイフォン市と共同で「ハイフォン市グリーン成

港湾都市ハイフォン市

長推進計画」を策定しました。同計画に基づき、廃棄物・エネルギーなど環境の7分野で$CO_2$排出削減が見込めるパイロットプロジェクトを推進していきます。

### (2) 今後の展開

単なる環境技術・製品の輸出のみでなく、都市間協力や政府間協力の枠組みのもとで、環境配慮型都市づくりのための支援ツールである「北九州モデル」を活用して、相手側都市の多様なニーズに対応した都市環境インフラのパッケージ輸出を推進し、グリーンな都市づくり・アジア全体での低炭素社会の形成に貢献していきます。

ハイフォン市「グリーン成長推進計画」



## ❷国際機関等との連携

北九州市は関連機関との協力関係を構築し、そのネットワークを活用して効果的な事業展開を図ってきました。2010年には国際連合工業開発機関（UNIDO）*2と、日本の自治体では初めて低炭素化社会実現のための協力覚書を締結しました。また、2013（平成25）年には、独立行政法人国際協力機構（JICA）と、従来からの協力関係のさらなる推進に加え、官民連携など新たな分野での協力を発展させることを目的として、「北九州市と独立行政法人国際協力機構との連携協定」を締結するなど、さまざまな国際機関との連携を図っています。

（*2）国際連合工業開発機関（UNIDO）：1966（昭和41）年に国連の一部局として発足し、1985（昭和60）年に国連組織機関として独立しました。開発途上国や市場経済移行国の経済力の強化と持続的な繁栄のための工業基盤の整備を支援しています。

資料

### インドネシア・スラバヤ市におけるグリーンシティ輸出

環境姉妹都市締結（2012年11月）

$CO_2$削減の定量化手法調査

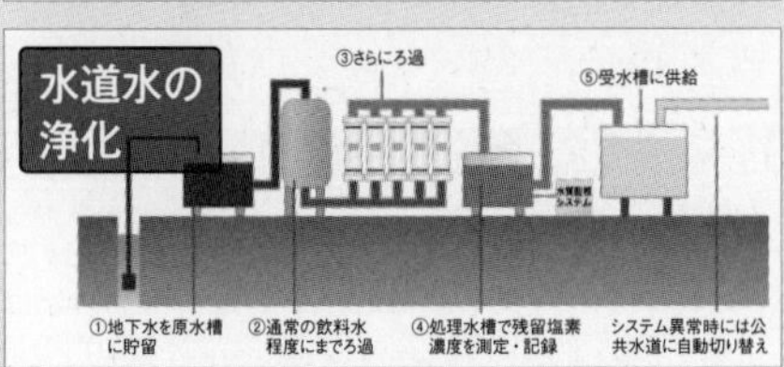

たくさんの人たちと一緒になって取り組んでいるのよ


北九州市環境首都検定 **練習問題**

**次のうち、北九州市と共に「アジアカーボンニュートラルセンター」の運営を担っている団体の組み合わせとして、正しいものはどれでしょう？**

- □ ①「北九州国際技術協力協会（KITA）」と「地球環境戦略研究機関（IGES）」
- □ ②「北九州国際技術協力協会（KITA）」と「国際連合工業開発機関（UNIDO）」
- □ ③「独立行政法人国際協力機構（JICA）」と「地球環境戦略研究機関（IGES）」
- □ ④「独立行政法人国際協力機構（JICA）」と「国際連合工業開発機関（UNIDO）」

答え：①

# 第4節 海外水ビジネスの推進

海外水ビジネスの市場は、アジア諸国を中心に今後大きな成長が見込まれています。北九州市では海外水ビジネスを「新成長戦略」の重要施策に位置付け、その展開を図っています。

1990年代から
途上国の水環境改善に
協力してきたんだ

## ❶国際技術協力の取り組み

北九州市上下水道局では、1990(平成2)年から30年以上にわたり、継続的に上下水道分野の国際技術協力に取り組んできました。これまで13ヶ国に200名以上の職員を派遣し、157の国や地域から6,600名以上の研修生を受け入れ(2023(令和5)年3月末時点)、途上国での水環境改善に貢献しています。特にカンボジアでは、1999(平成11)年から水道復興に関わり、「プノンペンの奇跡(第7章第2節)」と世界的に評される大きな成果をあげることができました。

## ❷「北九州市海外水ビジネス推進協議会」の設立

こうした長年にわたる国際技術協力によって得られた経験・ノウハウ、相手国政府などとの強い人的ネットワークをベースに、現在、北九州市では海外水ビジネスへの展開を図っています。

2010(平成22)年8月、全国の自治体に先がけ「北九州市海外水ビジネス推進協議会(☞資料-1)」を設立し、官民が一体となって、海外水ビジネスを推進する体制を整えました。協議会では、国際技術協力で培(つちか)った深い信頼関係を持つカンボジア、ベトナム・ハイフォン市等に重点を置きながら、セミナーや展示商談会の開催、ミッション団の派遣など、さまざまなセールスプロモーションを展開し、水ビジネス案件の受注を図っています。

カンボジアでの技術指導の様子

## ❸取り組みの成果

これまでの活動の結果、相手国政府と今後のビジネスに向けた覚書の締結や、240億円を超えるビジネス案件を受注しています(2023年3月末時点)。具体的には、経済発展が著しいカンボジアでは、首都プノンペンを含むカンボジア全土で事業を展開しています。

また、ベトナム・ハイフォン市では、北九州市が独自に開発した高度浄水処理技術(U-BCF*)が導入され、その施設が2013(平成25)年12月に完成しました。これは、ベトナムに日本の高度浄水処理技術が導入された初めての事例です。さらに2022年1月、日本の無償資金協力による大規模U-BCFがハイフォン市の主力浄水場に完成しました。これまでのハイフォン市と北九州市の取り組みは、ベトナム国内で関心を呼び、ベトナム最大の都市ホーチミン市を含む複数の都市で実証実験を行いました。今後、各都市への本格的な導入が期待されます。

（＊）U-BCF：自然の川底の小石などに付いた微生物が汚濁物質を取り込んで分解する作用を、人工の装置でより効果的に再現したものです。

ハイフォン市に完成したU-BCF

## ❹水ビジネスの国際戦略拠点の活用

2012（平成24）年4月、北九州市は国土交通省より、国際展開に先進的に取り組む地方公共団体として、水・環境ソリューションハブ（WES Hub）の構成メンバーに認定されました。また、海外水ビジネスをより一層加速させるため下水道に関する展示や地元企業の技術・製品の展示コーナーを備えた「ビジターセンター」、「日明汚泥燃料化センター」などを整備し、ビジネスチャンス・国際貢献の拡大、地元企業の産業振興などに向け、戦略的な取り組みを進めています（☞資料-2）。

資料-1

### 北九州市海外水ビジネス推進協議会

- 北九州市
- 中央政府
- 学識者（大学教授）
- 民間企業
- 関係機関（JICA、JBIC等）
- パートナーシップ Public Private Partnership

建設コンサルタント、土木建築、プラント建設、電機・計装システムなど金融・商社など、その他

つまり、海外水ビジネスってどんなこと？

水をきれいにする技術を海外の人たちに伝えて、技術力を世界にアピールすることで、民間の企業が発展していくことなんだよ

資料-2

### 水ビジネスの国際戦略拠点

このビジネスの鍵は「人材」なんだよね

北九州市環境首都検定 練習問題

**海外水ビジネスについて、まちがっているものはどれでしょう？**

- ☐ ①外国へ、日本の高度浄水処理技術の導入
- ☐ ②国際技術協力で培った信頼関係のある国でのセミナー開催
- ☐ ③飲料用としての北九州市の水道水の販売
- ☐ ④水ビジネスの国際戦略拠点づくり推進

答え：③

これができれば満点も夢じゃない!

## 北九州市環境首都検定 チャレンジ問題

**1 北九州市の環境国際協力について、まちがっているものは、次のうちどれでしょう?**

(2018年度出題-改)

- □ ①北九州市の環境国際協力の原点は「研修事業」である
- □ ②「アジアの環境人財育成拠点」を目指し、1980年から2021年まで、累計10,000人以上を受け入れた
- □ ③公害克服で得た経験や技術を次世代につなげるため、公益財団法人北九州国際技術協力協会(KITA(カイタ))では研修員の受け入れに特化して活動を行っている
- □ ④北九州市と中国・大連市の交流は都市間環境国際協力が政府開発援助(ODA(オーディーエー))案件に発展した初のケースとなった

**2 北九州市が行った環境国際協力と国・都市の組合せで、正しいものは、次のうちどれでしょう?**

(2020年度出題)

- □ ①生ごみコンポスト化技術　＝インドネシア・スラバヤ市
- □ ②飲料可能な水道水の実現　＝中国・北京市
- □ ③大気改善のための都市間連携協力事業　＝ベトナム・ハイフォン市
- □ ④クリーナープロダクション技術　＝中国・上海市

**3 持続可能なまちづくりのため、北九州市は「北九州モデル」を活用し、[A]と共同で「グリーン成長推進計画」を策定しました。2014年に北九州市の姉妹都市となったこの[A]市は、先進的な環境港湾都市"[B]"を目指しています。[A][B]に入る言葉の組み合わせで、正しいものはどれでしょう?**

(2018年度出題)

- □ ①A.ベトナム・ハイフォン市　B.グリーン・シティ
- □ ②A.ベトナム・ハイフォン市　B.グリーン・ポート・シティ
- □ ③A.インドネシア・スラバヤ市　B.グリーン・ポート・シティ
- □ ④A.インドネシア・スラバヤ市　B.グリーン・シティ

答え:1-③(☞第7章第1節)、2-①(☞第7章第2節)、3-②(☞第7章第3節)

# 第8章

# 北九州市の豊かな自然環境

# 第1節 北九州市の自然を守るために

北九州市は2015年度、「第2次北九州市生物多様性戦略（2015年度-2024年度）」を策定しました。市民・NPO、事業者、学識経験者、北九州市が連携（北九州市自然環境保全ネットワークの会*1）して進行管理し、「都市と自然との共生」を目指しています。どのようなものでしょう。

みんなが連携
して自然を守り、育てる
ネットワークだよ

（*1）北九州市自然環境保全ネットワークの会（自然ネット）：自然環境保全に関わるいろいろな主体から集まった会員同士の情報交換や意見交換を通じて、関係者間の連携と裾野の拡大を目指しています。また、自然ネット主催の研修会や会員それぞれの実践活動の中で、本市の自然環境の保全・復元・創成・利用に貢献することを目的としています。

●第2次北九州市生物多様性戦略（2015年度-2024年度）の問い合わせ先：
北九州市環境局環境監視課
（自然共生係）
電話（093）582-2239

## ❶第2次北九州市生物多様性戦略とは

「第2次北九州市生物多様性戦略（2015年度-2024年度）」は、「生物多様性基本法（2008（平成20）年）」に基づく地域戦略として策定した「北九州市生物多様性戦略」を受け継ぐ計画として、2015年度に策定しました。

この戦略は、北九州市の自然と人とのかかわりの歴史や経験を活かし、将来にわたって豊かな自然の恵みを享受できる社会の実現を目指すことを目的として、「都市と自然との共生～豊かな自然の恵みを活用し 自然と共生するまち」を基本理念に、北九州市においても進行しつつある生物多様性の4つの危機*2に対応した5つの基本目標を設定しています。

《基本目標1》

### 自然とのふれあいを通じた生物多様性の重要性の市民への浸透

北九州市ではエコツアーなど自然環境を体感し、理解を深めてもらう取り組みや、生態系サービスを活用している地域の農林水産業への理解を深め、地産地消を浸透させるための各種PRイベント等、さまざまな取り組みを推進しています。さらに、市民、NPOなどが主体となり、里地里山の保全・整備・活用を推進する取り組みが進められており、こうした活動を支援していきます。

《基本目標2》

### 地球規模の視野を持って行動できるような高い市民環境力の醸成

北九州市では響灘ビオトープや環境ミュージアムなどの環境学習施設を活かし、身近な地域課題等に取り組む「持続可能な開発のための教育（ESD）」活動の全市的な普及を目指した取り組みを進めています。特に次世代を担（にな）う幼児期からの環境学習の機会を提供しています。これらの取り組みを通じて、広い視野を持って行動できるような高い市民環境力が養われるように努めます。

《基本目標3》

### 自然環境の適切な保全による、森・里・川・海などがもつ多様な機能の発揮

自然環境保全に取り組む市民、NPOなどの活動支援、適切な自然環境保全の推進、希少種の保全や外来種への対策などの取り組みを行うことで、森・里・川・海などがもつ多様な機能が発揮されるように努めていきます。

《基本目標4》

### 人と自然の関係を見直し、自然から多くの恵みを感受できる状態の維持

都市基盤整備を行う上で、地域の自然環境等に配慮するだけでなく、生態系サービス(☞資料)が損なわれることがないよう意識する必要があります。このような取り組みを通じて、自然から多くの恵みを感受できる状態が維持されるように努めていきます。

《基本目標5》

### 自然環境調査を通じて情報を収集、整理、蓄積し、保全対策などでの活用

生物情報を整備するにあたっては、行政による調査だけでなく、市民参加による生き物生息調査なども行うことで市内の生態系の把握に努めます。

資料

**生物多様性の恵み(生態系サービス)**

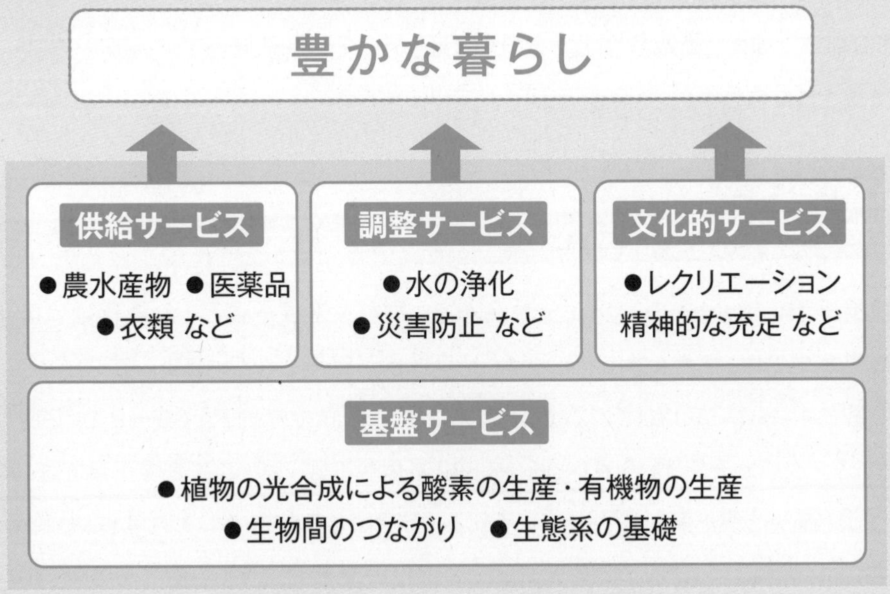

豊かな暮らし

| 供給サービス | 調整サービス | 文化的サービス |
|---|---|---|
| ●農水産物 ●医薬品 ●衣類 など | ●水の浄化 ●災害防止 など | ●レクリエーション 精神的な充足 など |

基盤サービス
●植物の光合成による酸素の生産・有機物の生産
●生物間のつながり ●生態系の基礎

(*2)生物多様性の4つの危機:

**《第1の危機》開発など人間活動による危機:** 開発や生物の捕獲など人が引き起こす負の影響要因による生物多様性への影響をいいます。例えば、沿岸部の埋立や森林の伐採などは多くの生物にとって生息・生育環境の変化をもたらします。また、観賞用などによる動植物の捕獲・採集は個体数の減少や生態系への影響をもたらします。

**《第2の危機》自然に対する働きかけの縮小による危機:** 自然に対する人間の働きかけが減ることによる影響をいいます。例えば、里地里山では、人々が生活のために適度に自然に働きかけることで、多様な生態系が維持されていました。しかし、過疎化などの要因でこれらの土地への管理に手が回らなくなることで生態系の多様性が失われてしまいます。

**《第3の危機》人間により持ち込まれたものによる危機:** 人間が近代的な生活を送るために、本来はそこにいなかった外来種(外来生物)や化学物質などを持ち込んだことによる危機をいいます。具体例として、外国原産の生物が観賞用などで持ち込まれ、それらが野外に放たれ定着することで、従来の生態系が失われてしまいます。また、農薬等に含まれる化学物質が生態系に影響を及ぼす可能性も指摘されています。

**《第4の危機》地球環境の変化による危機:** 地球温暖化などによる地球環境の変化による生物多様性への危機をいいます。地球温暖化の進行により多くの動植物の絶滅リスクが高まることが示唆されています。このほか、感染症の媒介生物の分布域拡大などにより、感染リスクが高まるとも考えられています。



北九州市環境首都検定 練習問題

都市と自然との
共生のために、考えなければ
いけない事ね

**北九州市においても進行しつつある生物多様性の危機はいくつといわれているでしょう?**

□ ①4つの危機　□ ②20の危機　□ ③40の危機　□ ④400の危機

答え:①

# 第2節 誇るべき北九州市の自然

北九州市の面積の4割は森林です。街のすぐ近くまで皿倉山などの山林が広がり、カルスト台地・平尾台という特殊な地形も身近にあります。大陸系の野鳥と日本を縦断する鳥が交差する「渡りの十字路」として国際的にも有名です。また、視点を変えて北九州市の豊かな自然を眺めてみましょう。

## ❶北九州市の自然の特徴

北九州市の面積は約492km²で、東部の企救(きくさんかい)山塊と中央部から伸びる福智(ふくち)山塊などに占められ、平野部は散在し、臨海部低地の大半が埋め立て地などの人工造成地です。気候は、瀬戸内気候と日本海気候の中間的な傾向をもち、年平均気温17℃程度、年間降水量1,500mm～2,000mm程度です。植生は、常緑広葉樹林に属し、自然植生はスダジイ群落、タブノキ群落、平尾台周辺のススキやネザサ群落などが代表的です。また、絶滅危惧種(ぜつめつきぐしゅ)*も多く生息していて、福岡県版「レッドデータブック」に掲載された希少種も生息が確認されています。

## ❷曽根干潟と平尾台

### (1)希少生物の宝庫「曽根干潟」

曽根干潟には、4本の河川が流れ込んでいます。曽根干潟とその後背地に広がる水田や草地では、これまでに100種以上の野鳥が確認されています。市内全体で約300種ですから、ここはまさに野鳥の楽園です。世界中で約7,000～9,000羽と推測されるズグロカモメ(環境省レッドリスト絶滅危惧Ⅱ類)が、ここ曽根干潟で越冬します。2億年前から姿を変えず「生きている化石」と呼ばれるカブトガニ(環境省レッドリスト絶滅危惧Ⅰ類)にとっても、曽根干潟は日本屈指の産卵地です。2億年もの間、姿を変えていない生き物がすんでいることに驚かされます(☞資料-1)。

### (2)日本屈指のカルスト台地「平尾台」

平尾台は、南北6km、東西2kmにわたるカルスト台地で、国の天然記念物です。約3億年前に、海底に積もったサンゴ礁(しょう)が、地殻変動により隆起したのち、陸上に出現し、雨水浸食をうけてできたとされています。すり鉢状の窪地(くぼち)(ドリーネ)の下には鍾乳洞(しょうにゅうどう)があり、洞内からはナウマンゾウなどの化石も発見されています。また、

(＊)絶滅危惧種:環境省の「レッドデータブック2014」によれば、絶滅危惧種とは「絶滅のおそれのある種」であり、絶滅の危機に瀕(ひん)しているⅠ類、絶滅の危険が増大しているⅡ類に大別されます。絶滅原因は、急速な環境変化、移入生物、乱獲などが考えられます。福岡県版「レッドデータブック」(2014(平成26)年)も発行されています。

カブトガニはカニではなく、クモの仲間に近い生き物だよ

約5,000年前の石器や土器も、洞内や地上から多数発見され、古代人がここで狩猟していたことがうかがえます（☞資料-2）。

北九州市は産業のまちでありながら豊かな自然に恵まれているんだね！

ぼくらはたくさんの動植物といっしょに生きているんだね



資料-1

## 曽根干潟（小倉南区）

曽根干潟

ズグロカモメ

クロツラヘラサギ

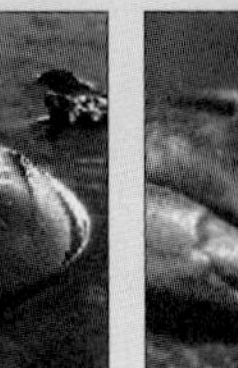

カブトガニ

シオマネキ

メモ

資料-2

## 平尾台（小倉南区）

ノハナショウブ

千仏鍾乳洞

ホオアカ

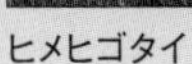

ヒメヒゴタイ

平尾台

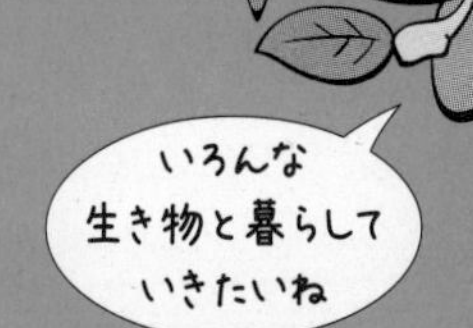

北九州市環境首都検定 練習問題

## 絶滅危惧Ⅱ類になっている「ズグロカモメ」は、世界中で何羽いるといわれているでしょう？

いろんな生き物と暮らしていきたいね

□ ①約100羽～300羽　□ ②約7千羽～9千羽　□ ③約7万羽～9万羽　□ ④約70万羽～90万羽

答え：②

第3節

# まちのシンボルとしての自然

**北九州市では、身近なところで自然を感じることができます。この豊かな環境を持続していくには、誰もが参加できる息の長い活動が必要です。ここでは、主な取り組みを紹介します。**

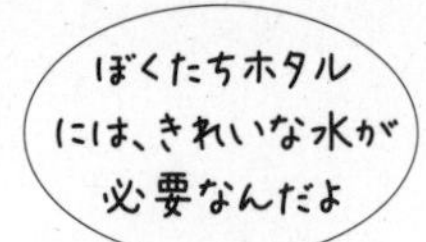
ぼくたちホタル
には、きれいな水が
必要なんだよ

(＊1) きれいな水がないと生きられないホタル：ゲンジボタル、ヘイケボタルの幼虫は水中、サナギは川岸の土の中、成虫は陸上ですごすため、ホタルがたくさんいることは河川全体の環境が良い状態であるといえます。

●ホタルについての問い合わせ先：
北九州市建設局水環境課ほたる係
電話 (093) 582-2491

## ❶ほたるのふるさとづくり

きれいな水がないと生きられないホタル＊1を美しい環境のシンボルとして、「人もホタルもすみ良い快適環境の実現」と、「ホタルを通して地域の活性化を進める」ことを目的に、「ほたるのふるさとづくり」が始まりました。

1992 (平成4) 年には、全国に先がけて市役所内に「ほたる係」が創設され、ホタルの生態学習・情報交換の場の提供、ホタル育成助成、人材育成、専門アドバイザーの派遣などを通して、ホタルの保護育成活動を支援しています。1995(平成7)年には、市民を中心とした全市的組織「北九州ほたるの会」が結成され、以降、「北九州市ほたる館 (2002(平成14)年開館)」や「北九州市立香月・黒川ほたる館 (2013 (平成25) 年開館)」(☞資料編168ページ) の設置など、活動拠点の整備も進みました。1984(昭和59) 年から市民と行政が協力して行っている「ホタル飛翔調査」では、近年60を超える河川でホタルが確認されており、長年のホタル保護活動が実を結んでいることがわかります (☞資料)。

また、ほたるのまちづくりに取り組む市町とともに「全国ほたるのまち交流会」を開催し、市内愛護団体とともに参加するなど、ホタルの保護や自然環境の保全に向けて、自治体を超えた交流も行っています。

まちの森スタート

「環境首都100万本植樹プロジェクト」の記念となる最初の苗木は、市長から赤ちゃん6人に手渡されました。(2008年10月)

●環境首都100万本植樹プロジェクトの問い合わせ先：
北九州市環境局環境監視課
(自然共生係)
電話 (093) 582-2239

## ❷環境首都100万本植樹プロジェクト～まちの森～

「みんなで植えれば100万本!」の呼びかけのもと「地球温暖化を防ぐ」「うるおいのあるまちをつくる」「『都市のなかの自然、自然のなかの都市』をつくる」を目的に、植樹プロジェクトが2008(平成20)年に始まりました。環境モデル都市 (☞第1章第7節) の第1号事業でもあり、15年間で100万本を植樹しようというものです。100万本を植樹した場合、約700世帯分の$CO_2$を削減 (約3,700トン／年) することができます。家族、グループ、地域、お店、企業、学校、市役所など、いろいろな人に参加してほしいとの願いを込めて"みんなで、どこかで、りょっか"の頭文字を取った推進組織「みどりネット」も発足しました。100万本の緑が育った素晴らしいまちを想像してみてください。

## ❸30世紀の森づくり

山田緑地は、第二次世界大戦から戦後にかけて日本軍、米軍により弾薬庫として使用されていたため、約半世紀にわたり一般の立ち入りが制限されていました。そのため、人の手が入らず、豊かな森が市街地の近くに残されています。この山田緑地の豊かな森を守り、育て、学びながら、遠い未来の人たちに自然保護の大切さを伝えるため、「30世紀の森づくり」を基本テーマとして定めました。山田緑地は、利用者が身近な自然にふれあい、親しむための「利用区域」、環境保護を優先する「保全区域」「保護区域」と大きく3つの区域に分けられています。その中でも、保護区域は人為的なコントロールは行わず、千年単位の植生遷移(しょくせいせんい)*2を見守る区域とされています。30世紀には本来の植生である照葉樹林が多く見られることでしょう。

## ❹自然を生かした公園づくり

到津の森公園は、「市民と自然を結ぶ窓口」を基本理念とし、自然や動物とのふれあいを通して学習する自然環境教育施設です。「自然にやさしい・動物にやさしい・人間にやさしい」をコンセプトに、周辺の豊かな自然を生かした動物たちの展示空間や観察園路を工夫し、より自然な動物たちの生態が観察でき、市民に長く愛される公園づくりに取り組んでいます。

資料

### 北九州ほたるマップ

北九州市では、毎年6月の第1週に、市民と市の職員が協力して、市内各地の河川のホタル飛翔調査を行っています。北九州市のホタルの特徴は、自然が豊かな郊外の川はもちろん、街中を流れる川でも見られることです。思いがけず、皆さんのすぐ近所の川でホタルが見つかるかもしれません。

山田緑地の日本一大きいログハウス「森の家」

● 山田緑地：小倉北区山田町
電話 (093) 582-4870
☞http://www.yamada-park.jp/

(*2) 植生遷移：植物が土地で生育するうえで、自らが形成する土壌や日照作用が主因となり、時とともに植生状況が変化して行く現象をいいます。人為を加えない状態で、最終的にこれ以上は遷移が進まなくなった状態は極相(きょくそう)といいます。

到津の森公園「【世界の動物ゾーン】マダガスカルの世界」では、動物たちを見下ろしての観察も可能にするなど、動物を間近に感じられる展示を行っています。絶滅危惧種の希少動物「ワオキツネザル」などを見ることができます。

北九州市環境首都検定 練習問題

木は成長するときに$CO_2$を吸収するよ

**北九州市が進めている植樹プロジェクトでは、15年間で何本の木を植えようとしているのでしょう?**

☐ ①1,000本　☐ ②1万本　☐ ③10万本　☐ ④100万本

答え：④

# 第4節 北九州市の貴重な生態系を守るために

自然から学び、生物の多様性を守っていくことは、今を生きる私たちの使命といえます。ここでは、自然に恵まれた響灘地区に生息する生物と、北九州市で確認された特定外来生物について紹介します。

## ❶日本最大級、響灘ビオトープ[*1]

北九州市は、響灘・鳥がさえずる緑の回廊創成事業の中核施設として、響灘廃棄物処分場跡地をビオトープとして整備し、2012（平成24）年10月6日に開園しました。面積約41haの国内最大級の広さのビオトープです。

もともとこの地区は、1980（昭和55）年から1987（昭和62）年までごみの埋め立てを行う廃棄物処分場でした。それから長い年月が過ぎた結果、デコボコの地形に湿地や水たまり（淡水池）、草原などの多様な環境が生まれ、さまざまな生物が生息するようになりました（☞資料-1）。

響灘ビオトープでは、これまでに約800種の生物が確認されています。その中には、ベッコウトンボ、チュウヒなど絶滅危惧種に指定されている希少な生物の姿もあります。

なお、2022（令和4）年に開園10周年を記念し、公募により、公式マスコットキャラクターとして、ベッコウトンボの「べっち」とチュウヒの「ひびちゅ」が誕生しました。

（＊1）ビオトープ：多くの生き物が生息する空間のこと。周辺の環境と明らかに区別される場所。

●廃棄物処分場からビオトープへ

埋め立て中

整備後の「響灘ビオトープ」

## ❷北九州市で確認された特定外来生物[*2]

北九州市は大変豊かな自然環境に恵まれた都市で、多様な生物が生息していますが、近年、外来生物も確認されています。もともとその地域にいなかったのに、外国原産の生物が、例えば観賞用などで運ばれ、それらが生態系・農林漁業・人間の健康や日常生活などに対して影響を及ぼすことがあります。このような影響を防止するための法律（外来生物法）が2005（平成17）年6月に施行されました（外来生物法とは、正式名称は「特定外来生物による生態系等に係る被害の防止に関する法律」です）。

海外から入ってきた生物（外来生物）のうち、特に生態系、人の生命・身体、農林水産業へ被害を及ぼすもの、又は及ぼすおそれがあるものの中から環境省が指定したものを「特定外来生物」といい、2023（令和5）年6月 現在、特定外来生物は158種類が指定されています。

北九州市では文献調査などによりこれまで（2023年6月現在）、19種類（鳥類2種類、両生類1種類、魚類3種類、植物4種類、哺乳類1種類、爬虫類2種類、昆虫類4種類、クモ・サソリ類1種類、甲殻類1種類）の特定外来生物が確認されました（☞資料-2）。

（＊2）特定外来生物：に指定されると以下の項目について規制（原則禁止）されます。

●飼育、栽培、保管及び運搬すること
●輸入すること
●野外へ放つ、植える及びまくこと
など

違反内容によっては、以下のような非常に重い罰則が科せられます。

●個人：最高で3年以下の懲役もしくは300万円以下の罰金
●法人：最高で1億円以下の罰金

資料-1

## 響灘ビオトープで見られる絶滅危惧種

チュウヒ（環境省RL絶滅危惧ⅠB類／留鳥）
2004年から響灘埋立地で繁殖していることがわかりました。この繁殖は九州初記録で日本の南限記録ともなっています。

ベッコウトンボ
（環境省RL絶滅危惧ⅠA類／4月中旬～5月中旬）
ベッコウトンボは、国内希少野生動植物種（種の保存法）に指定されており、採集が禁止されています。

コアジサシ
（環境省RL絶滅危惧Ⅱ類／夏鳥）

ミサゴ
（環境省RL準絶滅危惧種／留鳥）

《鳥の季節区分》
- 留鳥（りゅうちょう）
一年中、見られる鳥
- 旅鳥（たびどり）
春と秋の渡りの途中、つばさを休める鳥
- 夏鳥（なつどり）
初夏に渡ってきて夏をすごす鳥
- 冬鳥（ふゆどり）
秋に渡ってきて冬を越す鳥

＊このほかにもさまざまな生物が生息しています。

資料-2

## 北九州市で確認された特定外来生物

ガビチョウ（鳥類）（写真❶）
ブルーギル（魚類）（写真❷）
アライグマ（哺乳類）（写真❸）

**その他確認されているもの**
- （鳥類）ソウシチョウ
- （両生類）ウシガエル
- （魚類）オオクチバス、カダヤシ
- （植物）アレチウリ、オオキンケイギク、オオフサモ、オオカワヂシャ
- （爬虫類）カミツキガメ、アカミミガメ
- （昆虫）ツマアカスズメバチ、ヒアリ、アカカミアリ、アルゼンチンアリ
- （クモ・サソリ類）ゴケグモ属
- （甲殻類）アメリカザリガニ

①

②

③

処理場跡地に
自然に生き物が住みつく
なんて珍しいね


● 響灘ビオトープガイドツアー：
響灘ビオトープでは、生き物に詳しいガイドと一緒に園内を回る「ガイドツアー」を実施しています。このガイドツアーでは、希少生物の説明のほか、ビオトープの成り立ちや園内の植物などの説明も行っています。
● 問い合わせ先：
響灘ビオトープ
電話（093）751-2023

ガイドツアーの様子

● 響灘ビオトープ
公式マスコットキャラクター

べっち

ひびちゅ

第8章 第4節

北九州市環境首都検定 **練習問題**

名前を覚えてあげてね

### 「響灘ビオトープ」の公式マスコットキャラクターの組合せで正しいものはどれでしょう？

□①ちゅうりん・ベコトン　□②ちゅうちゃ・ベットン　□③ひびちゅ・べっち　□④ていたん・ブラックていたん

答え：③

## これができれば満点も夢じゃない!

## 北九州市環境首都検定 チャレンジ問題

**1 次の文は、北九州市においても進行しつつある生物多様性の4つの危機について述べたものであるが、A B C に入る言葉の組合せで、すべて正しいものは次のうちどれでしょう?**

(2020年度出題)

≪第1の危機≫ 開発などの A による危機
≪第2の危機≫ 自然に対する働きかけの B による危機
≪第3の危機≫ 人間により持ち込まれたものによる危機
≪第4の危機≫ C の変化による危機

- ☐ ①A.経済活動 B.拡大 C.自然環境
- ☐ ②A.人間活動 B.縮小 C.地球環境
- ☐ ③A.環境破壊 B.縮小 C.気候
- ☐ ④A.経済活動 B.拡大 C.地球環境

**2 北九州市が誇る豊かな自然の特徴について、まちがっているものは、次のうちどれでしょう?**

(2018年度出題-改)

- ☐ ①曽根干潟ではズグロカモメが確認されている
- ☐ ②響灘ビオトープは、「生きている化石」と呼ばれるカブトガニの日本屈指の産卵地である
- ☐ ③国の天然記念物である平尾台には、すり鉢状の窪地の下に鍾乳洞があり、洞内からナウマンゾウなどの化石も発見されている
- ☐ ④大陸系の野鳥と日本を縦断する鳥が交差する「渡りの十字路」として国際的にも有名である

**3 北九州市は豊かな自然環境に恵まれた都市で、希少な生物を含め数多くの生物が生息しています。響灘ビオトープではこれまでに約800種の生物が確認されており、その中にはチュウヒ、A など絶滅危惧種の姿もあります。一方で、近年、北九州市では、生態系などに被害を及ぼすおそれがある B などの特定外来生物も確認されています。A、B に入る言葉として、正しいものは、次のうちどれでしょう?**

(2022年度出題-改)

- ☐ ①A.ベッコウトンボ B.ワオキツネザル
- ☐ ②A.ベッコウトンボ B.ブルーギル
- ☐ ③A.ズグロカモメ B.ワオキツネザル
- ☐ ④A.ズグロカモメ B.ブルーギル

答え:1-②(☞第8章第1節)、2-②(☞第8章第2節)、3-②(☞第8章第4節)

# 第9章

# 安心して暮らせる快適な生活環境の確保

[第1節] 公害に対する取り組み

[第2節] 大気環境の保全

[第3節] 水環境の保全

[第4節] その他の公害対策

[第5節] 市民の健康と環境を守る保健環境研究所

[第6節] 開発事業などにおける環境配慮の推進

[第7節] ワンヘルスの推進

Official Textbook for Kitakyushu City World Environmental Capital Examination

# 第1節 公害に対する取り組み

**公害対策を促進するには、法を根拠とした厳しい排出規制のほか、公害排出に対する賦課金*1などの制度や、行政との公害防止協定の締結などによる事業者による自主的な取り組みの促進が有効です。北九州市はこれらの手法に加え、市民からの相談に的確に対応することで、公害に対する取り組みを進めています。**

(*1) 賦課金：その土地の恩恵を受ける者が、国や地方自治体に対して納める金のことです。農業用水路を利用する農家や観光地の商店などは、賦課金の支払い対象になる場合が多いです。

● 法律と条例：法律は国が定めるもので、日本国内であれば基本的に同じ規制が行われます。条例は都道府県や市町村が定め、地域のニーズに合ったきめ細かな規制を行うことができます。

公害防止
協定は環境を守る
ための企業と市の
約束だよ!
現在、約90
件も締結されて
いるんだね


## ❶北九州市公害防止条例・公害防止協定 (☞資料-1)

日本では、公害防止のため「大気汚染防止法」や「水質汚濁防止法」などの多くの法律により、汚染物質の排出規制などが行われています。1970（昭和45）年、公害国会で法規制が整備されるとともに、北九州市ではすでに制定されていた「北九州市公害防止条例」を全面改定し、法律では規制の対象とならない小規模な施設に対しても、法律と同様の規制を適用するほか、さまざまな措置が盛り込まれました。

また、新たに工場が進出する際に公害審査を行い、必要に応じて条例に基づく「公害防止協定」を結びます。これは、北九州市と企業の間で締結するものです。現在、約90件の協定が締結されています。法律では求められていない公害除去施設の設置や、汚染物質の排出量などについて取り決められていて、実効性の高いものです。

これらの取り組みは、"七色の煙"といわれた大気汚染、そして"死の海・洞海湾"といわれた水質汚濁などの1960年代の公害克服に大いに貢献しました（☞第1章第2節）。

## ❷公害健康被害の補償 (☞資料-2)

北九州市は、大気汚染による健康被害を把握するため、1960（昭和35）年から疫学調査に取り組み、大気汚染の著しい地域に非定型のぜん息様疾患の発生率が高いことがわかりました。数多くの疫学調査をうけて、1973（昭和48）年には、洞海湾周辺の48km²が「公害に係る健康被害の救済に関する特別措置法」による地域に指定され、医療費などの給付が開始されました。1974（昭和49）年には、「公害健康被害補償法」が施行され、公害排出企業への賦課金などを原資にした医療費の全額負担と損害に対する補償給付が始まりました。現在、地域指定は解除されましたが、すでに認定された患者には補償給付と保健福祉事業が行われています。

## ❸公害に関する苦情・要望の処理 (☞資料-3)

公害に関する苦情・要望は、公害の発生状況を知るうえで重要な指標のひとつです。

騒音や悪臭などの公害が発生した場合、当事者間の話し合いなどで解決する例もありますが、多くは苦情・要望として行政機関に持ち込まれています。

2021年度に申し立てられた公害に関する苦情・要望の件数は218件（2020年度286件）です。近年では、住宅・商業地域における冷暖房設備や生活排水、交通機関、建設工事などの市民生活に関連する「都市・生活型の苦情」が、4割から7割程度を占めるようになっています。

北九州市では、市民からの苦情・要望の申し立てがあった場合、当事者への事情聴取や現地調査を行い、法律・条例の違反があれば、発生源に対して施設や作業方法の改善を指導するなど、その解決に努めています。

資料-1

**公害に対する規制**

全国一律の規制

- 環境基本法*2 → 環境政策の方向を示す基本法 環境基準を設定
- 公害規制に関連する法（大気汚染防止法 水質汚濁防止法 騒音規制法 など） → 汚染物質の排出規制など
- 北九州市公害防止条例 → 汚染物質の排出規制など
- 公害防止協定 → 新たに進出する工場と公害防止に関する取り決め

北九州市独自の規制

資料-2

**公害健康被害補償指定地域**

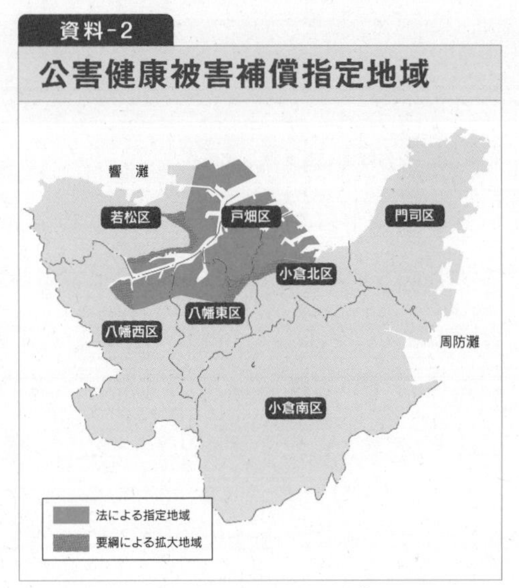


資料-3

**苦情・要望件数**（2015年～2021年度）

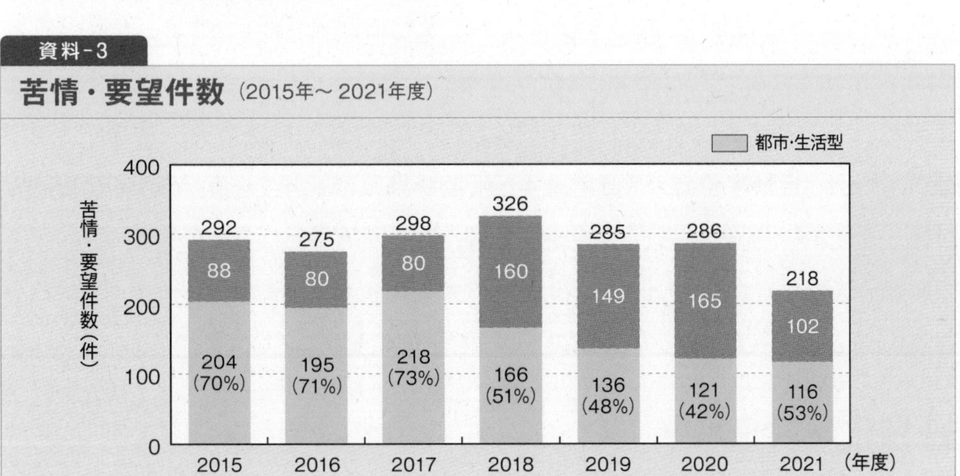


（*2）環境基本法：1993（平成5）年11月、日本の環境政策の方向を示す新たな基本法として、公布、施行された法律で、従来の公害分野と自然保護をまとめるとともに、地球環境問題を取り上げ、将来の国民や人類の福祉に貢献することを目的としています。

メモ



北九州市環境首都検定 **練習問題**

工場に対し、汚染物質の排出などについてのルールを定めたんだ

## 公害を防ぐために北九州市が制定した条例を何というでしょう?

- □ ①北九州市公害対策条例
- □ ②北九州市公害防止条例
- □ ③北九州市環境保全条例
- □ ④北九州市環境対策条例

答え：②

# 第2節 大気環境の保全

1960年代の大気は、ぜん息などの健康被害を引き起こすほど汚れていましたが、今では青い空を取り戻すことができました。大気の安全はどのように確保されているのでしょう。

## ❶大気の環境基準

人が生きていくために、大気は必要不可欠なものです。しかし、大気汚染の進んだ空気を吸うと健康に悪影響があり、1960年代を中心にぜん息などの健康被害が北九州市にも広がりました。そこで国は、人の健康を保護するうえで維持することが望ましい目標として「環境基準[*1]」を設定しました。大気に関する環境基準は、二酸化いおう、二酸化窒素、光化学オキシダントなど11項目が定められています。

## ❷北九州市の大気環境の現状

大気汚染の状況は、1960年代に比べて大幅に改善されています（☞資料-1）。現在は光化学オキシダントを除き、全ての項目が環境基準に適合しています。大気汚染の状況を把握するため、北九州市では18ヶ所に設置した測定局[*2]（一般環境大気測定局13ヶ所、自動車排出ガス測定局４ヶ所及び気象観測局1ヶ所）で常時監視測定を行っています（☞資料-2）。測定データは、通信回線で結ばれた公害監視センターで集積・管理しています。また、「福岡県の大気環境状況（福岡県）」「そらまめ君（環境省）」などのホームページで最新のデータを全国に発信しています。

## ❸光化学スモッグ

工場や自動車の排出ガスに含まれている窒素酸化物や炭化水素が、強い日射を受けて化学反応を起こし、光化学オキシダント（主成分はオゾン）が生成され、その濃度が高くなると、もやがかかったように遠くが見えにくくなることがあります。この状態は「光化学スモッグ」と呼ばれ、目やのどの刺激など健康への影響が出る場合があり、春から秋にかけて天気が良くて気温が高く、風の弱い日に発生しやすくなります。北九州市は、光化学オキシダント濃度が0.12ppm以上となり、その状況が継続すると思われる場合に、「光化学スモッグ注意報」を発令します。発令時は市民に屋外での激しい運動を避けるように呼びかけるとともに、大規模な工場に原因物質である窒素酸化物の排出を削減するよう要請・依頼しています。近年

（＊1）環境基準：環境基本法に基づき、生活環境の保全や人の健康を保護するうえで維持することが望ましい基準で、大気汚染、水質汚濁、土壌汚染、騒音について設けられています。通常、汚染物質ごとに濃度の上限値で表され、二酸化窒素の場合、0.04ppmから0.06ppmまでのゾーン内又はそれ以下（1日平均値）であることです。

（＊2）測定局：大気汚染防止法に基づき、大気汚染の状況を常時監視するための測定局です。住宅地などの一般的な生活空間の状況を把握するものを「一般環境大気測定局」、道路周辺の状況を把握するものを「自動車排出ガス測定局」といいます。

松ケ江局（門司区）

公害監視センター（北九州市庁舎内）

は、中国大陸で発生し流れてきた汚染物質の影響も受けていると言われています。

●光化学スモッグ注意報発令時・PM2.5注意喚起時の広報

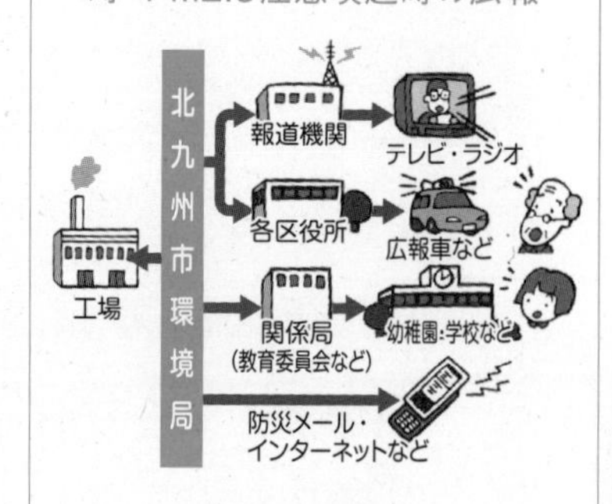


## ❹PM2.5

PM2.5とは、大気中に含まれる直径が2.5マイクロメートル（μm）以下の微小な粒子のことで、2009（平成21）年に環境基準が設定されました。主な発生原因は、ディーゼル排ガスなど人為的なもの、土壌粒子など自然的なものに加え、硫黄酸化物などが大気中で化合して生成したものなどがあります。粒子が小さいため、吸い込んだ場合、肺の奥まで入りやすく、また、表面にさまざまな有害物質が吸着しているおそれがあることなどから、呼吸器疾患や循環器疾患などの健康影響が懸念されています。PM2.5濃度は、春に高くなる傾向があり、高濃度のPM2.5（日平均70μg／㎥を超える）が予想されるとき、国の暫定指針に基づき、福岡県が注意喚起を行います。注意喚起が行われた際には、市民に不要不急の外出や屋外での長時間の激しい運動をできるだけ減らすことなどを呼びかけます。

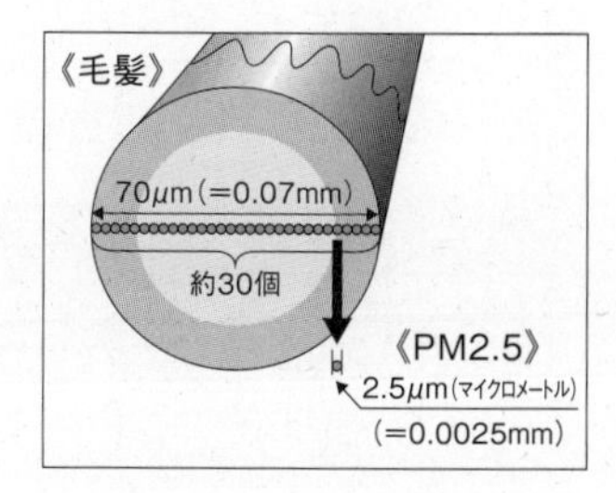


PM2.5の直径は毛髪の約30分の1

## ❺発生源への対策が重要

環境基準を達成するため、「大気汚染防止法」によりボイラーや加熱炉などから排出される大気汚染物質の排出量や濃度の規制値が定められています。北九州市での規制値は、全国の中でも厳しいものが採用されています。さらに、「北九州市公害防止条例」による規制や「公害防止協定」を締結しています（☞第9章第1節）。このような厳しい基準を守るには、工場や事業場への立入検査が不可欠です。立入検査では、施設の管理状況、自主測定の結果、公害防止管理者などの職務遂行状況などをチェックしています。

市職員による工場への立入検査風景

資料-1

### 大気汚染状況の推移（一般環境大気測定局の年平均値）

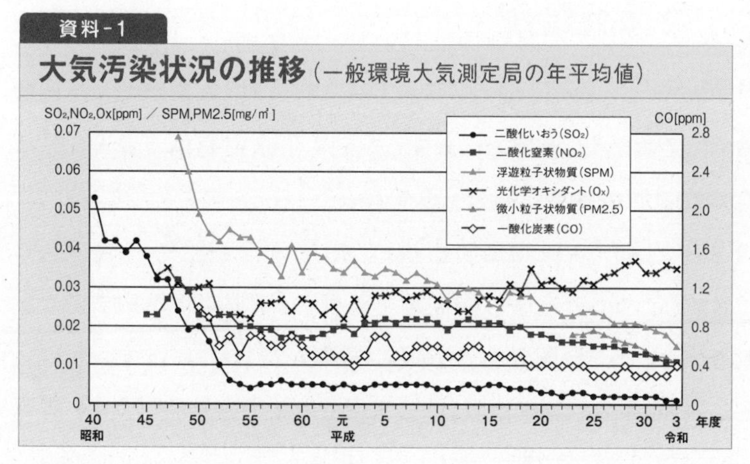


資料-2

### 常時監視測定地点（18ヶ所）

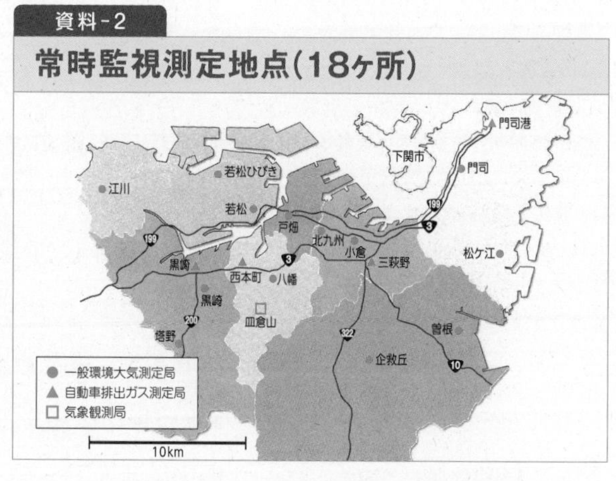




北九州市環境首都検定　練習問題

**PM2.5粒子の直径はおよそどのくらいでしょう？**

□ ①2.5メートル　□ ②2.5センチメートル　□ ③2.5ミリメートル　□ ④2.5マイクロメートル

答え：④

第9章 第2節

# 第3節 水環境の保全

洞海湾が「死の海」と呼ばれていた頃から50年以上がたちます。この間の官民一体となった努力の末に、水質は河川・海域とも大幅に改善しました。水環境の保全はどのように確保されているのでしょう。

## ❶水質の環境基準

かつての北九州市は、工場や家庭からの排水により河川や海は汚れ、洞海湾は大腸菌もすめないとまでいわれました。水の汚れは飲料水や食物を通して直接人の健康をおびやかすだけでなく、水道にかかるコスト増や生態系への影響という形で生活にかかわってきます。

水質汚濁に関しては、「人の健康の保護に関する環境基準」として、有害物質であるカドミウム、ヒ素など27項目、「生活環境の保全に関する環境基準」として、有機物による汚れの指標であるBOD*1やCOD*2、植物プランクトンの栄養源である窒素・リンなどが定められています。

(*1)BOD(Biochemical Oxygen Demand):生物化学的酸素要求量といい、水中の有機物が微生物によって一定時間内に酸化分解される時に消費される酸素量のことです。水が汚れていれば有機物が多いので、酸素が多く必要になります。河川の汚濁指標です。(単位:mg/ℓ)

(*2)COD(Chemical Oxygen Demand):化学的酸素要求量といい、水中の有機物を酸化剤で分解するのに消費される酸素量のことです。有機物が多いほど酸化分解のために必要な酸素量も多くなるため、水の汚濁度を示す指標となっています。湖沼、海域の汚濁指標です。(単位:mg/ℓ)

## ❷北九州市の水環境の現状

北九州市では、河川32地点、湖沼(こしょう)1地点、海域18地点の環境基準点および一般測定点で水質測定を行っており、工場排水に対する規制や下水道整備が進んだ近年では、ほとんどの測定地点で環境基準に適合(基準値以下)しています(☞資料-1)。

工場排水に対する規制として「水質汚濁防止法」があり、洗浄施設やメッキ施設などから排出される汚染物質について濃度の規制値を定めています。北九州市では上乗せ基準、総量規制基準といった全国の中でも厳しい規制が行われています。さらに、「北九州市公害防止条例」による規制や企業と「公害防止協定」の締結により水質汚濁の防止を図っています(☞第9章第1節)。

きれいな水を
守るために、いろんな
決まりがあるんだね

## ❸水環境の保全

5市合併して北九州市が誕生した1963(昭和38)年当時、下水道普及率は、わずか1%弱でしたが、2005年度末に99.8%に達し、汚水処理整備については概成しました(2023(令和5)年3月現在99.9%)。現在、私たちは、1人1日あたり210リットル、市全体で約39万m³(市庁舎の約4杯分)の汚水を出していますが、その汚れた水は新町(しんまち)、日明(ひあがり)、曽根(そね)、北湊(きたみなと)、皇后崎(こうがさき)の市内5つの浄化センターで処理され再生しています。下水道の普及と河川の水質の推移を示したグラフからは、下水道整備が進むにつれて河川の水質がよくなっていることがわかります（☞資料-2）。

## ❹水質改善に向けた取り組み

**洞海ビオパーク：**洞海ビオパーク（1998（平成10）年完成）は、皇后崎浄化センターの処理水を、植物を利用してさらに浄化し、水辺の生き物たちのすむせせらぎを創出した施設です。楽しみながら浄化のしくみを観察できます（☞資料編168ページ）。

洞海ビオパーク（八幡西区）

メモ

資料-1

### 河川・海域および湖沼水質測定地点

● 環境基準点
■ 一般測定点

資料-2

### 紫川の水質と下水道処理人口普及率（2023年3月）

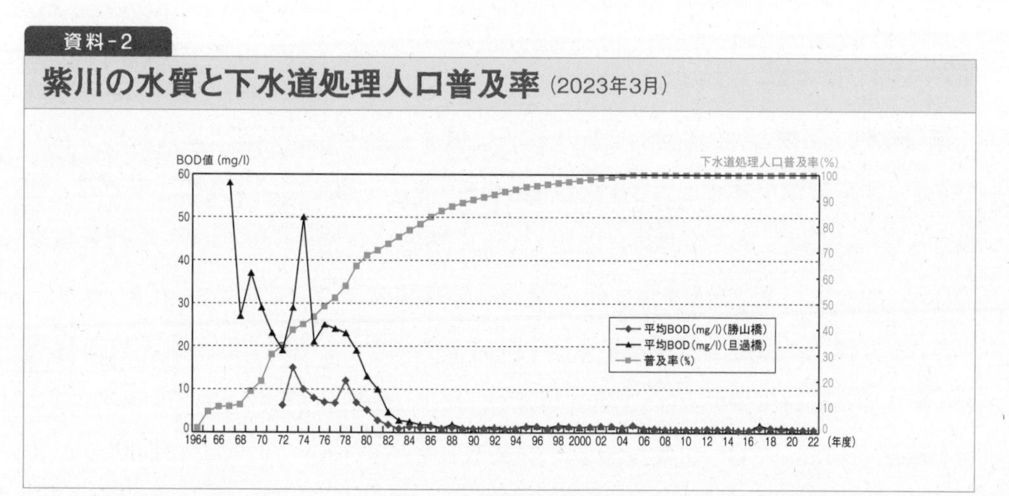


北九州市環境首都検定　練習問題

**水質の保全に関係のないものはどれでしょう?**

きれいな水は私達の生活を豊かにするのね

- ☐ ①生物化学的酸素要求量（BOD）
- ☐ ②水質汚濁防止法
- ☐ ③下水道の普及率
- ☐ ④微小粒子状物質（PM2.5）

答え：④

# 第4節 その他の公害対策

市民・事業者・行政などの関係者が一体となって努力したことにより、大気や水質は見違えるほど改善しましたが、化学物質が多様になるなど、時代に応じて公害問題も複雑になっています。いろいろな問題とその対策を学びましょう。

●典型七公害：大気汚染、水質汚濁、土壌汚染、騒音、振動、悪臭、地盤沈下の7つ。典型七公害以外の環境問題としては、動植物の保護など自然環境に関する問題、オゾン層破壊や温暖化など地球環境に関する問題が見られます。

## ❶土壌汚染

土壌汚染は、地下水汚染とともに、新たな問題として関心が高まっています。原因は、有害物質を含む工場排水の地下浸透などが考えられますが、元々土壌が含んでいる場合など自然的原因によるものもあります。土壌汚染による健康への影響は、土壌から溶け出した有害物質を含む地下水を飲むこと、有害物質を含む土壌を直接摂取することにより発生します。2002（平成14）年に制定された「土壌汚染対策法」は、人の健康を保護するために、土地の改良など一定の機会に土地の所有者などが調査を実施し、土壌汚染による健康被害が生じるおそれがある場合には、有害物質の摂取経路の遮断などの対策を行うことになっています（☞資料-1）。

## ❷騒音・振動

騒音は快・不快という感覚的なものであり、健康被害をもたらすことは比較的少ないですが、公害苦情の中では大きな割合を占めています。騒音に関する環境基準は、地域ごと（住宅地域・商工業地域・道路沿い）に基準値が定められており、自動車騒音のほか、間欠的に大きな音を出す航空機や新幹線騒音についても定められています。

これらの環境基準を達成するため、金属加工機械などを使用する工場や建設現場から発生する騒音については、「騒音規制法」により規制値が設けられています。また自動車騒音については、防音壁設置や舗装改良などの対策が行われています。

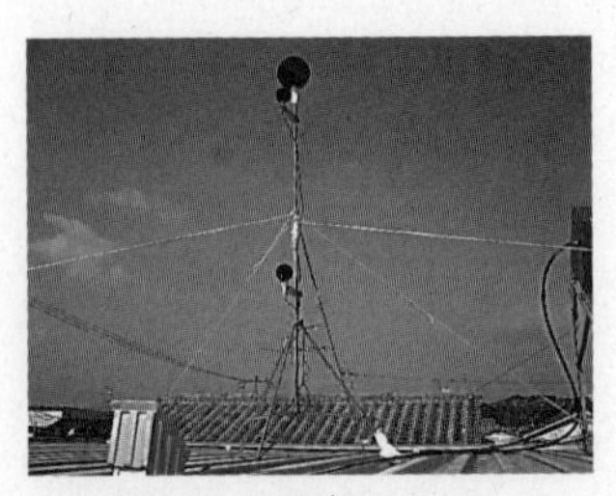

航空機騒音の測定

近年はテレビやピアノといった生活近隣騒音が問題となることが増えてきましたが、誰もが発生源となる可能性があり、法律上の規制も困難です。この問題を発生させないためには隣近所への気配りや日常のコミュニケーションが大切です（☞資料-2）。

## ❸化学物質対策

私たちのまわりにあるプラスチック、塗料、化粧品、洗剤など多くの製品は化学物質を原材料としています。化学物質は、私たちの生活を快適で便利なものにするうえで欠かせないものである反面、大気中や河川・海に排出された場合に人の健康や生態系に悪影響を与えるものがあります。これらの化学物質の量と種類は膨大であるため、どんな物質が、どこに、どれだけ排出されているかは明らかではありませんでした。1999年度にPRTR*1制度が設けられ、工場・事業場における化学物質の管理が改善されることになりました。

化学物質のなかには、原材料や製品でないものがあります。このような物質のひとつがダイオキシン類*2です。ダイオキシン類は、意図的に製造された物質ではなく、ものを焼却した時などに副次的に生成する物質です。ダイオキシン類は、微量であっても人の健康に影響を及ぼすおそれがあるため、排出基準、環境基準などが設定されています。

資料-1

### 土壌汚染対策法の概要

**土壌汚染状況調査**

一定の機会※に、土地の所有者などが土壌汚染状況調査を実施し、市に調査結果を報告

※一定の機会：①有害物質使用特定施設を廃止したとき、②一定面積以上の土地を掘削(くっさく)・盛土(もりど)する際に、市から調査命令を受けたとき、③土壌汚染により健康被害が生じるおそれがあると市が認めるとき、④自主調査により土壌汚染が判明したとき

↓ 基準に適合しないとき

**要措置区域等の指定及び対策**

要措置区域

「土壌汚染により健康被害が生ずるおそれがあると認められる土地」を指定

↓

市は、土地の所有者などに対し、汚染の除去等の措置の実施を指示

形質変更時要届出区域

「土壌汚染により健康被害が生ずるおそれがない土地」を指定

↓

土地の形質変更をしようとする者は市に届出。適切でない場合は、市は計画変更命令

↓

**搬出する汚染土壌の管理**

指定された土地の外に汚染土壌を搬出する場合、基準に従って管理

↓

**汚染の除去が行われた場合、要措置区域等の指定を解除**

資料-2

### 騒音の大きさの目安

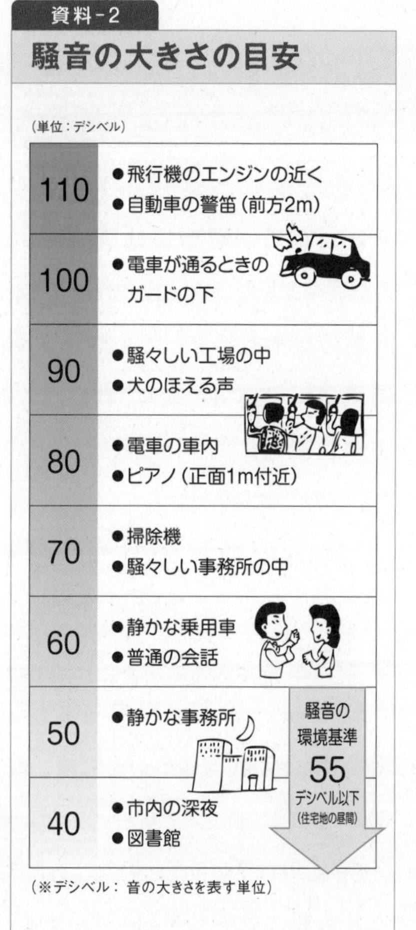

(単位：デシベル)
110 ●飛行機のエンジンの近く ●自動車の警笛(前方2m)
100 ●電車が通るときのガードの下
90 ●騒々しい工場の中 ●犬のほえる声
80 ●電車の車内 ●ピアノ(正面1m付近)
70 ●掃除機 ●騒々しい事務所の中
60 ●静かな乗用車 ●普通の会話
50 ●静かな事務所
40 ●市内の深夜 ●図書館
騒音の環境基準
55
デシベル以下
(住宅地の昼間)


(※デシベル：音の大きさを表す単位)

(＊1) PRTR：PRTR(Pollutant Release and Transfer Register：化学物質排出移動量届出制度)とは、有害性のある多種多様な化学物質が、どのような発生源から、どれくらい環境中に排出されたか、あるいは廃棄物に含まれて事業所の外に運び出されたかというデータを把握し、集計し、公表するしくみです。

(＊2) ダイオキシン類：微量でも強い毒性を持つと考えられ、主に、塩素を含む物質の不完全燃焼時に生成し、環境中に拡散します。非常に分解されにくい性質をもち、田畑や湖沼、海底の泥などに蓄積します。



メモ

北九州市環境首都検定 練習問題

**土壌汚染対策法は何を保護するために制定されたのでしょう?**

大切なものを守っているのね

☐ ①資産　☐ ②企業の利益　☐ ③人の健康　☐ ④ペット

答え：③

# 第5節 市民の健康と環境を守る保健環境研究所

「北九州市保健環境研究所」は、市民の安全・安心を守り、地域の快適な環境づくりを担(にな)う研究機関として、大気や水質などの環境中の有害化学物質や悪臭・粉じん、食品中の残留農薬、食中毒や感染症など、健全な市民生活をおびやかす事態に際しては調査を行い、原因を突き止めるなど重要な役割を果たしています。その概要について学びましょう。

## ❶現場の最前線で時代の要請に応えてきた研究所

北九州市保健環境研究所は、1965(昭和40)年に「北九州市衛生研究所」として発足しました。発足と同時に、カネミ油症事件の原因物質調査に協力するなど環境問題の最前線に立ってきました。研究所の使命は、科学的なデータに基づく客観的な環境情報の提供と共有でした。このような客観的なデータの提供があったからこそ、公害防止協定に関する関係企業との合意形成や行政による立ち入り指導などが可能となったのです。

時代が変わっても
環境を守るためにずっと
活動してるよ

1980年代後半からは、快適な都市環境(アメニティー)の創造へと時代の要請が変わりました。そこで研究所では、1994(平成6)年に、上水道、下水道、河川、海域など都市の水循環を総合的に調査研究するアクア研究センターを研究所内に新設するとともに、市民の環境に関する意識の向上や環境保全活動を支援するため、学習情報係を新設しました。その後、前者は北九州市立大学国際環境工学部へ移管、後者は「環境ミュージアム」を含む環境学習課として独立しました。

さらに2017(平成29)年には、中央卸売市場内にあった食品衛生検査所を編入し、食品検査の効率化を図っています。

## ❷現代社会における研究所の役割

現代社会が抱える3つの危機(資源の浪費、生態系の破壊、地球温暖化)への対応や微小粒子状物質(PM2.5)、デング熱など、時代の新たな要請に対して、「市民の安全と快適を追求する研究所」「地域と次世代に貢献する研究所」を目指し、試験検査や調査研究、国際協力などに取り組んでいます。研究所には次の2つの試験・研究部門があります(☞資料)。

### (1)環境科学部門

工場や自動車などさまざまな発生源から排出される有害大気汚染物質や悪臭物質、

さらには近年、大きな環境問題となっている微小粒子状物質（PM2.5）の成分などを定期的に検査するとともに、市民からの苦情や事故等の原因究明に向けた検査などを行っています。また、市内の環境問題の解決を目指して、法律で規制されていない化学物質の調査を行うほか、国の機関や大学などと共同でPM2.5に含まれる化学物質調査や発生源解明に向けた調査研究に取り組んでいます。

### （2）保健衛生部門

市内で流通している食品などについて、食品添加物、残留農薬、アレルギー物質、組換え遺伝子、微生物などの検査を行っています。また、貝毒やふぐ毒のような自然毒、衣類に含まれているホルムアルデヒド、食器や洗浄剤等の家庭用品中の有害化学物質などについても検査を行っています。さらに、感染症や食中毒の原因となる細菌やウイルス（腸管出血性大腸菌やインフルエンザウイルス等）の遺伝子検査など、高度な検査も行っています。

資料

## 調査・研究事例

### 共同研究に参加しています

行政課題への対応や研究レベルの維持・向上のため、国立環境研究所と地方公共団体環境研究機関とが共同で実施する研究に参加しています。これまでに、越境汚染*や健康影響などが懸念される微小粒子状物質（PM2.5）を課題とした国や各地方の環境研究所との共同研究に参加しており、今後も汚染機構の解明などに取り組んでいきます。

### 食品中の残留農薬検査最前線!

野菜や果実中の残留農薬については、個別に残留農薬に係る基準が設定されているかどうかに関わらず、2006（平成18）年5月から始まった残留農薬ポジティブリスト制度により、世界で使用されている全ての農薬（約800種類）について規制されることになりました。このため、当研究所では残留農薬の検査を迅速かつ効率的に行うため分析法を改良し、現在約230種類の農薬を一斉に検査できるなどの成果を出しています。

*写真は残留農薬分析に用いる分析機器：GC/MS/MS

だからこそ みんなの健康が 守られるんだね

ここでは 家庭用品から食品、大気・水・土壌、細菌やウイルスまで 幅広い分野の調査・研究が行われているよ

（＊）越境汚染：汚染物質が国境を越えて発生源から遠く離れた地域まで運ばれること。

メモ

精密な検査をしているんだね

北九州市環境首都検定 練習問題

北九州市保健環境研究所と関わりのない検査はどれでしょう?


- □ ①家庭用品中の有害化学物質検査
- □ ②微小粒子状物質（PM2.5）の検査
- □ ③生活習慣病などの臨床検査
- □ ④インフルエンザウイルスなどの遺伝子検査

答え：③

# 第6節 開発事業などにおける環境配慮の推進

どのような開発事業も「生活環境」と「自然環境」の両方に少なからず影響を与えます。開発事業に着手する前に、その影響をできるだけ抑えるために行われる手続きが「環境アセスメント」です。事業の計画段階から環境配慮の検討を開始することによって、柔軟な計画変更や環境影響の十分な回避・低減が図られる制度となっています。

## ❶環境アセスメントとは

道路、ダム、鉄道、飛行場、発電所の建設や大規模な造成などの開発事業は、社会基盤として人々の生活の利便性や快適性を高めるために不可欠なものですが、その一面だけを考えていると環境に深刻な悪影響を与え、ひいては周囲の人々にも悪影響を及ぼすおそれがあります。環境アセスメント（環境影響評価）とは、これら大規模な開発の方法や内容を決めるにあたって、事業者自らが環境にどのような影響を及ぼすかについて調査、予測、評価を行い、それらを公表して市民や行政から意見を聴いて反映することにより、環境と調和のとれた事業を実施していこうとするものです。わが国では、1984（昭和59）年に閣議決定された要綱「環境影響評価の実施について」に基づき、大規模事業が対象とされていましたが、1997（平成9）年に「環境影響評価法」が制定され、対象事業の拡大や手続きの充実が図られました(☞資料)。

## ❷評価の対象

環境アセスメントの対象となる評価項目は、従来から公害として規制されている大気、水質、騒音といった生活環境に関することだけでなく、その場所や周囲に生息する動植物、多様な動植物が相互に関係し合いながら成り立っている生態系といった自然環境に関するもの、景観や自然とのふれあいといった社会環境に関するもの、温室効果ガスといった地球環境に関するものがあります。

●主な環境影響評価条例対象事業：
①4車線5km以上の国道
②貯水面積50ha以上のダム
③出力7万5千kW以上の火力発電所
④出力5000kW以上の風力発電所
⑤25ha以上の埋め立て
⑥50t／日以上の廃棄物焼却施設
⑦排出ガス量4万m$^3$N／時間以上の工場・事業場
⑧排出水量5千m$^3$／日以上の工場・事業場　など

## ❸北九州市環境影響評価条例

北九州市では1987（昭和62）年に「北九州市環境管理計画運用指針」を策定し、各種事業の実施にあたり環境影響評価を実施してきました。そして対象事業の拡大や手続きの充実を図るため、1998（平成10）年に「北九州市環境影響評価条例」を制定し、法律では評価の対象となっていない小規模な事業や市独自に定めた事業などに対しても環境アセスメントが行われるようになりました。また、2011（平成23）年の法改正により、事

●環境影響評価の実施状況：
法による手続きが終了した件数：5件
条例による手続きが終了した件数：22件
（2023（令和5）年3月現在）

業の計画段階における環境配慮を行う手続きが導入されたことを受けて、北九州市でも2013（平成25）年に条例改正を行いました。これによって、事業者は、事業の位置や規模などに関する複数の案について環境影響の比較検討を行うことが求められることになり、より早い段階での柔軟な計画変更や環境影響の回避・低減が図られるようになりました。また、環境アセスメント図書の審査を科学的かつ客観的に行うため、第三者機関である環境影響評価審査会*が開催されることになっています。市民は、環境アセスメント図書の閲覧や意見を述べることはもとより、住民説明会にも参加できます。

（＊）環境影響評価審査会：生物学や生態学、水大気環境、廃棄物などの学識経験者によって、幅広い観点から審査を行っています。審査会の傍聴も可能です（申し込み制）。



## ❹環境配慮の手引き「北九州市環境配慮指針」

市民の環境保全意識の高まりなどを受け、開発規模に限らず、環境保全への配慮の重要性は増しています。北九州市は、環境影響評価条例の適用を受けない小規模な開発事業を行う事業者が適切な環境保全対策を検討する際の手引きとして「北九州市環境配慮指針」を、2006（平成18）年に作成しました。この指針では、市内の生活環境、自然環境、快適環境の情報地図や、事業別の対策例等をまとめており、事業の各段階において、適切な環境配慮を検討することが可能になっています。

小規模な開発なら、環境への配慮はしなくていいんだよね？
そんなことはないよ。北九州市では、規模にかかわらず活用できる「環境配慮指針」を作って環境への配慮を推進しているよ


資料

### 環境アセスメントの流れ

環境影響評価の項目

【生活環境】
- 大気環境（大気質、騒音、振動、悪臭）
- 水環境（水質、底質、地下水）
- 土壌環境（地形・地質、地盤、土壌）

【自然環境】
- 動物 ●植物 ●生態系

【人と自然との豊かな触れ合いの確保】
- 景観
- 人と自然の触れ合いの活動の場

【環境への負荷】
- 廃棄物など ●温室効果ガスなど

【その他】
- 日照 ●風害 ●低周波音

事業者
↓
環境アセスメントの手続き
事業の位置・規模など、複数の案の検討
環境アセスメントの項目・手法の選定
↓
環境アセスメント実施
調査 ▶ 予測 ▶ 評価
環境保全対策の検討
↓
環境アセスメントの結果の公表
↓
環境と調和のとれた事業の実施

行政　市民

北九州市環境首都検定 練習問題

みんな環境アセスメントに参加することができるよ

**環境アセスメントの手続きのうち、一般の人が行うことができないものはどれでしょう？**

☐ ①図書の閲覧　☐ ②意見の提出　☐ ③説明会への参加　☐ ④図書の審査

答え：④

# 第7節 ワンヘルスの推進

ワンヘルス(One Health)とは、「人の健康」「動物の健康」「環境の健全性」を一つの健康と考え、守っていくために、みんなで考えて行動することです。私たちが健康に暮らしていくためには、地球に暮らす動物、そして地球自身も健康でなければいけません。ワンヘルスについて理解し、何をすればいいのかを考えてみましょう。

## ❶ワンヘルスとは:なぜ今ワンヘルスへの理解が必要なのか?

新型コロナウイルス感染症をはじめとする新興感染症*1の多くは、人と動物の双方に感染する人獣共通感染症であり、人の感染症の約6割を占めるといわれています。

人獣共通感染症は、農耕や都市化による森林開発など、人による生態系に影響を及ぼす行為が繰り返され、その結果、人と野生動物の生存領域が変化し、近接してきたことから、本来、野生動物が持っていた病原体がさまざまなプロセスを経て人に感染するようになったとされています。

こうした問題に対応するためには、「人の健康」「動物の健康」「環境の健全性」を一つの健康と捉え、一体的に守っていくというワンヘルスの理念のもとに各分野が連携して取り組むことが重要です。そして、ワンヘルスの理念に基づく行動は、行政や研究者、専門家等のみが行うものではなく、市民、企業、民間団体なども一緒になって取り組むことが必要です。

(*1)新興感染症:最近になって発見された新しい感染症で、多くの人が免疫を持たず、治療法が確立していないものが少なくないため、新型コロナウイルス感染症のようにパンデミックを引き起こす可能性があります。

ワンヘルスの考え方は
私たちの未来を守るために
大切なことだよ!


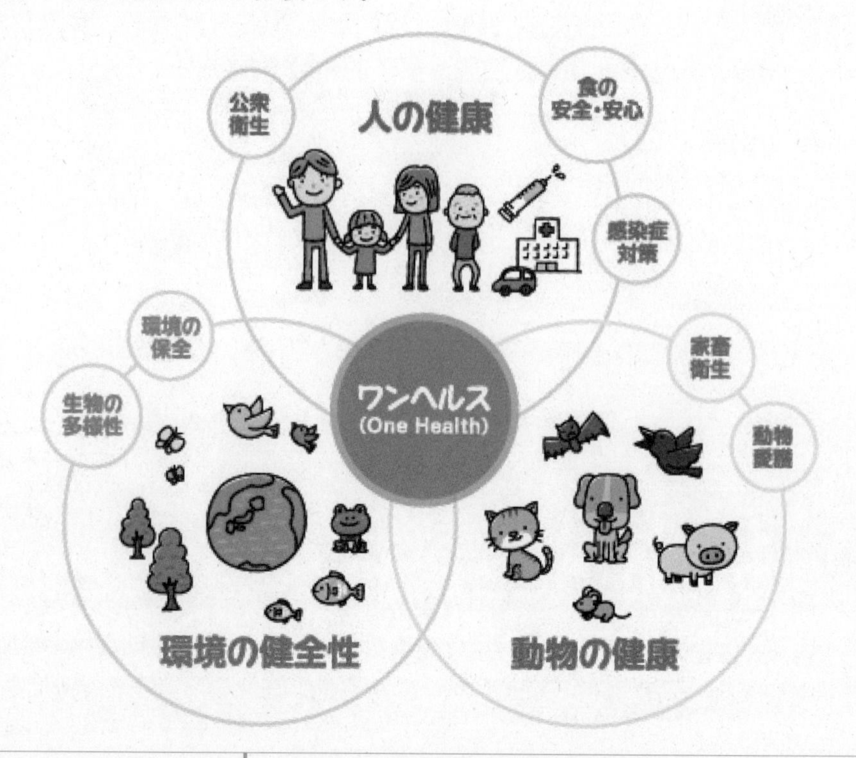

## ❷ワンヘルス推進の動き

ワンヘルスについては、2013（平成25）年、公益財団法人日本医師会と公益財団法人日本獣医師会が「ワンヘルス推進のための学術協定」を締結し、ワンヘルスの理念の実践に向けた取り組みを進めてきました。

2016（平成28）年11月には、日本医師会と日本獣医師会が、世界医師会・世界獣医師会とともに、北九州市で「第2回世界獣医師会―世界医師会"One Health"に関する国際会議」を開催し、ワンヘルスを実践段階に進めるとした「福岡宣言*2」を採択しました。

これを受け、福岡県では、2020（令和2）年12月に、全国に先駆けて「福岡県ワンヘルス推進基本条例」を制定しました。この条例では、人獣共通感染症対策、薬剤耐性菌対策、環境保護、人と動物の共生社会づくり、健康づくり、環境と人と動物のより良い関係づくりといった6つの課題について取り組むこととしています。

（＊2）福岡宣言：ワンヘルスの概念に基づき実践する段階に向けて、医師と獣医師が協力して取り組む4項目からなる「福岡宣言」を採択しました。（北九州市で開催、31ヶ国約600人が参加）
1.人と動物の共通感染症予防のための情報交換と研究体制の整備
2.人と動物の医療において重要な抗菌薬の責任ある使用
3."One Health"の理念の理解と実践を含む医学・獣医学教育の改善
4.健全で安心な社会の構築に係る全ての課題解決のための協力

写真左から、穴井北九州市医師会会長、北橋前北九州市長、関北九州市獣医師会会長



## ❸北九州市の取り組み

福岡宣言が行われた都市として、北九州市は、ワンヘルスを実践する先進的なモデルとなるよう、2021（令和3）年11月に、北九州市医師会、北九州市獣医師会と3者共同で、ワンヘルスの推進宣言を行いました。

ワンヘルスの理念のもと、関連する各分野が連携して、感染症対策や環境保全、人と動物の共生社会づくりなどの活動に積極的に取り組み、感染症に対応した安心して暮らせる社会の実現を目指します。

## ●ワンヘルスとSDGsの関係

「人の健康」「動物の健康」「環境の健全性」を一体的に守るというワンヘルスの理念は、SDGsの17のゴールの多くに関係しています。

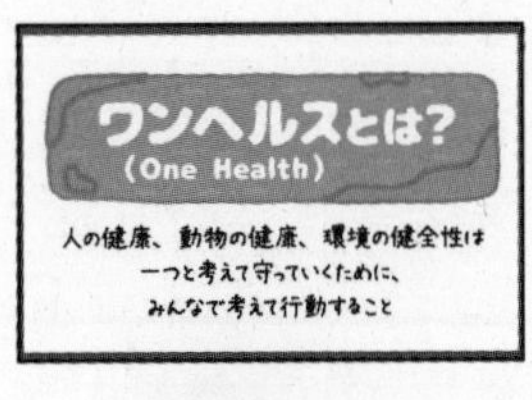

ワンヘルスイメージキャラクター

●ワンヘルスにつながる行動
①地元で採れた野菜や魚を食べる
②植物や動物と触れ合う
③狂犬病の予防接種を受ける
④冷蔵庫に食品を詰め込み過ぎない
⑤動物（ペット）の飼い方をしっかり学ぶ
⑥感染症を防ぐため、家に帰ってすぐに手洗い、うがいをする

北九州市環境首都検定 練習問題

市民一人一人が考え行動することが、大切だよ！

### ワンヘルスにつながる行動は次のどれでしょう?

- ☐ ①地元で採れた野菜や魚を食べる
- ☐ ②植物や動物と触れ合う
- ☐ ③狂犬病の予防接種を受ける
- ☐ ④冷蔵庫に食品を詰め込み過ぎない

答え：全部

これができれば満点も夢じゃない!

## 北九州市環境首都検定 チャレンジ問題

**1 1960年代の大気は喘息などの健康被害を出すほど汚れていましたが、現在は青い空を取り戻すことができています。大気の安全について正しいものは、次のうちどれでしょう?**

(2020年度出題)

- □ ①現在は大気汚染が大幅に改善され、PM2.5など11項目のうち、すべての項目が環境基準に適合している
- □ ②大気汚染の状況を把握するため、北九州市は7か所の測定局で常時監視測定している
- □ ③春から秋にかけて天気が良くて、気温が高く風の弱い日は光化学スモッグが発生しやすい
- □ ④PM2.5は秋に高くなる傾向があり、高濃度になると福岡県が注意喚起を行う

**2 私たちは1日あたり約 [A] リットル、市全体で約 [B] 万$m^3$の汚水を出していますが、その汚れた水は、新町、[C]、曽根、北湊、皇后崎の市内5つの浄化センターで処理され再生しています。[A][B][C]に入る言葉の組み合わせで、正しいものはどれでしょう?**

(2018年度出題ー改)

- □ ①A.210　B.39　C.日明
- □ ②A.210　B.39　C.徳力
- □ ③A.210　B.82　C.日明
- □ ④A.22　B.82　C.徳力

**3 環境と調和のとれた事業実施のために必要なのが、「環境アセスメント(環境影響評価)」です。環境アセスメントの対象となる評価項目について、まちがっているものは、次のうちどれでしょう?**

(2017年度出題)

- □ ①大気、水質、騒音など、生活環境に関するもの
- □ ②温室効果ガスなど、地球環境に関するもの
- □ ③動植物が相互に関係し合いながら成り立っている生態系など、自然環境に関するもの
- □ ④物価など、経済環境に関するもの

答え:1-③(☞第9章第2節)、2-①(☞第9章第3節)、3-④(☞第9章第6節)

# 第10章

# まちの魅力や価値を高める取り組みの推進

# 第1節 環境観光

**北九州市は、公害克服の歴史をはじめ、恵まれた自然と充実した環境学習施設、さらに、積み重ねてきた取り組みや先進技術など多くの「環境資源」を持っています。北九州市だからこそできる楽しみながら学べる環境学習を新たな観光素材として、まちの魅力や価値、そしてにぎわいへと活かす取り組みを紹介します。**

市外の人にも、
もっと北九州市の良さを
知ってほしいよね

## ❶環境観光という動き

北九州市には、市民・行政・企業が一体となって公害を克服した歴史から、環境への取り組みを大切にしている企業や施設がたくさんあり、その取り組みや先進技術は国内だけでなく世界からも高く評価されています。北九州市ではこれらの環境資源を活かした観光を「環境観光」と位置付け、観光客を呼び込むためにさまざまな取り組みを行っています。

また、北九州市には、日本の近代化を支えた工業都市ならではの「産業観光」や官営八幡製鐵所関連の「世界文化遺産」、その他多くの「産業遺産」、夜の「工場夜景」など、バリエーションに富んだ観光素材があり、これらを組み合わせた北九州市ならではの観光が楽しめます。

## ❷SDGs修学旅行で伝える魅力

環境観光の代表的なものとして、本市ではこれまで「環境修学旅行」を行ってきました。2021年度からは、SDGs未来都市として、環境学習だけでなくSDGsに関するさまざまな学習ができる「SDGs修学旅行」に取り組んでいます。環境学習は、SDGs修学旅行のプログラムの1つとして、引き続き、北九州市でしか体験できない学習メニューとして取り入れています。

環境学習ができる施設として、公害克服を学ぶ「タカミヤ環境ミュージアム」、資源循環を学ぶ「北九州市エコタウンセンター」、地球温暖化防止を目指す「次世代エネルギーパーク」、自然共生を学ぶ「響灘ビオトープ」があり、SDGsの学習と併せて見学することができます。

その他SDGs修学旅行では、国際貢献が学べる「JICA九州」や、「シャボン玉石けん(株)」や「TOTOミュージアム」など各企業や施設におけるSDGsの取り組みを学ぶことができます。

資料

## SDGs修学旅行で学べる施設例

タカミヤ環境ミュージアム

北九州市エコタウンセンター

響灘ビオトープ

次世代エネルギーパーク

JICA九州

シャボン玉石けん（株）

TOTOミュージアム

北九州市の環境の魅力が学習素材になるんだ！

●ホームページ「北九州市修学旅行」：北九州市内の修学旅行スポットを紹介しています。

北九州市修学旅行

実際に現地で話を聞いて、各施設のSDGsの取り組みを学ぶことができるね

たくさんの人に
北九州市のことを知ってほしいよね


北九州市環境首都検定 練習問題

### 「SDGs修学旅行」の特長について、まちがっているものはどれでしょう？

- □ ①市内の環境学習施設を見学できる
- □ ②企業の工場を見学できる
- □ ③環境についてのみ学習できる
- □ ④北九州市でしか体験できないことができる

答え：③

# 第2節　世界文化遺産登録

官営八幡製鐵所*1の4施設が「明治日本の産業革命遺産 製鉄・製鋼、造船、石炭産業」の遺産群の一つとして、2015（平成27）年、世界文化遺産に登録されました。幕末から明治にかけて、わずか50年余りで近代産業化を達成した歴史が、世界文化遺産にふさわしいと認められたのです。どのような価値があり、私たちの現在、および未来にどのようにつながっているのでしょうか。

## ❶世界遺産とは？

世界遺産とは、地球上にある貴重な自然や景観、歴史的価値の高い遺跡や建物などの中から選ばれた人類共通の宝です。世界遺産には「文化遺産」「自然遺産」「複合遺産」があります。世界遺産に選ばれるためには、遺産にふさわしい価値があるだけでなく、将来に渡って保護と管理をしていく体制が整っていることなどの条件があります。厳しい審査を受け、初めて世界遺産として登録されるのです。

また、日本には、20件の文化遺産と5件の自然遺産があります（2023（令和5）年3月末現在）。

（＊1）官営八幡製鐵所：世界遺産に登録された官営八幡製鐵所の関連施設には、旧本事務所、修繕工場、旧鍛冶工場があり、製鉄所構内に立地していることから現在一般には公開されていませんが、旧本事務所を眺望できるスペースが整備されています。

## ❷日本の産業革命

18世紀にイギリスで起きた産業革命は、欧米諸国において工業を中心とした近代国家の形成をもたらし、植民地獲得競争が始まりました。鎖国を行っていた日本では、幕末になってアジアの国々が植民地化されていったことを知り、危機感を募らせました。さらに日本にも黒船が来航したことから、国防のために、西洋の書物を研究して船や大砲づくりに挑戦する人たちが現れました。明治維新後、新政府は「殖産興業（しょくさんこうぎょう）*2」による新しい国づくりを目指して、欧米に調査団を派遣すると共に、先進的な技術を積極的に取り入れることにより、日本の近代化を支える重工業（製鉄・製鋼、造船、石炭産業）は急速に発展しました。こうして日本は、わずか50年余りで植民地にならずして自らの手で産業化を成就しました。その当時の産業発展の歴史を示す建物などが、100年以上経った今も日本各地（8県11市）に残っており、23の構成資産が「明治日本の産業革命遺産」として世界文化遺産に登録されたのです（☞資料）。

（＊2）殖産興業：明治政府が西洋諸国に対抗して、産業、資本主義育成により国家の近代化を推進した政策を指します。

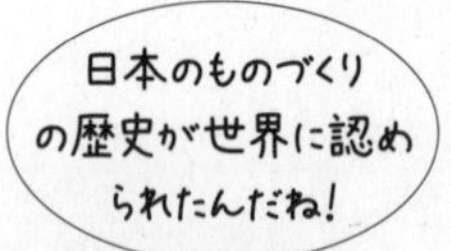

日本のものづくりの歴史が世界に認められたんだね！

## ❸官営八幡製鐵所構成資産

1899（明治32）年に竣工した「旧本事務所」には、長官室の他、外国人顧問技師室などが置かれました。そして、1900（明治33）年には「旧鍛冶工場」と「修繕工場」が建設されました。旧鍛冶工場は製鐵所建設に必要な鍛造（たんぞう）品の製造を目的とし、修繕工場は製鐵所で使用する機械の修繕や部材の製作加工を目的としたもので、いずれも建設、製造において欠かせないものでした。また、これらの工場は鉄骨構造で、その組み立て技術の蓄積により、わが国におけるプラントや建築技術のパイオニアとなりました。国会議事堂の鉄骨組み立てが製鐵所で行われたことはその象徴といえます。中間市の遠賀川ポンプ室は、鉄鋼生産に必要な水を製鐵所に送るための施設で、製鐵所の第1期拡張に伴い、1910（明治43）年に建設されました。修繕工場と遠賀川水源地ポンプ室は現在も稼働中であり、その他の建物も製鉄所の敷地内にあるため非公開となっていますが、旧本事務所と遠賀川水源地ポンプ室については外観を見ていただくことができるよう眺望スペースが各々整備されています。

**世界遺産だけではない“貴重な産業遺産”**

●東田第一高炉史跡広場：製鐵所の中核施設である溶鉱炉は、約10年ごとに改修されるため、世界遺産の構成資産にはなっていませんが、東田第一高炉は製鐵所の歴史を理解する上で、欠かせない施設です。



資料

## 明治日本の産業革命遺産一覧（8県11市）

| エリア | 市 | 構成資産 |
|---|---|---|
| ❶ 萩 | 萩市 | 萩反射炉 |
| | | 恵美須ヶ鼻造船跡 |
| | | 大板山たたら製鉄遺跡 |
| | | 萩城下町 |
| | | 松下村塾 |
| ❷ 鹿児島 | 鹿児島市 | 旧集成館 |
| | | 寺山炭窯跡 |
| | | 関吉の疎水溝 |
| ❸ 韮山（にらやま） | 伊豆の国市 | 韮山反射炉 |
| ❹ 釜石 | 釜石市 | 橋野鉄鉱山〔一部稼働〕 |
| ❺ 佐賀 | 佐賀市 | 三重津海軍所跡 |
| ❻ 長崎 | 長崎市 | 小菅修船場跡 |
| | | 三菱長崎造船所第三船渠〔稼働〕 |
| | | 同ジャイアント・カンチレバークレーン〔稼働〕 |
| | | 同 旧木型場 |
| | | 同 占勝閣 |
| | | 高島炭坑 |
| | | 端島炭坑 |
| | | 旧グラバー住宅 |
| ❼ 三池 | 大牟田市 | 三池炭鉱 宮原坑 |
| | 荒尾市・大牟田市 | 同 万田坑 |
| | 大牟田市 | 同 専用鉄道敷跡 |
| | 大牟田市 | 三池港〔稼働〕 |
| | 宇城市 | 三角西港 |
| ❽ 八幡 | 北九州市 | 官営八幡製鐵所 旧本事務所 |
| | | 同 修繕工場〔稼働〕 |
| | | 同 旧鍛冶工場 |
| | 中間市 | 遠賀川水源地ポンプ室〔稼働〕 |

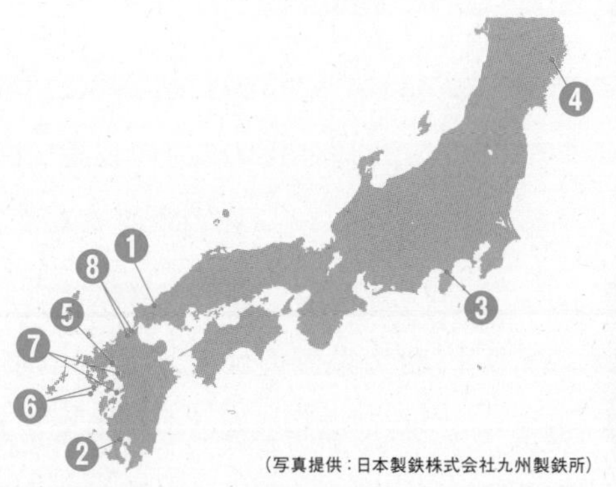


（写真提供：日本製鉄株式会社九州製鉄所）

《世界遺産登録された「官営八幡製鐵所」の建物》

旧本事務所（北九州市）

遠賀川水源地ポンプ室（中間市）

旧鍛冶工場（北九州市）

修繕工場（北九州市）

北九州市環境首都検定 練習問題

②と③は今も稼働しているよ

**八幡エリアで世界文化遺産登録された建物のうち、最初に建設されたものはどれでしょう？**

□ ①官営八幡製鐵所旧本事務所　□ ②遠賀川水源地ポンプ室
□ ③官営八幡製鐵所修繕工場　□ ④官営八幡製鐵所旧鍛冶工場

答え：①

第3節

# 環境に配慮した都市空間と住まいづくり

都市計画マスタープランは、おおよそ20年先の北九州市の姿を展望し、都市計画の基本的方向を定めます。北九州市は、「環境」を「まちづくり」の柱のひとつとする先進地でもありますが、マスタープランのキーワード「街なか」は、「環境」にどのような意味をもつでしょう。

## ❶北九州市の都市計画

2018(平成30)年3月、本市を取り巻く社会・経済情勢の変化、人口減少と超高齢化に対応した持続可能なまちづくりの必要性の高まりなどを受け、北九州市都市計画マスタープランを15年ぶりに改定しました。「豊かな『暮らし・産業・自然』を育む多様な連携によるコンパクトなまちづくり～都市ストック*1を活かし、緑や水が豊かにまもられ、街なかが生き生きと輝く世界の環境首都をつくる～」を基本理念とし、2017(平成29)年4月に公表した「北九州市立地適正化計画」とともに、“街なか”居住を促進し、コンパクトなまちづくりを推進します。マスタープランが示す北九州市の将来都市構造(都市空間形成の基本方向)を図に示します(☞資料)。

## ❷“街なか”に住むことが、なぜ環境に良いのか

“街なか”居住の特徴である、「コンパクトなまちづくり*2」は人の移動距離を縮め、「都市ストックの活用」は新たな施設整備を減らします。さらには、居住性の向上を目指して、「歩いて暮らせる」まちづくり、「緑や水辺などが豊かな」まちづくり、「多様な主体による協働の」まちづくりなどの動きにつながります。一方、周辺部では、自然や農地が乱開発などから守られることで、「農村の生活環境の充実」「自然景観の保全」が進みます。これらは、いずれも重要な環境テーマであり、世界中で進む「環境まちづくり」の考え方とも合致しています。“街なか”とは、多様な展開可能性を持ち、環境にも貢献する考え方なのです。

## ❸環境と共生する低炭素な住まいづくり

城野駅北(自衛隊分屯地跡地など)では、暮らしに関する二酸化炭素排出量を大幅に削減し、子どもから高齢者まで多様な世代が暮らしやすく将来にわたって住み続けられる「城野ゼロ・カーボン先進街区」を形成しました。

(*1) ストック:貯蔵、蓄えなどと訳され、道路、公園などの社会資本整備の蓄積の意で用いられます。今、まちづくりや建築の世界においては、社会資本・個人資産を長寿命型にし、モノとしての資産の世代間蓄積を図る「ストック型社会」への転換が必要との考え方が浸透しつつあります。資源量が大きな建築物・構築物・各種インフラなどを世代ごとに造り変えることは、大量の資源消費と$CO_2$排出につながります。個人資産という枠組みを超え、まちや建築の持つ機能・性能を市民が尊重する価値観を共有したうえで、モノの寿命を長くするストック型社会に転換すれば、資産を次世代に残せるようになるとともに、経済的・資源的・地球環境的負担は小さくなり、森林資源や生物資源などの保全が可能になります。

(*2) コンパクトなまちづくり:住環境を含む都市機能を中心部に集積し、中心市街地の活性化や未利用地の有効利用など都市部の土地の高度利用によって、渋滞の緩和や近郊緑地の保全などの効果を意図した都市構造概念のひとつです。

資料

## 将来都市構造図（都市空間形成の基本方向図）

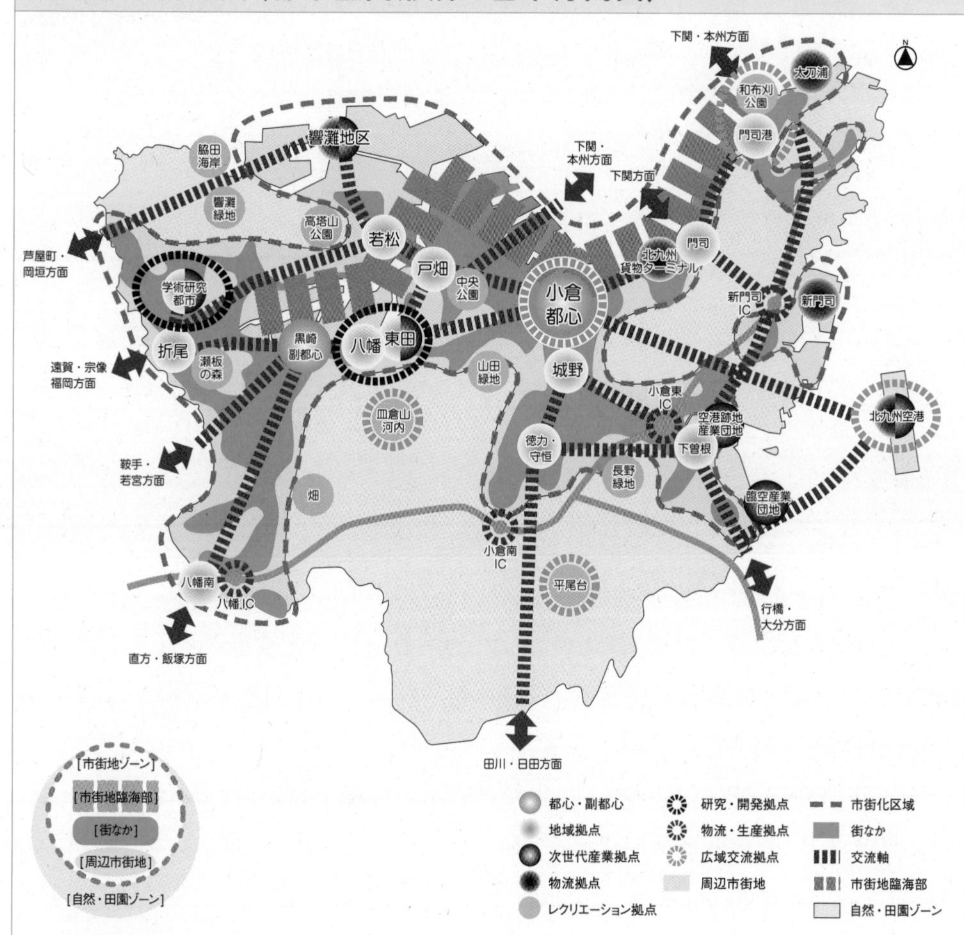


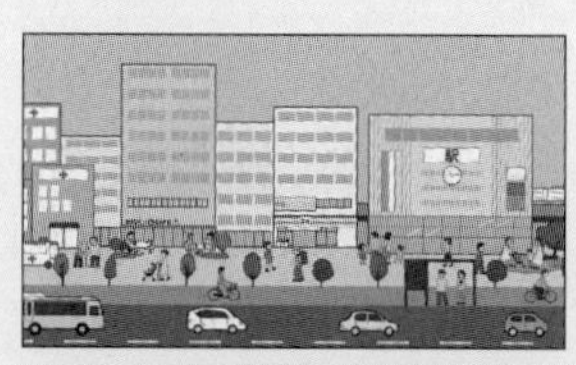

### 「街なか」の重点化～コンパクトなまちづくり～

「街なか」は、相対的に人口や産業の密度が高く、買い物の利便性が高く、都市基盤や公共施設などが充実し、公共交通の利便性が高い区域です。都市ストックが充実している「街なか」を重視し、コンパクトなまちづくりを進めていきます。

### 「周辺市街地」における生活環境の維持

「街なか」の周辺に形成された「周辺市街地」では、居住者との協働によって、地区の特性を踏まえながら、住環境や交通環境の維持を図ります。

### 「自然・田園ゾーン」における環境資源の保全と活用

概ね現在の市街化調整区域の範囲を基本として、原則として開発を抑制します。緑地や水辺、農地などの保全を図りながら、自然とふれあう場の整備など、都市と自然が共生・調和するまちづくりを進めます。

BONJONO3街区
（城野ゼロ・カーボン先進街区）



"街なか"は
環境にやさしいまちづくり
のキーワードだね

メモ

北九州市環境首都検定 **練習問題**

## コンパクトなまちづくりの推進において、正しくないものはどれでしょう?

□ ①街なか居住　□ ②ストックの活用　□ ③乱開発　□ ④多様な主体による協働のまちづくり

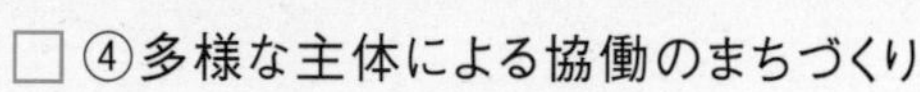

答え：③

# 第4節 市民との協働による景観づくり

魅力ある景観は、暮らす人だけではなく、訪れる人にとっても大切なものです。市民として誇れるまちにするためには、市民、事業者、行政がともに景観づくりに関わる必要があります。北九州市の景観づくりをどのように進めていくか考えましょう。

## ❶景観づくりの歩み

北九州市は、城下町、宿場町などのまちなみやものづくりの産業遺産が現存する一方、関門海峡・平尾台などの豊かな自然にも恵まれており、都市と自然が近接した、実に多様で魅力的な景観を有しています。

これまで、1985（昭和60）年に、「北九州市都市景観条例」が施行されて以来、30年以上にわたり、都市景観の向上に取り組んでいます。2008（平成20）年には市の都市景観形成の基本指針である「北九州市景観づくりマスタープラン」、良好な景観の形成を進めるための行為の制限などを定めた「北九州市景観計画」を定め、美しい都市づくり、良好な都市景観の形成を図ってきました。また、公共事業や大規模な建築物などについて、景観に係る専門家の見地から技術的な指導・助言を得る「北九州市景観アドバイザー制度」の活用により、デザインの向上に積極的に取り組んできました。

まずは、建築物などが
景観資源だという認識が
大切なんだね

## ❷北九州市の景観の魅力をさらに高めるために

2019（平成31）年には、昨今の社会状況の変化や時代の要請などに的確に対応していくため、「北九州市景観づくりマスタープラン」を改定し、①コンパクトなまちづくりをふまえた景観づくり、②地域特性を活かした魅力ある景観づくり、③シビックプライドの醸成につながる景観づくり、④おもてなしの視点をもった景観づくりの4つの視点を取り入れました。

2022（令和4）年、北九州市は夜景の美しい都市として「日本新三大夜景都市」にランキング1位で再認定、さらにライトアップされた若戸大橋が、本市で8番目となる「日本夜景遺産」に認定されるなど、さらなる都市ブランドの向上も期待されています。

## ❸素晴らしい景観を市民みんなの手で

現在、これらの実現に向け、「景観法に基づく届出・協議による景観誘導」、「景観資源の保全・活用」、「景観づくりの普及啓発」、「市民・事業者などの主体的な景観づくりの促進」の4つの柱による多様な取り組みを実施しています。

実施にあたっては、市民、事業者、行政などが協働し、また、それぞれの立場で積極的かつ継続的に行動していくことが重要です。良好な景観づくりにみんなで取り組み、魅力的な景観を未来に引き継いでいきましょう(☞資料)。

都市部や自然地域も含めて、北九州市内全域が景観づくりの対象だよ

● 景観づくりの問い合わせ先：
北九州市建築都市局都市景観課
電話 (093) 582-2595



資料

## 景観計画区域と地域・地区の区分

北九州市景観づくりマスタープランに基づき定めた北九州市景観計画では、市全域を景観計画区域としたうえで、特色ある景観を有するエリアの景観誘導を図る地域を「景観形成誘導地域」とし、景観上、特に重要な地区で、建築物に対するきめ細かな基準による規制や、公共による重点的な景観整備などにより、まちなみの景観向上を図る地区を「景観重点整備地区」、関門海峡に面した地域のうち、身近に対岸を意識し、両岸を一体的に認識でき、関門の景観の形成を積極的に推進していく地域を「関門景観形成地域」と定めています。

他にも、景観重要建造物や景観重要樹木の指定、屋外広告物の誘導について定めています。景観法に基づく景観計画の届出の運用により、周囲の景観を著しく阻害する新築などの行為に対し、設計の変更などの勧告ができます。

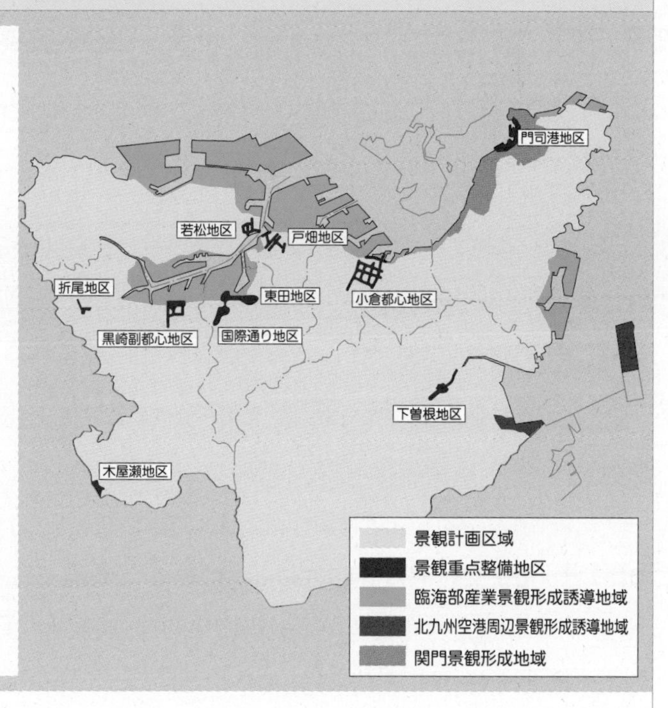


《景観重点整備地区》

①門司港地区

②小倉都心地区

③下曽根地区

④若松地区

⑤国際通り地区

⑥東田地区

⑦黒崎副都心地区

⑧木屋瀬地区

⑨折尾地区

⑩戸畑地区

メモ

北九州市環境首都検定 練習問題

### 北九州市が定める景観に関する計画・制度ではないものはどれでしょう？

☐ ①北九州市景観づくりマスタープラン
☐ ②北九州市景観アドバイザー制度
☐ ③北九州市景観計画
☐ ④北九州市立地適正化計画

答え：④

# 第5節 歴史的建造物の保存と活用

北九州市には、国や県・市から「指定」や「登録」*1を受けた歴史的建造物がたくさんあります。先人によって築かれた貴重な歴史的建造物を守るために、私たちにできることは何でしょう。

## ❶北九州市の歴史的建造物・景観の特徴

歴史的建造物を保存する制度として、大きくわけて文化財の指定（もしくは登録）と景観法に基づく指定の2つがあります。

文化的価値の高い建造物については、「文化財保護法」や「文化財保護条例」をもとに国・県・市が文化財に指定（もしくは登録）をし、保存に取り組んでいます。現在、北九州市内にある歴史的建造物のうち、指定および登録されている文化財は、45件（2022年度末時点）となっています。門司港レトロ地区のJR門司港駅および旧門司三井倶楽部、ならびに旧松本家住宅（西日本工業倶楽部）などは、国指定の重要文化財です。

一方、良好な景観の形成に重要な建造物については、「景観法」に基づく景観重要建造物の指定や「北九州市都市景観条例」に基づく都市景観資源の指定を行い、良好な景観の保全に取り組んでいます。現在は都市景観資源8件、景観重要建造物を5件指定しています（☞資料−1）。

## ❷北九州市による歴史的建造物保全への助成

長崎街道の宿場町の面影を残す八幡西区木屋瀬（こやのせ）地区の歴史的建造物などを将来にわたり適切に保存するため、北九州市が修理・修景のための費用の一部を助成しています。また、地域のシンボルとして景観に配慮した「長崎街道木屋瀬宿記念館」などもあり、魅力的な街なみづくりを進めています。

## ❸歴史的景観の重要性

北九州市には魅力ある歴史的な建造物がたくさんあります。2009（平成21）年春に上映された映画「おっぱいバレー」の舞台は、1979（昭和54）年の北九州市です。「北九州フィルム・コミッション*2」の支援もあり、その時代の雰囲気をもつ場所を市内全域から見つけ出しました（☞資料−2）。

現在の景観も、子どもの代や孫の代に、“残しておいてよかった”と思えるものがたく

（*1）「指定」や「登録」：「指定」「登録」は、文化財保護法や条例により、文化財を保護する制度ですが、その保護の考え方や方法が異なります。「指定」は、文部科学大臣や教育委員会が、文化財のうち重要なものを指定し、将来にわたり保護する制度で、現状を変更する際に許可が必要などの制約があります。「登録」は、築50年を経過した古い建物を国の文化財として登録し、保存しながら比較的自由に活用できる制度で、外観を大きく変える場合などは届出が必要です。詳しくは文化庁のホームページを参照してください。

文化庁
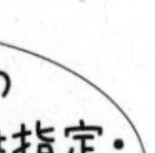
検索

北九州市の
文化財建造物は指定・
登録あわせて45件
あるんだよ

●長崎街道木屋瀬宿記念館：
八幡西区木屋瀬三丁目16-26
電話（093）619-1149

さんあるはずです。近くの飲食店、銭湯、町工場、市場などにも大きな価値が潜んでいます。現在の歴史的建造物を守る"思い"を大切にしましょう。

資料-1

## 歴史的建造物一覧

### 国指定文化財

●旧松本家住宅 ●門司港駅（旧門司駅）●旧門司三井倶楽部 ●南河内橋 ●部埼灯台 ●若戸大橋

### 県指定文化財

●八坂神社石造燈籠 ●八坂神社石鳥居 ●立場茶屋銀杏屋

### 市指定文化財

●寿命の唐戸（水門）●旧百三十銀行八幡支店 ●旧高崎家住宅（伊馬春部生家）●大興善寺 山門、舎利殿 ●廣旗八幡宮 ●岩田家住宅 ●蒲生八幡神社 ●旧安川家住宅

### 国登録文化財

●北九州市旧大阪商船 ●門司区役所（旧門司市役所）●料亭金鍋本館 ●料亭金鍋表門 ●旧サッポロビール九州工場事務所棟 ●旧サッポロビール九州工場醸造棟 ●旧サッポロビール九州工場組合棟 ●旧サッポロビール九州工場倉庫 ●旧古河鉱業若松ビル ●旧小倉警察署庁舎（旧岡田医院）●上野ビル（旧三菱合資会社若松支店）本館 ●上野ビル（旧三菱合資会社若松支店）倉庫棟 ●上野ビル（旧三菱合資会社若松支店）旧分析棟 ●上野ビル（旧三菱合資会社若松支店）門柱及び塀 ●門司ゴルフ倶楽部クラブハウス南棟 ●門司ゴルフ倶楽部クラブハウス北棟 ●門司ゴルフ倶楽部スタートハウス ●九州鉄道記念館（旧九州鉄道本社）●門司港涼山亭主屋棟 ●門司港涼山亭客間棟 ●門司港涼山亭離れノ間棟 ●折尾愛真学園記念館（旧折尾警察署庁舎）●世界平和パゴダ ●岩松家住宅 ●百年庭園の宿 翠水（旧旅館田川離れ）菅生 ●百年庭園の宿 翠水（旧旅館田川離れ）企救 ●百年庭園の宿 翠水（旧旅館田川離れ）玄海 ●百年庭園の宿 翠水（旧旅館田川離れ）渡り廊下

旧松本家住宅

旧古河鉱業若松ビル

門司港駅

資料-2

## 映画の街・北九州

北九州市は映画のロケ地としても注目されています。城下町の風情、明治・大正の建築物、ダイナミックな工場群、豊かな自然、近代的な都市など、豊かな表情をもつ北九州市の景観は、多くの映画に登場しています。

若戸大橋

旧サッポロビール工場醸造棟

（＊2）フィルムコミッション（FC）：映画やテレビドラマなどの撮影誘致や支援を行う窓口のことで、地方公共団体や観光協会などが事務局を担うことが多いです。映画を撮影することで、その地域の魅力を内外に発信し、あわせて地域の活性化を図るのが狙いとなっています。「北九州フィルム・コミッション」は、市役所内に1989（平成元）年に設置した「北九州市広報室イメージアップ班」を母体とした、日本で最初に設立された（FC）組織の1つです。

メモ

北九州市環境首都検定 練習問題

### 次の歴史的建造物のうち、国の登録文化財ではないものはどれでしょう？

□①門司区役所　□②旧サッポロビール九州工場倉庫　□③旧門司三井倶楽部　□④九州鉄道記念館

答え：③

# 第6節 モラル・マナーアップ

迷惑行為のない快適な生活環境を確保するため、2008（平成20）年4月に「モラル・マナーアップ関連条例」が施行されました。重要な点は、14の迷惑行為を定め、特に「路上喫煙（きつえん）」などの4つの迷惑行為に対して、過料*による規制を行うとともに、地域における市民活動の活発化を促進しているところです。モラル・マナーの向上について学びましょう。

## ❶モラル・マナーアップ関連条例について

（＊）過料：市区町村の条例に違反した場合に、「行政上の秩序罰」として少額の金銭を徴収することです。

北九州市では迷惑行為の防止の取り組みを行ってきましたが、一部の心ない人による迷惑行為が後を絶たず、条例による厳しい規制を望む声が寄せられるようになりました。2005年度の市民意識調査では、罰則を伴（ともな）う条例導入に「賛成」又は「どちらかといえば賛成」という意見が8割にものぼりました。そこで、「北九州市モラル条例検討委員会」を設置して検討を開始し、2007（平成19）年1月に同委員会から市長へ提言が行われました。この提言をもとに、市民の意見をふまえた5つの条例が、2008年4月に施行されました。5つの条例のうち迷惑行為の種類（☞資料-1）やその防止に関する基本的な事項を定めた「北九州市迷惑行為のない快適な生活環境の確保に関する条例」（基本条例）と「路上喫煙」「ごみのポイ捨て」「飼い犬のふんの放置」「落書き」の防止に関する条例を新設、改定し、規制手段の見直しや新たな罰則適用の規定などを整備しました。

モラル・マナーアップ啓発チラシ

## ❷重点地区の指定と過料の適用

基本条例では、迷惑行為がその周囲の人々に及ぼす影響、地域の特性などを考え、特に迷惑行為を防止する必要があると認める地区を「迷惑行為防止重点地区」として指定することとしています。市内では、小倉都心地区および黒崎副都心地区の2ヶ所（☞資料-2）を指定しており、「路上喫煙」「ごみのポイ捨て」「飼い犬のふんの放置」「落書き」の4つの迷惑行為について、市の迷惑行為防止巡視員が発見した場合、その場で過料1,000円が科されます。

迷惑行為防止巡視員

## ❸推進地区の指定と地域の取り組み

迷惑行為の防止のためには、重点地区での規制だけでなく、市内全域での取り組みが必要です。そこで、基本条例に基づき地域団体が自主的に迷惑行為の防止に取り組む地区を市が「迷惑行為防止活動推進地区」（市内5地区）に指定し、啓発物品の支援を行っています。

## ❹SDGs未来都市にふさわしい迷惑行為のないまちへ

迷惑行為を防止するためには、市民一人ひとりがモラル・マナーの大切さを自覚し、迷惑行為をなくそうとする意識を深めることが大切です。

北九州市では、迷惑行為の防止に向けた施策を総合的かつ計画的に推進していくため、2020（令和2）年4月に「北九州市迷惑行為防止基本計画（第3次計画）」を策定しました。基本計画では、推進地区での取り組みやマナーアップ教育などによる「迷惑行為をしない・させない人づくり」および重点地区の取り組みや施設の環境整備などによる「迷惑行為をしない・させない環境づくり」を基本方針に定め、市民や事業者、行政の連携と協働の下、「SDGs未来都市にふさわしい迷惑行為のないまち・北九州市の実現」を目指します。

資料-1

### 14項目の迷惑行為

| | 《迷惑行為》 | 《主な関係条例等》 |
|---|---|---|
| 1 | 屋外広告物の表示等が禁止されている場所等に屋外広告物を表示し、又は屋外広告物を掲示する物件を設置すること。 | 北九州市屋外広告物条例 |
| | 公共の場所においてチラシ等を配布し、当該チラシ等が散乱した場合に、これを放置すること。 | |
| 2 | 飼い犬のふんを放置すること。 | 北九州市動物の愛護及び管理に関する条例 |
| 3 | あき地等を適正に管理せず、雑草等を繁茂させ、これを放置すること。 | あき地等に繁茂した雑草等の除去に関する条例 |
| 4 | 公共の場所その他他人の土地において自転車を放置すること。 | 北九州市自転車の放置の防止に関する条例 |
| 5 | 家庭ごみの持出しについて定められている事項（排出の日時及び場所並びに指定袋の使用等）に従わずにこれを排出すること。 | 北九州市廃棄物の減量及び適正処理に関する条例 |
| 6 | 家庭ごみ等を放置し、悪臭を発散させる等土地、建物等を適正に管理せず、周囲の生活環境を害すること。 | |
| 7 | 消防自動車、救急自動車等の通行その他円滑な道路交通を阻害する迷惑な駐車をすること。 | 北九州市違法駐車等の防止に関する条例 |
| 8 | 空き缶、たばこの吸殻等をみだりに捨てること。 | 北九州市空き缶等の散乱の防止に関する条例 |
| 9 | 公共の場所その他他人の土地において自動車を放置すること。 | 北九州市放置自動車の発生の防止及び適正な処理に関する条例 |
| 10 | 公共の場所（灰皿が設置されている場所等の所定の場所を除く。）において喫煙をすること。 | 北九州市公共の場所における喫煙の防止に関する条例 |
| 11 | 落書きをすること。 | 北九州市落書きの防止に関する条例 |
| 12 | 車両の運転者が歩行者に注意を払わず、危険な運転をし、又は騒音を生じさせ、周囲の静穏を害すること。 | 道路交通法 |
| 13 | 公共の場所において車両又は歩行者の安全な通行を妨げ、球戯、ローラー・スケートその他これらに類することをすること。 | |
| 14 | 障害者用の駐車区画を不適正に利用すること。 | |
| | 点字ブロック上に車両を駐車させ、又は物件を置くこと。 | |

資料-2

### 迷惑行為防止重点地区

北九州市環境首都検定 練習問題

**迷惑行為防止重点地区で過料が科せられるのは、どの迷惑行為でしょう？（2つ）**

重点地区では、4つの迷惑行為には、その場で過料1,000円が科せられるのよ

□ ①放置自転車　□ ②路上喫煙　□ ③ごみ出しのルール違反　□ ④飼い犬のふんの放置

答え：②④

# 第7節 歩いて暮らせるまちづくり、心がかようみちづくり

北九州市の最上位計画である「北九州市基本構想・基本計画」では、“歩いて暮らせる”ことを重視しています。どのようにして“歩いて暮らせる”まちをつくっていくのでしょう。

## ❶“歩いて暮らせる”まちづくり

現在、北九州市は、人口減少、高齢化が急速に進んでいます。また、財政状況も非常に厳しい状況にある中、人にも環境にもやさしいまちづくりを進めていく必要があります。その一つとして、「多くの人が、マイカーに頼らなくても、徒歩や公共交通機関の利用のみで、快適に暮らせるまち」「街なか（☞第10章第3節）が文化・交流の中心となり、にぎわいのあるまち」を目指した“歩いて暮らせるまちづくり”があります。このことは、2008（平成20）年12月に策定した「北九州市基本構想・基本計画」でも示されています。

## ❷バリアフリー*のまちづくり

北九州市では、誰もが安全に快適に移動できるよう、JR小倉駅や黒崎駅など主要駅周辺地区や市民センター周辺等住宅地区、総合病院等の施設周辺など、市内一円で道路のバリアフリー化を進めています。取り組みにあたっては、障害者団体などとの定期的な意見交換会を持ち、道路利用者の声を道路整備に反映させています（☞資料－1）。

## ❸きれいで気持ちの良い道を

### （1）いんさぽ！　― 道路・公園・河川を愛するボランティア活動

北九州市は、道路・公園・河川（インフラ）を愛し、清掃や花植え等のボランティア活動を行う人々を「インフラサポーター（略して「いんさぽ！」）」と呼び、清掃用具や花苗を支給するなど、活動を支援しています。自治会や企業、学校など約1,500団体、約30,000名（2023（令和5）年3月末現在）が市内各地で「いんさぽ!」活動をしています。一緒に美しいまちづくりを目指すインフラサポーターを募集しています（☞資料－2）。

### （2）花咲く街かどづくり推進協議会 ― 市民の力で花いっぱいのまちづくり

北九州市では、1991（平成3）年に「北九州市花咲く街かどづくり推進協議会」を

●生活道路における交通安全対策：近年の歩行者・自転車乗車中の交通事故死者数の半数を占める自宅から500m以内の身近な道路において、ビッグデータの活用により事前に潜在的な危険箇所を特定し、事故減少を目的にした効果的かつ効率的な交通安全対策に取り組んでいます。市内では、14エリアで事業を推進しています。

〈生活道路対策エリア一覧〉

| 区 | 登録エリア名 | 登録年月 |
|---|---|---|
| 門司区 | 柳町地区 | H30.8月 |
| | 栄町地区 | H30.8月 |
| 小倉北区 | 昭和町地区 | H30.8月 |
| | 足原地区 | H30.8月 |
| | 白銀・貴船地区 | R2.11月 |
| 小倉南区 | 中曽根東地区 | H30.8月 |
| 若松区 | 若松中央小学校地区 | H30.8月 |
| 八幡東区 | 川淵町地区 | H30.8月 |
| | 祇園地区 | H30.8月 |
| 八幡西区 | 大浦地区 | H30.8月 |
| | 千代ケ崎地区 | H30.8月 |
| | 熊西小学校地区 | R2.11月 |
| | 引野地区 | R2.11月 |
| 戸畑区 | あやめが丘小学校地区 | H29.10月 |

（＊）バリアフリー：高齢者や障害がある人にとって、「移動の障壁（バリア）」とは、歩道と車道の段差などの物理的バリアだけでなく、社会参加を妨げる偏見といった社会的バリアも含まれます。バリアフリーとは、このような障壁（バリア）を取り除き、すべての人にとって、安全で快適に生活できるまちづくりを進めることです。

●道路で活動する「いんさぽ！」についての問い合わせ先：
北九州市建設局道路計画課
電話（093）582-3888

道路サポーター　検索

発足し、さらに2007（平成19）年に「北九州市フラワーコーディネーター制度」を創設し、きれいで個性的な花のまちづくりの向上に努めてきました。これらの取り組みが高く評価され、「花のまちづくり大賞（国土交通大臣賞）」を受賞しました。この賞は、花飾りのデザインだけでなく、その街らしい景観づくりや環境保全など広い視点から審査されます。花を愛し、まちをきれいに飾りたいという市民と行政の思いが認められました。現在、約590団体、12,000人以上の市民ボランティアが、身近な公園や道路沿いなどにある花壇を自主的に管理しています。

資料-1

## 主要駅周辺における歩道のバリアフリー化

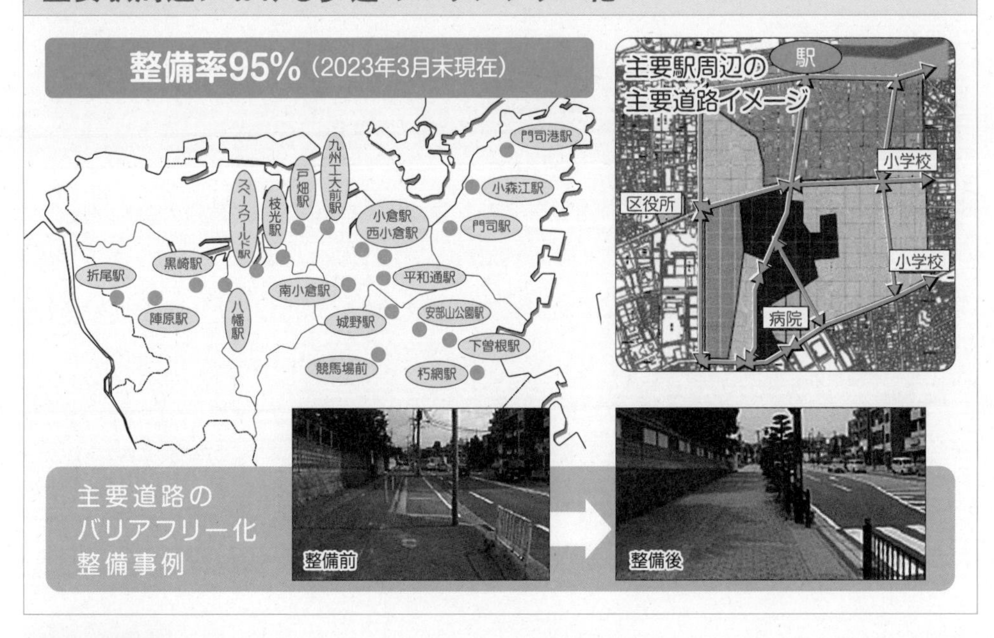


資料-2

## 「いんさぽ!」の活動紹介

↑
「いんさぽ！」
公式PR動画はコチラ

●花咲く街かどづくり推進協議会についての問い合わせ先：
北九州市建設局緑政課
電話（093）582-2466
※申し込みは各区役所まちづくり整備課まで

●公園で活動する「いんさぽ！」についての問い合わせ先：
北九州市建設局公園管理課
電話（093）582-2464

公園愛護会　検索

●河川で活動する「いんさぽ！」についての問い合わせ先：
北九州市建設局水環境課
電話（093）582-2491

河川愛護団体　検索

道路サポーターの登録要件は10人以上の団体で活動延長100m以上、年3回以上の活動だよ

公園愛護会は市内1,000以上の公園で活動しているよ
河川愛護団体の活動により、市内で約10,000匹のホタルが飛ぶようになったよ

自分たちのまちは自分たちの力で、いいまちにしていきたいね

北九州市環境首都検定　**練習問題**

### 人にも環境にもやさしいまちづくりとして、まちがっているものはどれでしょう？

- □ ①小倉・黒崎など主要駅周辺地区などで、バリアフリーのまちづくりを進めている
- □ ②バリアフリーへの取り組みでは、障害者団体などへ意見を聞き、道路利用者の声を反映させている
- □ ③市の職員だけが北九州市道路サポーターとして、道路の清掃や点検活動などを行っている
- □ ④12,000人以上の市民ボランティアが、公園や道路沿いの花壇を自主的に管理している

答え：③

# 資料編

- 環境に関連する北九州市の主な支援制度等
- 北九州市の環境年表
- 北九州市の環境学習施設
- 北九州市の「資源」と「ごみ」の分け方・出し方
- 北九州市の「資源」と「ごみ」のゆくえ
- 北九州市内のごみ処理施設
- 小型電子機器および充電式電池の分別回収
- 廃食用油の回収
- 北九州市域の温室効果ガス総排出量
- 小倉都心部の脱炭素まちづくり
- 2050年の脱炭素社会のイメージ
- 環境マスコットキャラクター“ていたん&ブラックていたん”
- 環境ラベル
- カネミ油症とは
- 節電のすすめ
- 用語解説
- 過去問題

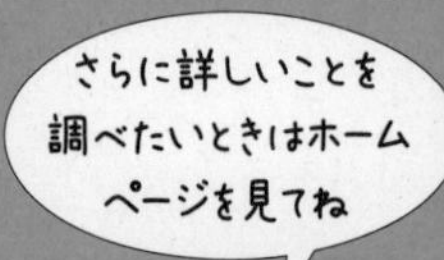

さらに詳しいことを
調べたいときはホーム
ページを見てね

北九州市のホームページ
https://www.city.kitakyushu.lg.jp

Official Textbook for Kitakyushu City World Environmental Capital Examination

# 環境に関連する北九州市の主な支援制度等

(2023年4月現在)

## 1 古紙・古着のリサイクル

●集団資源回収団体奨励金制度：古紙・古着の回収を行う地域の市民団体に対し、回収量に応じて奨励金を交付。

●まちづくり協議会古紙回収地域調整奨励金制度：地域内での古紙回収促進のPRなどを継続して行うまちづくり協議会に対し、奨励金を交付。

【担当：循環社会推進課☎093-582-2187】

## 2 生ごみのリサイクル

家庭から出る生ごみの減量化・資源化を推進するため、市民・地域団体を対象にした生ごみコンポスト化容器活用講座などを開催。

【担当：循環社会推進課☎093-582-2187】

## 3 剪定枝のリサイクル

町内会などの地域団体（概ね100世帯以上）が各家庭から集めた、剪定した枝葉を市が回収。

【担当：循環社会推進課☎093-582-2187】

## 4 廃食用油のリサイクル

家庭から出た廃食用油の回収を行う自治会・町内会やまちづくり協議会に、回収ボックスを貸与。

【担当：循環社会推進課☎093-582-2187】

## 5 小型浄化槽の設置

住宅に小型浄化槽を設置する市民に補助金を交付。

【担当：業務課☎093-582-2180】

## 6 環境未来技術開発助成事業

新規性・独自性に優れ実現性の高い環境技術の実証研究や社会システム研究等に、研究費用の一部を助成。

【担当：環境イノベーション支援課☎093-582-2630】

## 7 自然環境保全活動支援事業

自然環境に関する保全活動や普及啓発活動に取り組む市民団体等に対し、活動費用の一部を助成（1団体あたり10万円以下）。

【担当：環境監視課（自然共生係）☎093-582-2239】

## 8 既存住宅のエコリフォームへの補助

●北九州市空き家リノベーション促進事業：空き家の取得者等を対象に、住宅の脱炭素化に資するリノベーション費用の一部を補助

【担当：建築都市局空き家活用推進課☎093- 582- 2777】

## 9 中小企業の競争力を生み出す脱炭素化推進事業

自家消費型太陽光発電設備、蓄電池、省エネ機器、電動車（EV, PHV, PHEV）及びV2H充放電器等を設置し、再エネ100%電力化に取り組む市内の中小企業等に対し、費用の一部を補助します。

【担当：再生可能エネルギー導入推進課☎093-582-2238】

# 北九州市の環境年表

| 年号 | 北九州市の動き | 時代を表すキーワード |
|---|---|---|
| 1901(明治34)年 | ●官営八幡製鐵所操業。「鉄のまち」として発展 | ●20世紀開幕、福沢諭吉没 |
| 1953(昭和28)年 | ●戸畑デポジットゲージ(降下ばいじん測定器)設置 | ●テレビ放送スタート ●真知子巻き |
| 1960年代<br>(昭和35年〜) | ●重化学工業の発展と共に公害問題深刻化<br>(ばい煙・廃水による汚染) | ●安保闘争<br>●三井三池争議 |
| 1963(昭和38)年 | ●5市合併により北九州市誕生<br>●衛生局公衆衛生課に公害係設置(4名) | ●初国産アニメ「鉄腕アトム」 |
| 1964(昭和39)年 | ●大気汚染自動測定機設置(硫黄酸化物・浮遊粉じん)<br>●公害対策審議会(第1回)開催 | ●東京オリンピック開催 |
| 1965(昭和40)年 | ●洞海湾周辺地域で、年平均80t/k㎡/月(最大108t)の降下ばいじん量を記録<br>●戸畑婦人協議会が記録映画「青空がほしい」を制作 | ●夢の島<br>●モンキーダンス |
| 1968(昭和43)年 | ●大気汚染防止法施行、騒音規制法施行 | ●いざなぎ景気 ●三億円事件発生 |
| 1969(昭和44)年 | ●北九州市初のスモッグ警報発令<br>●洞海湾水質調査で、溶存酸素量0.6mg/ℓ、COD48.4mg/ℓ、シアン、ヒ素などの有害物質が高濃度に含まれていることが判明。以後「死の海」と呼ばれる<br>●北九州市大気汚染防止連絡協議会設立 | ●アポロ11号月面着陸 |
| 1970(昭和45)年 | ●スモッグ警報発令権限を北九州市長へ委譲<br>●本庁舎内に公害監視センターが完成<br>●公共下水処理場が稼働<br>●北九州市公害防止条例公布 | ●日本万国博覧会開催<br>●三島事件 |
| 1971(昭和46)年 | ●特殊気象情報通報制度を確立<br>●北九州市公害防止条例全面改正公布<br>●本格的な廃棄物焼却工場完成 | ●ドルショック<br>●アンノン族 |
| 1972(昭和47)年 | ●市内54事業所と公害防止協定締結<br>●公害防止計画閣議決定 | ●日中国交回復 ●パンダブーム<br>●国連人間環境会議開催 かけがえのない地球 |
| 1974(昭和49)年 | ●洞海湾浚渫(しゅんせつ)工事開始(〜1975年7月) | ●田中首相、金脈問題で退陣 |
| 1977(昭和52)年 | ●城山小学校廃校 | ●気象衛星「ひまわり」 |
| 1979(昭和54)年 | ●緩衝緑地事業開始(〜1983年度) | ●省エネルック ●地方の時代 |
| 1980(昭和55)年 | ●臨海部に大規模な廃棄物処分場を開設<br>●紫川堆積汚泥浚渫工事完了(1969年開始)<br>●財団法人北九州国際技術協力協会(KITA)設立 | ●学園ドラマ人気<br>●竹の子族 |
| 1985(昭和60)年 | ●経済協力開発機構(OECD)の環境白書で「灰色の街」から「緑の街」へ変ぼうを遂げた都市として紹介<br>●「緑の都市賞・内閣総理大臣賞」受賞<br>●北九州市公共下水道2000km達成 | ●ナイロビ宣言<br>●フルムーン |
| 1986(昭和61)年 | ●北九州市都市景観条例策定<br>●北九州市環境管理計画策定 | ●ファミコン<br>●新人類 |
| 1987(昭和62)年 | ●紫川マイタウン・マイリバー整備事業開始<br>●「星空の街コンテスト」(環境庁)で、大気環境が良好な都市として「星空の街」に選定 | ●日本人宇宙飛行士誕生<br>●国鉄民営化<br>●サラダ記念日 |
| 1988(昭和63)年 | ●ぜん息指定地域解除 | ●青函トンネル |
| 1990(平成 2)年 | ●国連環境計画(UNEP)から日本の自治体として「グローバル500」初受賞 | ●バブル経済 ●成田離婚 |
| 1992(平成 4)年 | ●リオデジャネイロ(ブラジル)で開催された地球サミットで世界11都市とともに「国連地方自治体表彰」を受賞<br>●北九州国際技術協力協会に環境協力センター開設<br>●「ごみとリサイクルを考える北九州委員会」設置 | ●地球サミット<br>●低公害車 |
| 1993(平成 5)年 | ●「北九州まち美化懇話会」設置<br>●かん・びん分別収集開始 | ●週休2日制 |
| 1994(平成 6)年 | ●「北九州市空き缶等の散乱の防止に関する条例」制定 | ●就職氷河期 |
| 1996(平成 8)年 | ●「アジェンダ21北九州」策定<br>●ODAによる大連開発調査開始 | ●メークドラマ |
| 1997(平成 9)年 | ●エコタウン事業地域承認 | ●たまごっち |
| 1998(平成10)年 | ●家庭ごみ有料指定袋導入 | ●環境ホルモン |
| 2000(平成12)年 | ●国連ESCAP主催の環境大臣会議が北九州市で開催され「クリーンな環境のための北九州イニシアティブ」が採択<br>●北九州環境基本条例公布 | ●IT革命 |

| 年号 | 北九州市の動き | 時代を表すキーワード |
|---|---|---|
| 2001(平成13)年 | ●大連市との国際環境協力が認められて、「中国、国家友誼賞」受賞<br>●北九州学術研究都市誕生<br>●北九州博覧祭開催 | ●米国同時多発テロ |
| 2002(平成14)年 | ●ヨハネスブルクで開催された地球サミットで「地球サミット2002持続可能な開発賞」を受賞(世界で2件)<br>●地球サミット実施計画に「クリーンな環境のための北九州イニシアティブ」が明記<br>●「環境ミュージアム」開設 | ●声に出して読みたい日本語 |
| 2004(平成16)年 | ●「グランド・デザイン」策定<br>●PCB事業開始 | ●新潟県中越沖地震 |
| 2006(平成18)年 | ●ノーベル平和賞受賞者のワンガリ・マータイさんが来北<br>●国連大学の「持続可能な開発のための教育」(ESD)の地域拠点(RCE)に認定<br>●家庭ごみ分別見直し<br>●アジアの環境人材育成拠点形成事業開始 | ●ライブドア事件<br>●ハンカチ王子 |
| 2007(平成19)年 | ●北九州市プラスチック資源化センター稼働開始<br>●10年ぶりに光化学スモッグ注意報発令<br>●「第2回3R推進全国大会」を北九州市で開催<br>●中国・青島市と日中循環型都市協力事業開始 | ●郵政民営化 |
| 2008(平成20)年 | ●第7回日本の環境首都コンテストで、総合第1位(2年連続)<br>●「こどもエコクラブ全国フェスティバルin北九州」開催(北九州市では2回目の開催)<br>●「環境モデル都市」に選定<br>●中国・天津市と日中循環型都市協力事業開始 | ●毒入りギョーザ<br>●サブプライム問題 |
| 2009(平成21)年 | ●第1回環境モデル都市九州・沖縄3都市連合会議(設立会議)開催<br>●「北九州市環境モデル都市行動計画(北九州グリーンフロンティアプラン)」策定<br>●環境省が電気自動車等に係る実証実験を北九州市で開始<br>●「北九州次世代エネルギーパーク」開設<br>●「北九州水素ステーション」オープン | ●草食系男子<br>●新型インフルエンザ |
| 2010(平成22)年 | ●「北九州市環境産業推進会議」設立<br>●北九州スマートコミュニティ創造事業が国の次世代エネルギー・社会システム実証地域に選定<br>●「北九州エコハウス」オープン<br>●「アジア低炭素化センター」設立<br>●「北九州市生物多様性戦略」策定<br>●「ウォータープラザ北九州」開設 | ●スマートシティ<br>●AKB48 |
| 2011(平成23)年 | ●経済協力開発機構(OECD)の「グリーンシティプログラムにおけるグリーン成長都市」に選定<br>●「北九州市循環型社会形成推進基本計画」策定<br>●「国際総合戦略特区」選定<br>●「環境未来都市」選定 | ●東日本大震災<br>●なでしこジャパン |
| 2012(平成24)年 | ●「北九州地球の道」開設<br>●「北九州市響灘ビオトープ」オープン | ●東京スカイツリー |
| 2013(平成25)年 | ●第15回日中韓三ヵ国環境大臣会合の北九州市開催<br>●「OECDグリーンシティ・プログラム北九州レポート発表会議」の開催<br>●「北九州エコマンス」の実施 | ●富士山世界文化遺産登録 |
| 2014(平成26)年 | ●「環境モデル都市北九州市・小国町の連携に関する協定書」の締結<br>●九州初(全国2番目の)商用水素ステーション開所 | ●集団的自衛権 |
| 2015(平成27)年 | ●PCB廃棄物処理事業の処理の拡大と処理期限の延長開始<br>●株式会社北九州パワー設立 | ●爆買い |
| 2016(平成28)年 | ●「第2次北九州市生物多様性戦略」策定<br>●G7北九州エネルギー大臣会合(EMM)の開催 | ●熊本地震 |
| 2017(平成29)年 | ●上皇、上皇后両陛下がエコタウンセンターをご視察<br>●フィリピン・ダバオ市との「環境姉妹都市提携に関する覚書」の締結 | ●インスタ映え<br>●忖度 |
| 2018(平成30)年 | ●OECDの「SDGs推進に向けた世界のモデル都市」に選定<br>●SDGs未来都市に選定 | ●そだねー |
| 2019(令和元)年 | ●第21回日中韓三カ国環境大臣会合の北九州市開催 | ●ONE TEAM |
| 2020(令和 2)年 | ●2050年までに脱炭素社会の実現を目指す、ゼロカーボンシティを宣言 | ●3密(新型コロナウイルス感染症) |
| 2021(令和 3)年 | ●環境と経済の好循環によりゼロカーボンシティ実現に向けた決意を表明(北九州市気候非常事態宣言)<br>●「第2期北九州市循環型社会形成推進基本計画」の策定<br>●「北九州市地球温暖化対策実行計画」の策定 | ●リアル二刀流/ショータイム |
| 2022(令和 4)年 | ●「北九州市グリーン成長推進戦略」の策定<br>●「脱炭素先行地域」に選定 | ●成人年齢18歳 |

# 北九州市の環境学習施設

市内には、北九州市環境ミュージアムをはじめ、それぞれの分野で環境を学ぶことのできる施設がたくさんあります。
ここでは、主な環境学習施設41ヶ所をご紹介します。（2023年4月現在）

**タカミヤ環境ミュージアム**
八幡東区東田2-2-6
☎(093)663-6751

**エコタウンセンター**
若松区向洋町10-20
☎(093)752-2881

**いのちのたび博物館**
八幡東区東田2-4-1
☎(093)681-1011

**到津の森公園**
小倉北区上到津4-1-8
☎(093)651-1895

**かんびん資源化センター（2ヶ所）**
⑪日明かんびん資源化センター ☎(093)583-7200
⑫本城かんびん資源化センター ☎(093)693-8525

**ほたる館（2ヶ所）**
⑬八幡西区香月西4-6-1☎(093)618-2727
⑭小倉北区熊谷2-5-1☎(093)561-0800

**平尾台自然の郷**
小倉南区平尾台1-1-1
☎(093)452-2715

**響灘緑地グリーンパーク**
若松区大字竹並1006番地
☎(093)741-5545

**洞海ビオパーク**
八幡西区本城5丁目（洞北緑地内）
☎(093)582-2426（上下水道局下水道保全課）

見学申込
http://www.city.kitakyushu.lg.jp/suidou/s01300023.html

**下水道浄化センター（5ヶ所）**
⑲日明浄化センター（ビジターセンター） ⑳皇后崎浄化センター
㉑北湊浄化センター ㉒新町浄化センター ㉓曽根浄化センター
☎共通(093)582-2485（上下水道局施設課）

**白野江植物公園**
門司区白野江2丁目
☎(093) 341-8111

**学術研究都市**
若松区ひびきの2-1
☎(093)695-3111

多種多様なエネルギー施設が集積しており、施設の見学やエネルギーについて学ぶことができます。

**北九州次世代エネルギーパーク**
若松区響灘地区
☎(093)752-2881

**少年自然の家・青年の家（3ヶ所）**
㉜かぐめよし少年自然の家 ☎(093)451-3111
㉝もじ少年自然の家 ☎(093)341-1128
㉞玄海青年の家 ☎(093)741-2801

**ウォータープラザ北九州**
小倉北区西港町96-1（日明浄化センター内）
☎(093)562-3271

**響灘ビオトープ**
若松区響町1丁目
☎(093)751-2023

**安川電機みらい館**
八幡西区黒崎城石2-1
☎(093)645-7705
見学申込
https://www.yaskawa.co.jp/company/tour

頓田貯水池
若松区
日峰山
瀬板貯水池
八幡西区
畑貯水池

施設の分野説明アイコン

 生活系 環境問題全般、エコライフ、公害克服の歴史、地産地消、エネルギー、上水・下水、大気保全

 リサイクル系 ごみ・リサイクル

 自然系 動物、植物、水辺環境、星空観察、自然体験

**5 水環境館**
小倉北区船場町1-2
☎(093)551-3011

**6 山田緑地**
小倉北区山田町
☎(093)582-4870

**7 平尾台自然観察センター**
北九州市小倉南区平尾台1-4-40
☎(093)453-3737

**8 9 10 ごみ焼却工場（3ヶ所）**
❽皇后崎工場 ☎(093)642-6731
❾新門司工場 ☎(093)481-4727
❿日明工場 ☎(093)581-7976

見て、触れて、環境学習！

環境のことを楽しく学べる！

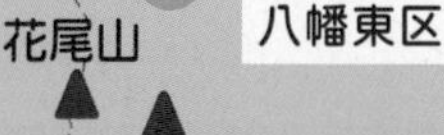

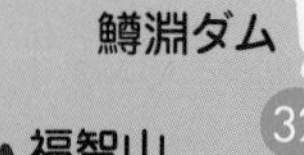

**16 合馬竹林公園**
小倉南区大字合馬38-2
☎(093)452-3452

**24 25 26 浄水場（3ヶ所）**
㉔井手浦浄水場 ☎(093)451-0262
㉕穴生浄水場 ☎(093)641-3338
㉖本城浄水場 ☎(093)693-1385

**30 アジアカーボンニュートラルセンター**
八幡東区平野1-1-1（国際村交流センター3F）
☎(093)662-4020

**31 総合農事センター**
小倉南区横代東町1-6-1
☎(093)961-6045

**38 TOTOミュージアム**
小倉北区中島2-1-1
☎(093)951-2534
ガイド付き見学申込
https://jp.toto.com/knowledge/visit/museum/

**39 九州製紙株式会社**
北九州市八幡東区前田洞岡2-1
見学の申込みは北九州産業観光センターまで
☎(093)551-5011
http://www.kyushu-seishi.co.jp/

**40 シャボン玉石けん株式会社**
北九州市若松区南二島2丁目23-1
☎(093)588-5489
http://www.shabon.com

**41 スペースLABO**
北九州市八幡東区東田4丁目1-1
☎(093)671-4566
https://www.kitakyushuspacelabo.jp/

# 北九州市の「資源」と「ごみ」の分け

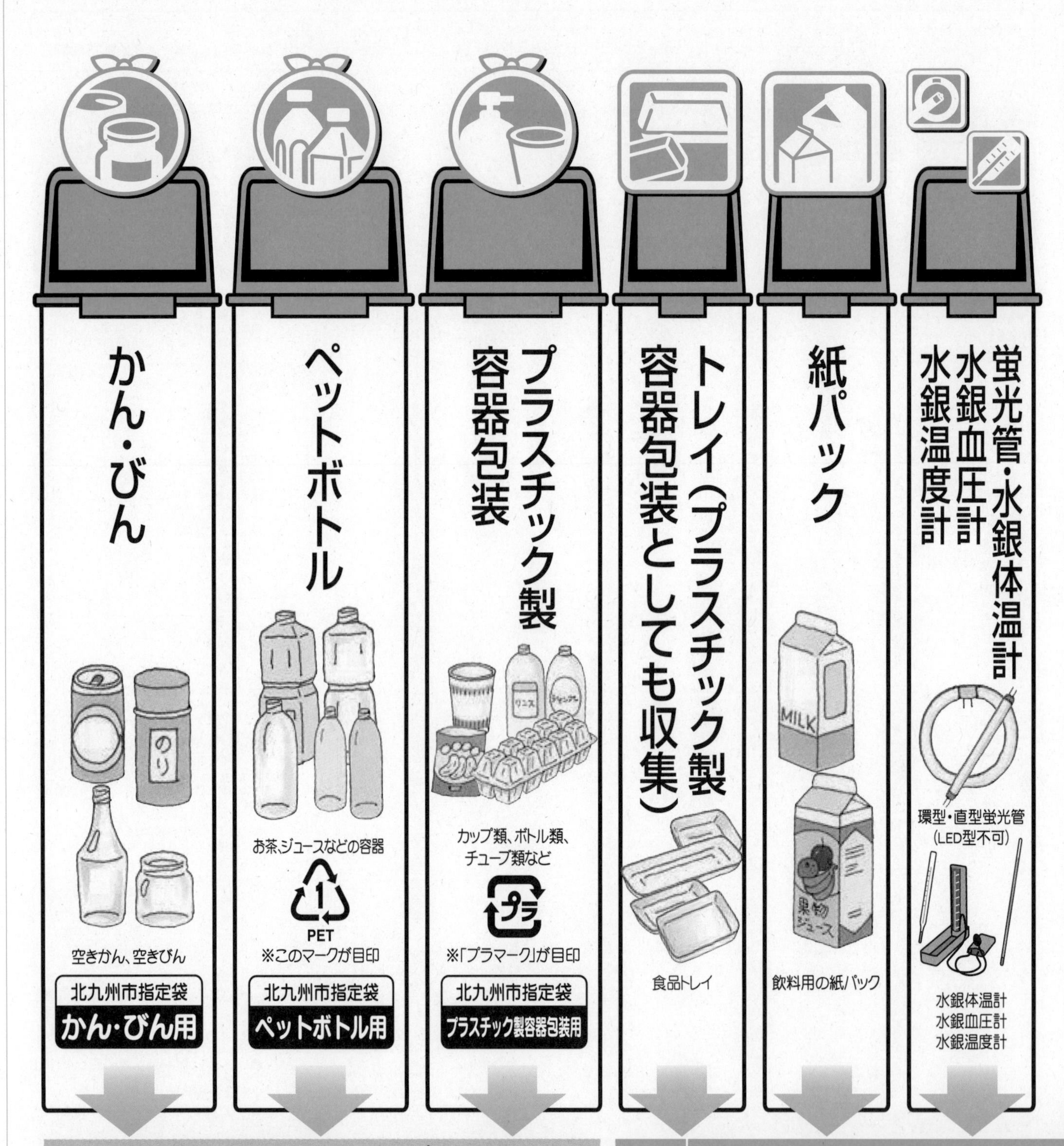


※令和５年１０月から製品プラスチックの回収を始めます。
詳しくはホームページをご参照ください。

# 方・出し方

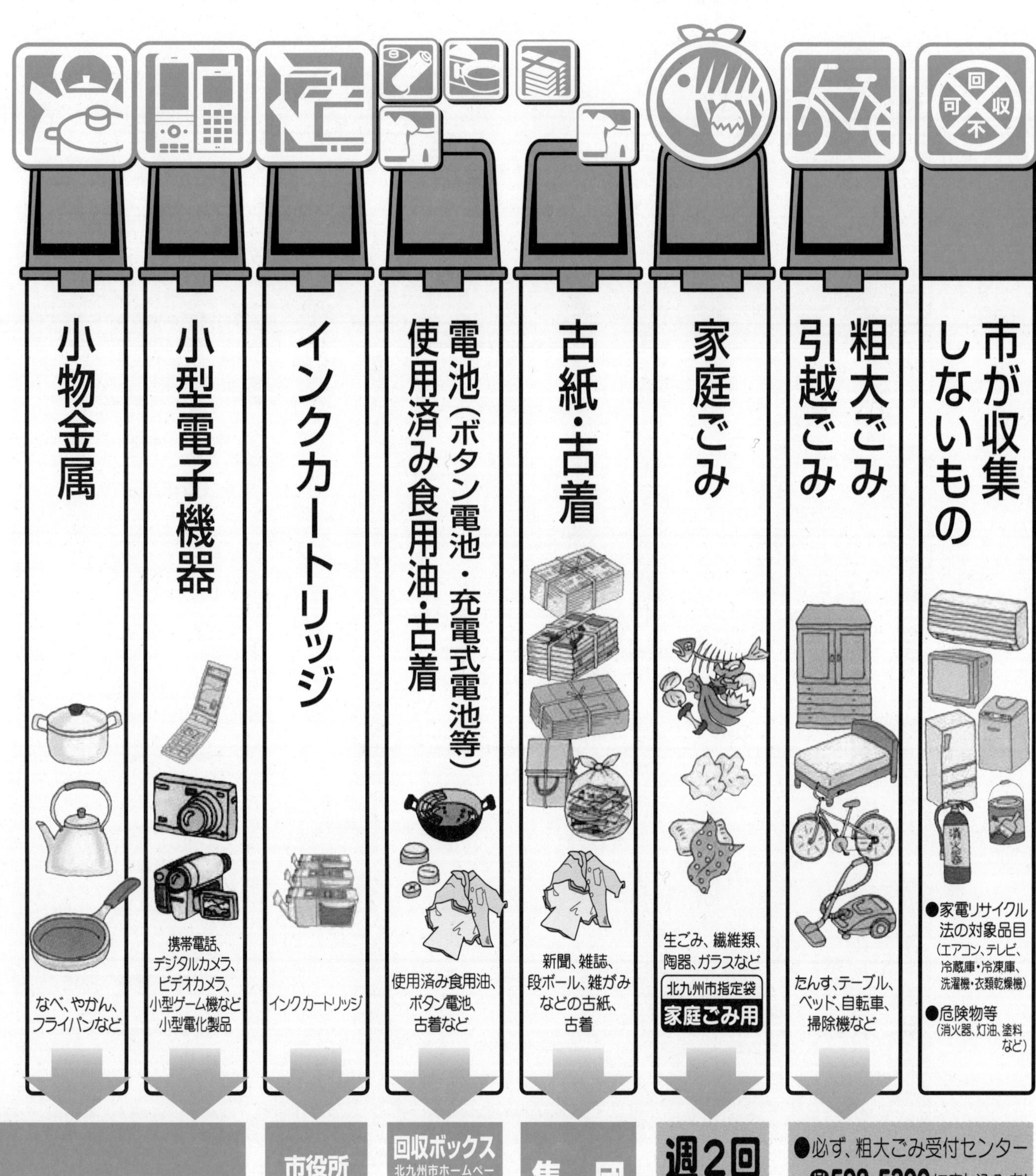


・出張所
一等の
回収ボックスへ

市役所
および
区役所の
回収ボックス

回収ボックス
北九州市ホームページ「使用済み食用油のリサイクル」、「古着のリサイクル」、「電池のリサイクル」をご覧ください。

集 団
資源回収

週2回
(月・木または火・金)
収 集
家庭ごみ
ステーション

●必ず、粗大ごみ受付センター
☎592-5300に申し込みを!
月1回(地区ごとの指定日)
戸別収集(事前申込制)

# 北九州市の「資源」と「ごみ」のゆくえ

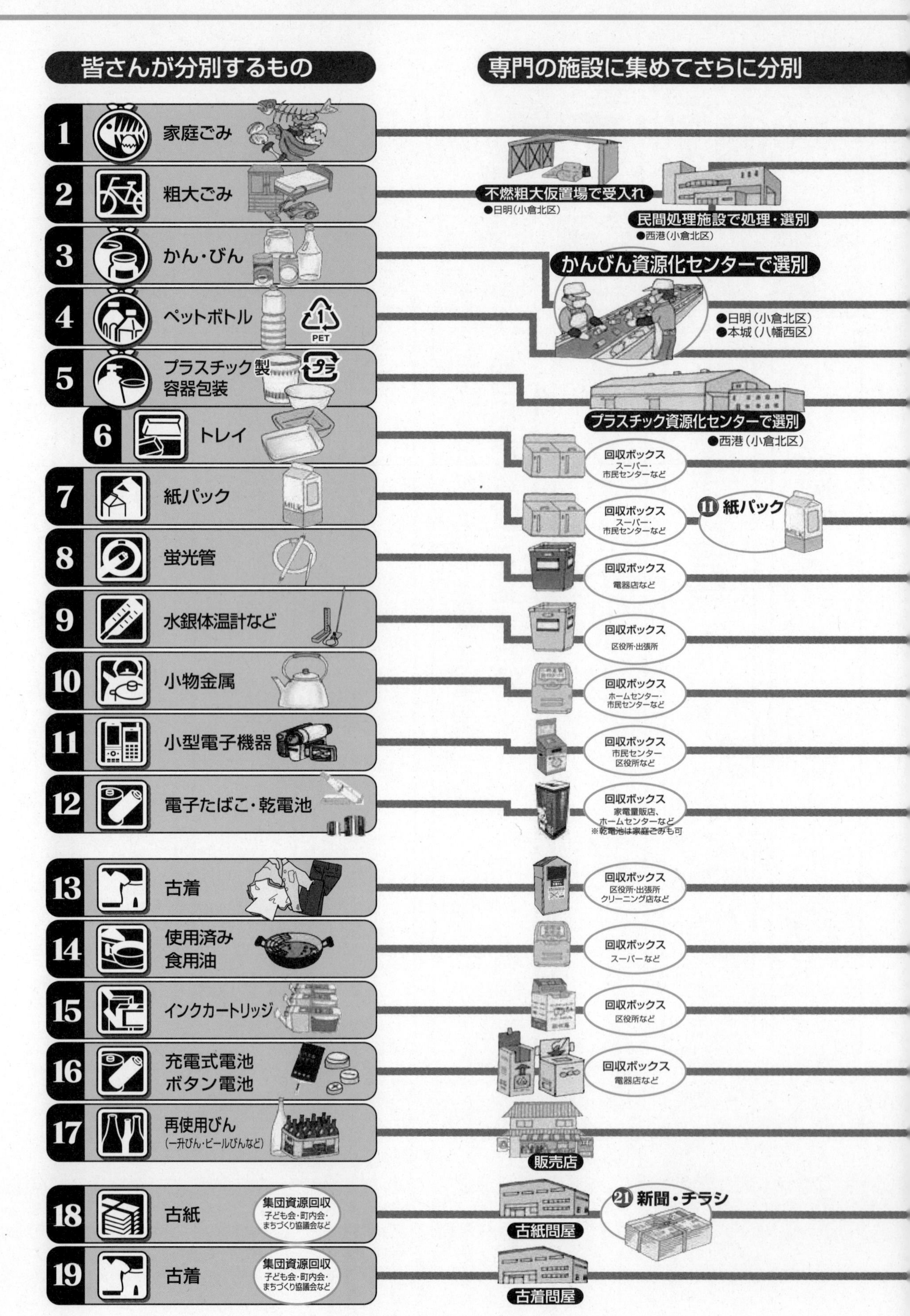

皆さんが分別するもの
専門の施設に集めてさらに分別
1 家庭ごみ
2 粗大ごみ
3 かん・びん
4 ペットボトル
PET
5 プラスチック製容器包装
6 トレイ
7 紙パック
MILK
8 蛍光管
9 水銀体温計など
10 小物金属
11 小型電子機器
12 電子たばこ・乾電池
13 古着
14 使用済み食用油
15 インクカートリッジ
16 充電式電池 ボタン電池
17 再使用びん (一升びん・ビールびんなど)
18 古紙 集団資源回収 子ども会・町内会・まちづくり協議会など
19 古着 集団資源回収 子ども会・町内会・まちづくり協議会など
不燃粗大仮置場で受入れ
●日明（小倉北区）
民間処理施設で処理・選別
●西港（小倉北区）
かんびん資源化センターで選別
●日明（小倉北区）
●本城（八幡西区）
プラスチック資源化センターで選別
●西港（小倉北区）
回収ボックス スーパー・市民センターなど
回収ボックス スーパー・市民センターなど
⑪ 紙パック
回収ボックス 電器店など
回収ボックス 区役所・出張所
回収ボックス ホームセンター・市民センターなど
回収ボックス 市民センター 区役所など
回収ボックス 家電量販店、ホームセンターなど ※乾電池は家庭ごみも可
回収ボックス 区役所・出張所 クリーニング店など
回収ボックス スーパーなど
回収ボックス 区役所など
回収ボックス 電器店など
販売店
㉑ 新聞・チラシ
古紙問屋
古着問屋

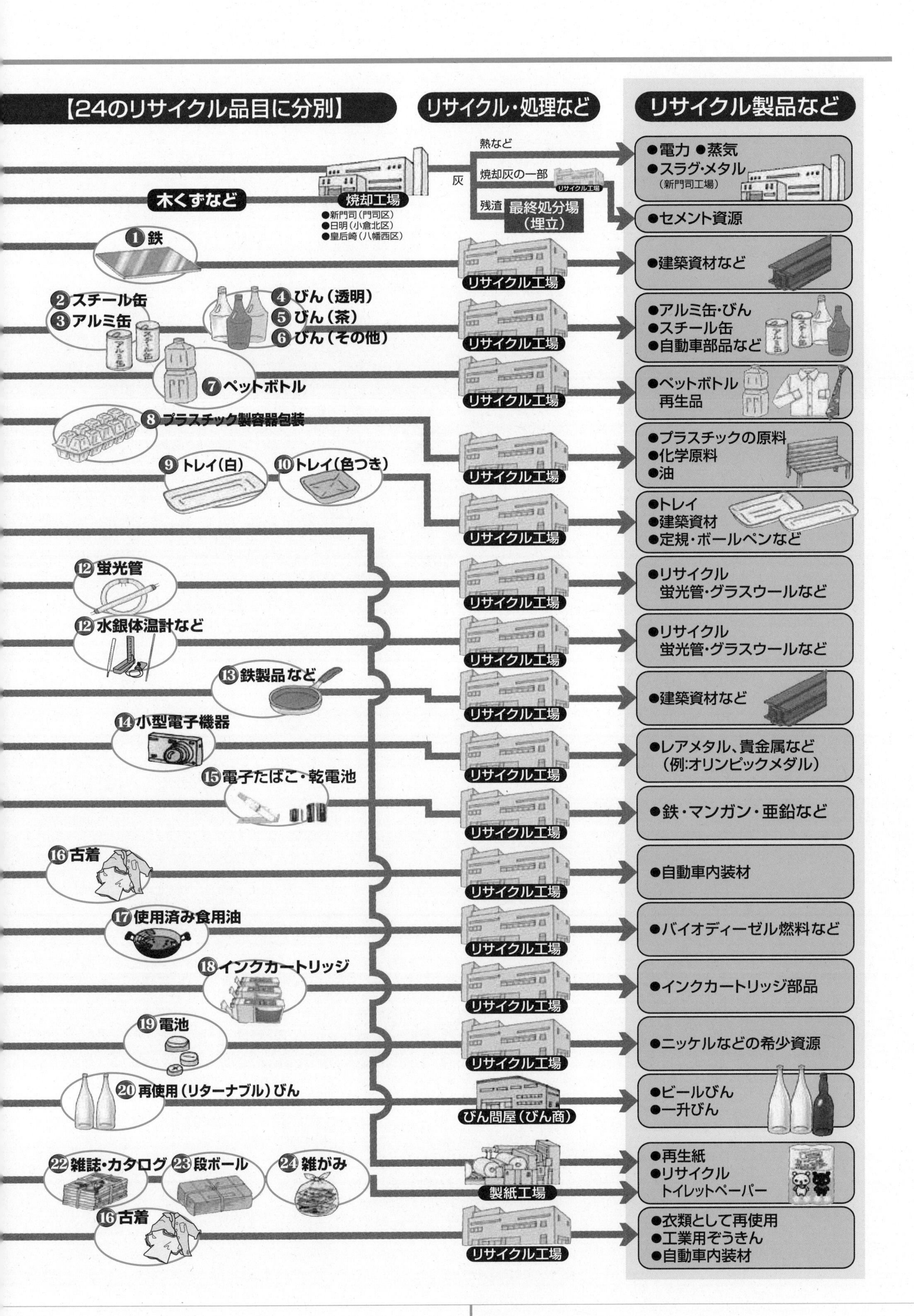
【24のリサイクル品目に分別】
リサイクル・処理など
リサイクル製品など
熱など
灰
焼却灰の一部
リサイクル工場
残渣
最終処分場（埋立）
焼却工場
●新門司（門司区）
●日明（小倉北区）
●皇后崎（八幡西区）
木くずなど
●電力 ●蒸気
●スラグ・メタル
（新門司工場）
●セメント資源
1 鉄
●建築資材など
2 スチール缶
3 アルミ缶
4 びん（透明）
5 びん（茶）
6 びん（その他）
●アルミ缶・びん
●スチール缶
●自動車部品など
7 ペットボトル
●ペットボトル再生品
8 プラスチック製容器包装
●プラスチックの原料
●化学原料
●油
9 トレイ（白）
10 トレイ（色つき）
●トレイ
●建築資材
●定規・ボールペンなど
12 蛍光管
●リサイクル蛍光管・グラスウールなど
12 水銀体温計など
●リサイクル蛍光管・グラスウールなど
13 鉄製品など
●建築資材など
14 小型電子機器
●レアメタル、貴金属など（例:オリンピックメダル）
15 電子たばこ・乾電池
●鉄・マンガン・亜鉛など
16 古着
●自動車内装材
17 使用済み食用油
●バイオディーゼル燃料など
18 インクカートリッジ
●インクカートリッジ部品
19 電池
●ニッケルなどの希少資源
20 再使用（リターナブル）びん
びん問屋（びん商）
●ビールびん
●一升びん
22 雑誌・カタログ
23 段ボール
24 雑がみ
製紙工場
●再生紙
●リサイクルトイレットペーパー
16 古着
●衣類として再使用
●工業用ぞうきん
●自動車内装材
リサイクル工場

# 北九州市内のごみ処理施設

“循環型社会のモデル都市づくりをめざす”北九州市では、資源循環と環境保全のための
さまざまなごみ処理施設が連携して、健康的で快適な市民生活をサポートしています。

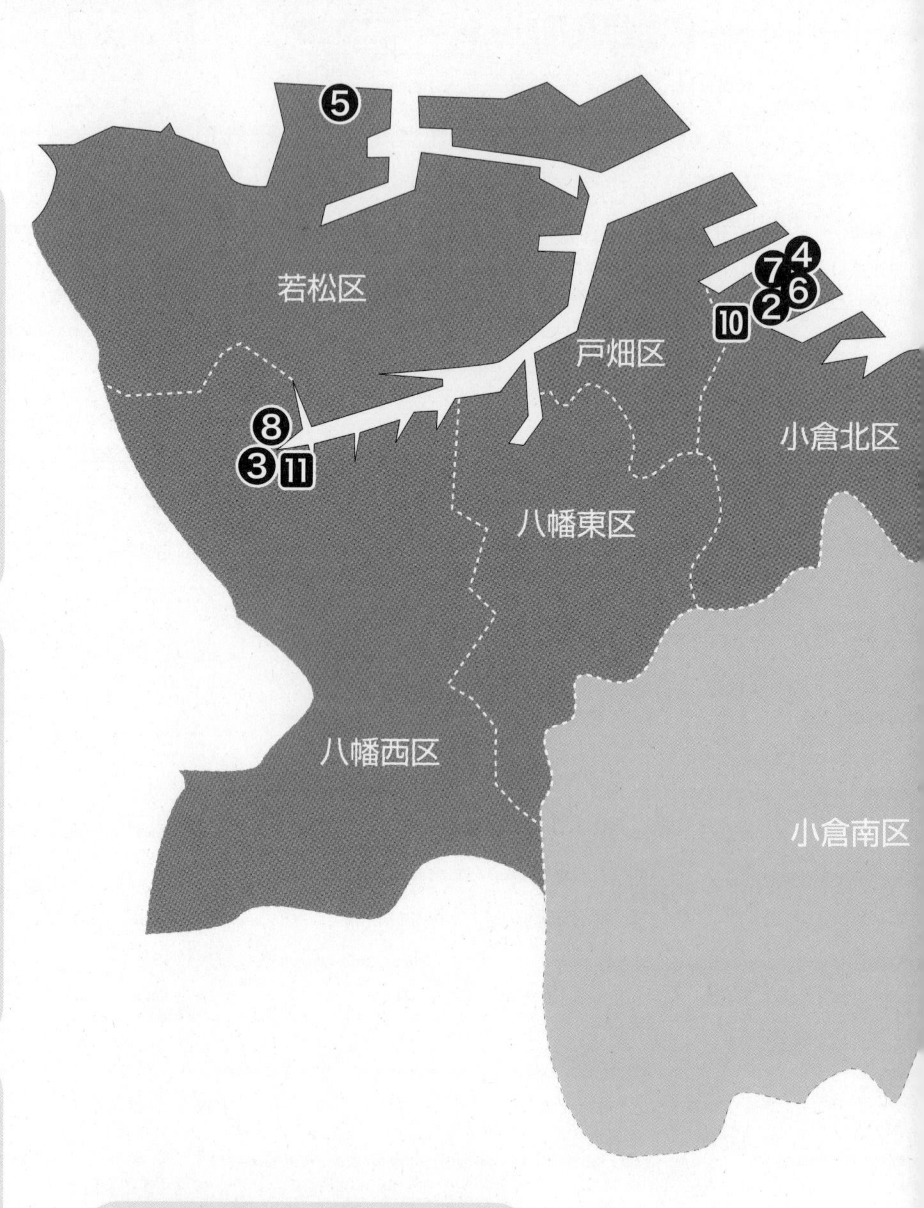

**❶ 新門司工場**
1日に720tのごみ処理が可能です。
発電出力は23,500kWです。
☎093-481-4727

**❷ 日明工場**
1日に600tのごみ処理が可能です。
発電出力は6,000kWです。
☎093-581-7976

**❸ 皇后崎工場**
1日に810tのごみ処理が可能です。
発電出力は17,200kWです。
☎093-642-6731

**9～11 環境センター**（写真は9新門司環境センター）
一般ごみの収集、資源ごみの収集、集団資源回収団体の登録受付、ごみ処理に関する指導などを行っています。

9 新門司環境センター
☎093-481-7053

10 日明環境センター
☎093-571-4481

11 皇后崎環境センター
☎093-631-5337

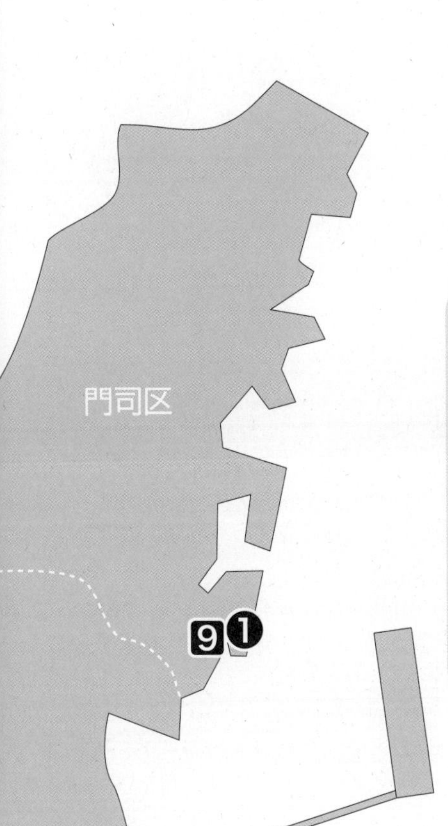

❹ 日明積出基地
焼却灰や建設廃材などをここからトラックに乗せて響灘西地区廃棄物処分場へ運びます。
☎093-581-9540

❺ 響灘西地区廃棄物処分場
焼却灰や建設廃材などを埋めて処分します。
☎093-771-3991

❻ プラスチック資源化センター
ごみの再資源化のための施設。収集したプラスチック容器包装を分別します。
☎093-591-5346

❼ 日明かんびん資源化センター
ごみの再資源化のための施設。収集した、かん・びん・ペットボトル・紙パック・トレイを分別します。 ☎093-583-7200

❽ 本城かんびん資源化センター
ごみの再資源化のための施設。収集した、かん・びん・ペットボトル・紙パック・トレイを分別します。 ☎093-693-8525

家庭ごみの収集エリア

 新門司工場へ搬入
 日明工場へ搬入
 皇后崎工場へ搬入

(2023年4月現在)

# 小型電子機器および充電式電池の分別回収

携帯電話などの小型電子機器やモバイルバッテリーなどの充電式電池には、貴重な資源が多く使われています。北九州市では「小型家電リサイクル法」や「資源有効利用促進法」に基づき、これらを適正、確実に処理するリサイクル事業を実施しています。

**回収品目**
**・回収ボックスの投入口（25㎝×8.5㎝）に入る小型の家電製品**
**・電極にビニールテープなどで絶縁処理を行った電池類**

《例》

### 小型電子機器

**携帯電話、小型ゲーム機、デジタルカメラ、電子辞書、電気シェーバーなど。**

※回収ボックスの投入口（25cm×8.5cm）に入るものが対象です。
※ACアダプタやコードも回収可能です。

### 充電式電池等

**電化製品から取り外せるリチウムイオン電池等の充電式電池、モバイルバッテリー、電子たばこ・加熱式たばこなど。**

※乾電池やボタン電池も回収できます。

**お願い**
**発火防止のため、右のイラストのように電極にビニールテープを貼ってください。**

**出し方**

■お近くの区役所や市民センターの回収ボックスへ。

**注意事項**

①製品は壊れていても構いません。
②個人情報のあるものは、あらかじめ消去してください。
③小型電子機器は回収ボックスの投入口（25㎝×8.5㎝）に入るものが対象になります。
④取り外し可能な電池は除いてください。
⑤電池類は絶縁処理をお願いします。

※回収する製品としてイラストようなものをイメージしています。また、付属品（リモコン、アダプター）も引き続き回収します。

## 回収ボックス設置場所

| 区 | 設置場所 |
|---|---|
| 門司区 | 門司区役所 |
| | 丸山市民センター |
| | 大里南市民センター |
| | 白野江市民センター |
| | 東郷市民センター |
| | 老松市民センター |
| | 小森江東市民センター |
| | 大里東市民センター |
| | 大里柳市民センター |
| | 田野浦市民センター |
| | 藤松市民センター |
| | 松ヶ江北市民センター |

| 区 | 設置場所 |
|---|---|
| 小倉北区 | 北九州市役所 |
| | 小倉北区役所 |
| | 中井市民センター |
| | 西小倉市民センター |
| | 清水市民センター |
| | 南小倉市民センター |
| | 貴船市民センター |
| | 足立市民センター |
| | 霧丘市民センター |
| | 井堀市民センター |
| | 桜丘市民センター |
| | 寿山市民センター |
| | 富野市民センター |

| 区 | 設置場所 | |
|---|---|---|
| 小倉南区 | 小倉南区役所 | 曽根東市民センター |
| | 北九州市立大学（北方キャンパス） | 曽根市民センター |
| | 徳力市民センター | 朽網市民センター |
| | 広徳市民センター | 長行市民センター |
| | 志井市民センター | 企救丘市民センター |
| | 東谷市民センター | 北方市民センター |
| | 湯川市民センター | 東朽網市民センター |
| | 貫市民センター | 守恒市民センター |
| | 田原市民センター | 若園市民センター |
| | 高蔵市民センター | |

| 区 | 設置場所 |
|---|---|
| 若松区 | 若松区役所 |
| | 青葉市民センター |
| | 藤ノ木市民センター |
| | 赤崎市民センター |
| | 古前市民センター |
| | 高須市民センター |
| | 二島市民センター |

| 区 | 設置場所 |
|---|---|
| 八幡東区 | 八幡東区役所 |
| | 尾倉市民センター |
| | 枝光北市民センター |
| | 枝光市民センター |
| | 大蔵市民センター |
| | 祝町市民センター |
| | 槻田市民センター |
| | 平野市民センター |

| 区 | 設置場所 | | |
|---|---|---|---|
| 八幡西区 | 八幡西区役所 | 永犬丸市民センター | 黒畑市民センター |
| | 折尾西市民センター | 香月市民センター | 黒崎市民センター |
| | 光貞市民センター | 楠橋市民センター | 赤坂市民センター |
| | 折尾東市民センター | 青山市民センター | 医生丘市民センター |
| | 本城市民センター | 大原市民センター | 上津役市民センター |
| | 八枝市民センター | 池田市民センター | 塔野市民センター |
| | 陣原市民センター | 筒井市民センター | 中尾市民センター |
| | 竹末市民センター | 熊西市民センター | 引野市民センター |

| 区 | 設置場所 |
|---|---|
| 戸畑区 | 戸畑区役所 |
| | 牧山東市民センター |
| | 大谷市民センター |
| | 沢見市民センター |
| | 三六市民センター |

●問い合わせ先：　環境局循環社会推進課　☎093-582-2187

（2023年7月現在）

# 廃食用油の回収

回収された使用済み食用油はバイオディーゼル燃料（BDF）やバイオマス発電の燃料にリサイクルされています。ごみのリサイクルと同時に、植物由来の燃料を利用することによる地球温暖化対策、限りある資源である石油の使用量削減に繋がります。

**回収対象**　**植物性油のみ（大豆油、菜種油、キャノーラ油、コーン油、米油、べに花油、ごま油、オリーブ油、ひまわり油など）**

**※ エンジンオイルなどの鉱物油、ラードなどの動物性油は回収の対象外です。**

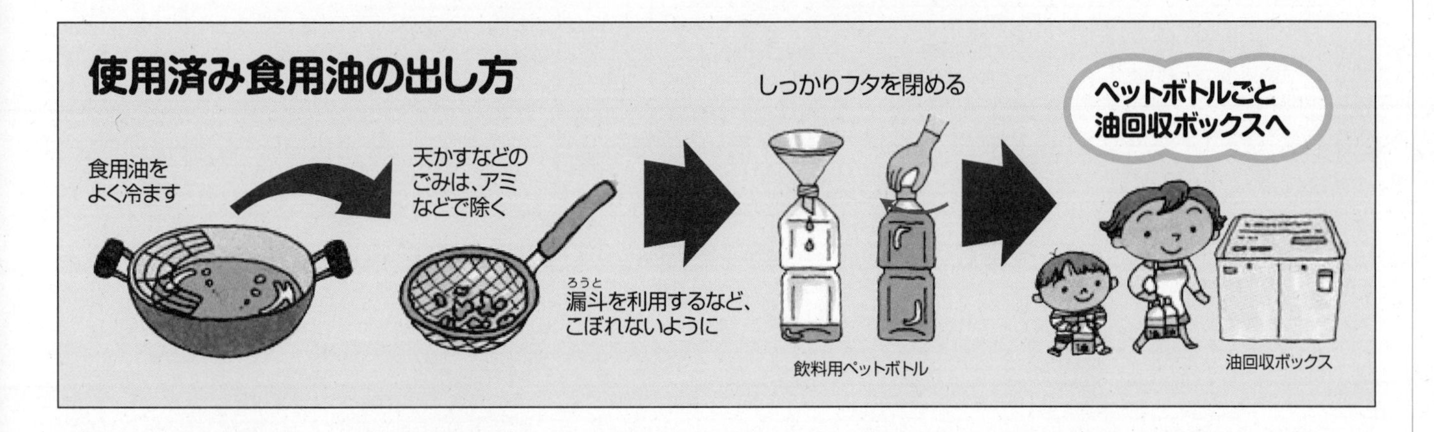


## 使用済み食用油回収ボックス設置場所

※設置場所によって、持ち込み可能容器の種類が異なりますので、ご注意ください。

| 門司区 |
|---|
| マックスバリュ門司西店 |
| ハローデイ門司港店 |
| 清見市民センター |
| 庄司公民館 |
| 田野浦市民センター |
| 東郷市民センター |
| 藤松市民センター |
| 松ヶ江南市民センター |
| 白野江市民センター |

| 小倉北区 | |
|---|---|
| サンリブ朝日ヶ丘店 | 中島市民センター |
| マックスバリュ小倉愛宕店 | 泉台市民センター |
| スピナマート大手町店 | 日明市民センター |
| サンリブ到津店 | 足立市民センター |
| マルショク富野店 | 西小倉市民センター |
| マルショク重住店 | 南小倉市民センター |
| 霧丘市民センター | |

| 小倉南区 | |
|---|---|
| サンリブシティ小倉 | 両谷市民センター |
| ゆめマート曽根店 | 若園市民センター |
| ハローデイ貫店 | 朽網市民センター |
| ハローデイ横代店 | 曽根市民センター |
| 長尾市民センター | 曽根東市民センター |
| 北方市民センター | 高蔵市民センター |
| 沼市民センター | 田原市民センター |

| 若松区 |
|---|
| サンリブ高須店 |
| イオン若松店 |
| サンリブ若松店 |
| 島郷市民センター |
| 藤ノ木市民センター |

| 八幡西区 | | |
|---|---|---|
| マックスバリュ上の原店 | 医生丘市民センター | 青山市民センター |
| ゆめマート香月西店 | 永犬丸市民センター | 香月市民センター |
| ハローデイ下上津役店 | 塔野市民センター | 熊西市民センター |
| スピナマート穴生店 | 星ヶ丘市民センター | 黒畑市民センター |
| マックスバリュ本城店 | 光貞市民センター | 黒崎市民センター |
| マックスバリュ真名子店 | 上津役市民センター | 陣原市民センター |
| イオンタウン黒崎 | 中尾市民センター | 竹末市民センター |
| 穴生市民センター | 則松市民センター | 筒井市民センター |

| 戸畑区 |
|---|
| イオン戸畑店 |
| セブンイレブン天籟寺店 * |
| スピナマート鞘ヶ谷店 |
| 一枝市民センター |
| 牧山東市民センター |

| 八幡東区 |
|---|
| イオン八幡東店 |
| 高槻市民センター |
| 祝町市民センター |
| 枝光市民センター |
| 枝光北市民センター |
| 大蔵市民センター |

＊500mℓペットボトルのみ持ち込み可能施設です。

●問い合わせ先：環境局循環社会推進課 ☎093-582-2187

（2023年7月現在）

# 北九州市域の温室効果ガス総排出量

## 北九州市の温室効果ガス排出量内訳（部門別）

（単位：千トン-$CO_2$）

| 区分 | | 2013（平成25）年度 | 2015（平成27）年度 | 2016（平成28）年度 | 2017（平成29）年度 | 2018（平成30）年度 | 2019（令和元）年度 | [前年度比] 増減量 | [前年度比] 増減率 | [H25年度比] 増減量 | [H25年度比] 増減率 | 2019（令和元）構成比 |
|---|---|---|---|---|---|---|---|---|---|---|---|---|
| 二酸化炭素 | 家庭部門 | 1,454 | 1,147 | 1,078 | 1,067 | 767 | 718 | ▲49 | ▲6.4% | ▲736 | ▲50.6% | 4.9% |
| | 業務部門 | 1,535 | 1,446 | 1,174 | 1,093 | 989 | 1,033 | +44 | +4.5% | ▲502 | ▲32.7% | 7.0% |
| | 運輸部門 | 1,968 | 1,695 | 1,700 | 1,675 | 1,676 | 1,661 | ▲15 | ▲0.9% | ▲307 | ▲15.6% | 11.2% |
| | 産業部門 | 11,661 | 12,010 | 10,030 | 10,056 | 9,788 | 9,477 | ▲311 | ▲3.2% | ▲2,183 | ▲18.7% | 64.1% |
| | エネルギー転換部門 | 406 | 412 | 444 | 433 | 377 | 425 | +48 | +12.9% | +19 | +4.6% | 2.9% |
| | 工業プロセス | 1,010 | 965 | 948 | 888 | 887 | 866 | ▲20 | ▲2.3% | ▲144 | ▲14.2% | 5.9% |
| | 廃棄物 | 319 | 318 | 341 | 312 | 302 | 286 | ▲16 | ▲5.4% | ▲33 | ▲10.3% | 1.9% |
| 二酸化炭素合計 | | 18,352 | 17,992 | 15,713 | 15,523 | 14,786 | 14,466 | ▲320 | ▲2.2% | ▲3,886 | ▲21.2% | 97.8% |
| メタン | | 27 | 27 | 27 | 26 | 26 | 26 | ▲1 | ▲2.0% | ▲1 | ▲5.5% | 0.2% |
| 一酸化二窒素 | | 45 | 43 | 43 | 42 | 42 | 42 | +0 | +0.2% | ▲3 | ▲7.2% | 0.3% |
| フロンガス等 | | 167 | 201 | 217 | 228 | 238 | 250 | +12 | +5.2% | +83 | +50.0% | 1.7% |
| 温室効果ガス合計 | | 18,592 | 18,263 | 16,000 | 15,819 | 15,092 | 14,784 | ▲308 | ▲2.0% | ▲3,807 | ▲20.5% | 100.0% |

（注：1）端数処理により合計が一致しない場合がある。

※令和5年3月時点のものであり推計に用いている各種統計データの見直し等により、今後数値が変更される場合がある

| 部門 | | 対象施設など |
|---|---|---|
| エネルギー起源二酸化炭素（$CO_2$） | 家庭 | 一般家庭（暮らし） |
| | 業務 | 事務所（オフィス）、ホテル、小売店、病院など |
| | 運輸 | 自動車、鉄道、船舶、航空機 |
| | 産業 | 農林水産業、工業、建設業、製造業 |
| | エネルギー転換 | 電気、ガス事業者の製造過程で使用される自家消費分 |
| 非エネルギー起源二酸化炭素（$CO_2$） | 工業プロセス | 窯業、化学工業、鉄鋼業など |
| | 廃棄物 | 廃棄物であるプラスチック類の焼却に係る物 |
| メタン（$CH_4$） | | 水田や廃棄物処分場での嫌気性発酵などで発生 |
| 一酸化二窒素（$N_2O$） | | 化石燃料の使用や、一部の化学原料製造過程や家畜排泄物の分解過程で発生 |
| フロンガス等（HFCs、PFCs、$SF_6$、$NF_3$） | | 冷凍機器の冷媒や断熱材等に使用（HFCs）、半導体製造工程等で使用（PFCs）、電気絶縁ガス等に使用（$SF_6$）、半導体製造工程のドライエッチング材に使用（$NF_3$） |

### 北九州市および全国の温室効果ガス排出状況

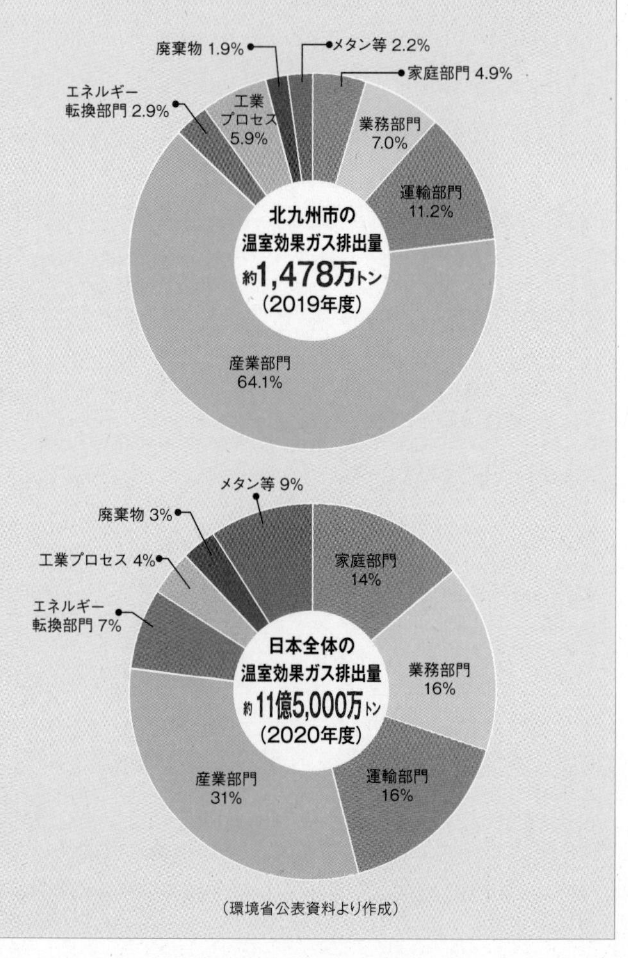


（環境省公表資料より作成）

# 小倉都心部の脱炭素まちづくり

「脱炭素のまちを感じる」
「にぎわいづくり・顔づくり」

## 1 北九州の玄関・顔づくり

あさの汐風公園

JR小倉駅南口太陽光発電ルーフ

## 2 人が行き交う動線づくり

勝山橋太陽光発電ルーフ

魚町エコルーフ

## 3 エコにこだわるライフスタイルづくり

アルモニーサンク北九州ソレイユホールの屋上緑化

電気自動車充電設備の整備

市役所本庁舎への太陽光発電導入

## 4 エコが学べる都心づくり

紫川水上ステージへの太陽光発電導入

勝山公園グリーンエコハウス

《凡例》

太陽光発電（パネル・ルーフ等）

LED照明

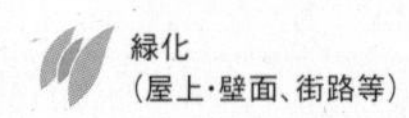
緑化（屋上・壁面、街路等）

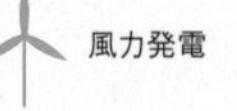
風力発電

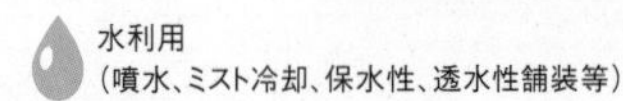
水利用（噴水、ミスト冷却、保水性、透水性舗装等）

# 2050年の脱炭素社会のイメージ

北九州市が2050年に描く「快適で災害にも強く、誰もが暮らしやすいまち」のイメージです。市民・事業者とイメージを共有しながら取り組んでいきます。

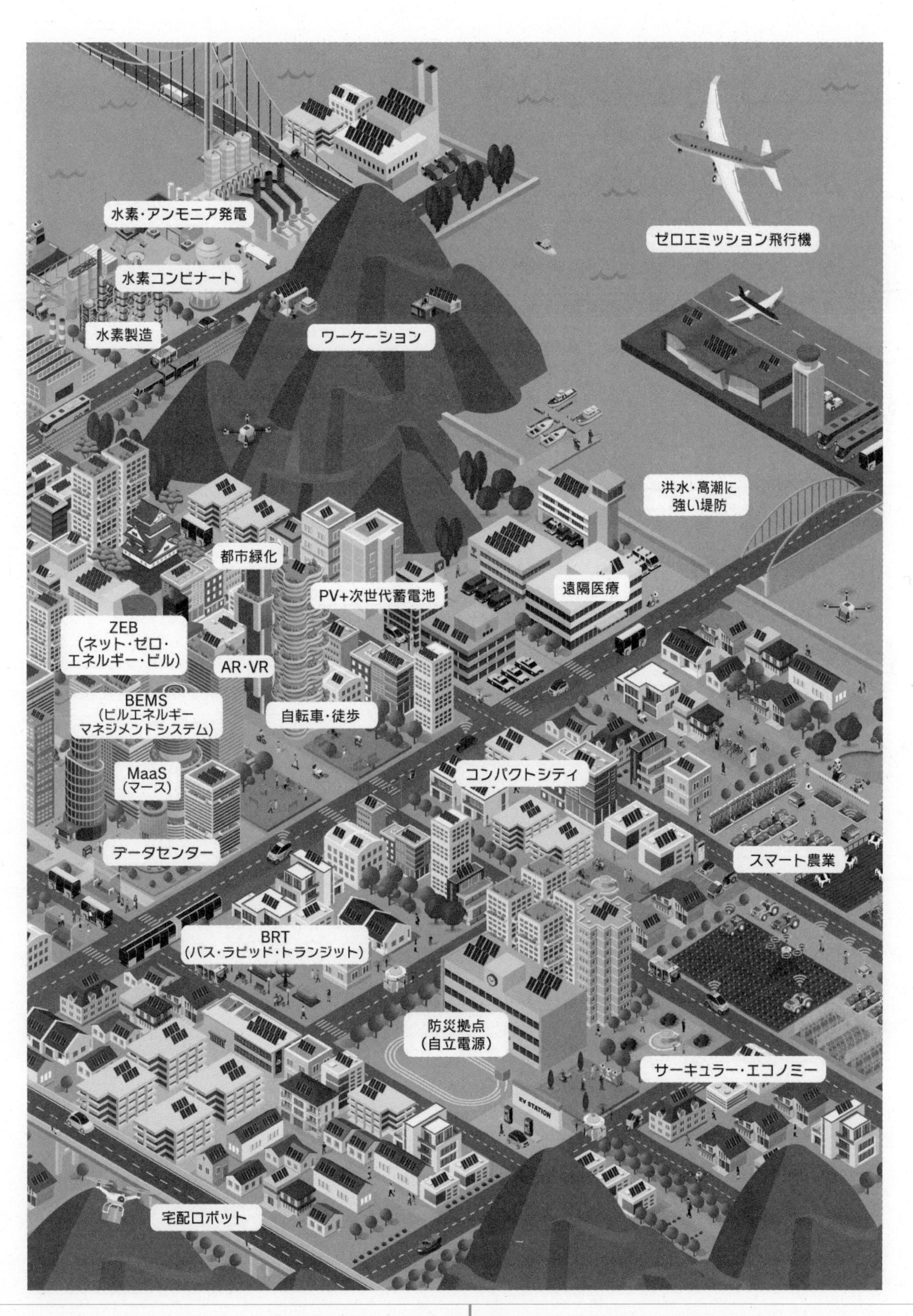
水素・アンモニア発電
水素コンビナート
水素製造
ワーケーション
ゼロエミッション飛行機
洪水・高潮に
強い堤防
都市緑化
PV+次世代蓄電池
遠隔医療
ZEB
(ネット・ゼロ・
エネルギー・ビル)
AR・VR
BEMS
(ビルエネルギー
マネジメントシステム)
自転車・徒歩
MaaS
(マース)
コンパクトシティ
データセンター
スマート農業
BRT
(バス・ラピッド・トランジット)
防災拠点
(自立電源)
サーキュラー・エコノミー
宅配ロボット

# 環境マスコットキャラクター“ていたん&ブラックていたん”

北九州市は、２０１１（平成２３）年に市民の環境意識の向上、市外への本市の環境への取り組みの広報を目的とした、親しみやすく愛着の持てる環境マスコットキャラクターを公募により決定しました。

| | ていたん | ブラックていたん |
|---|---|---|
| 出身地 | 北極 | 北九州市 |
| 特徴 | 鼻と口で「エコ」を表し、首には市の花「ひまわり」がワンポイント入ったバンダナを巻いている。 | 当初は鼻と口が「エゴ」になった、ちょっとわがままで自己中心的なキャラクターだったが、環境首都検定で合格点を取ったので、平成２８年２月に「エゴ」→「エコ」に変わった。 |
| モチーフ | 白クマ（北極グマ） | 普通のクマ（黒いクマ） |
| 性格 | のんびり屋さん。<br>でも正義感は強い。 | ちょっぴりわがまま。<br>くまモンに間違われることが悩み事。 |
| 年齢・性別 | 人間でいうと5才くらいの男の子 | ていたんと同い年の男の子 |
| 誕生日 | 7月7日 | 10月1日 |
| 得意／苦手なこと | 得意なこと…エコ活動<br>苦手なこと…走ること | 得意なこと…足じゃんけん<br>苦手なこと…後片づけ |
| 好きな食べ物／好きな色 | 好物…小倉発祥のB級グルメ焼きうどん<br>好きな色…緑色（バンダナの色） | 好物…ブラックコーヒー<br>好きな色…紫色（バンダナの色） |

2022（令和4）年には“ていたん&ブラックていたん”を「カーボンニュートラル広報大使」に任命しました。イベントやSNSなどを通じて市民の皆様に、カーボンニュートラル社会の実現へ向けたPR活動を行っていきます。

ていたんTwitter
フォローしてね！

# 環境ラベル

商品（製品やサービス）の環境に関する情報を、製品やパッケージ、広告などを通じて、消費者に伝えるものを環境ラベルといいます。環境ラベルは法律で義務付けられたものではなく、環境志向の消費者と市場メカニズムとのバランスから企業が任意に付けているものです。

したがって消費者が商品を選択する際に品質やデザイン、価格などとともに環境の情報も必須情報として位置づけることで、市場には今までとは違う力が働き、企業活動や社会を環境配慮型に変えるという大きな力となります。

## 《環境物品を選ぶ際に参考となる環境ラベル》

エコマーク（公益財団法人日本環境協会）：ライフサイクル全体を考慮して環境保全に資する商品を認定し、表示する制度です。

R100 古紙パルプ配合率100％再生紙を使用

再生紙使用マーク（現3R活動推進フォーラム）：古紙パルプ配合率を示す自主的なマークです。古紙パルプ配合率100％再生紙を使用しています。

グリーンマーク（公益財団法人古紙再生促進センター）：原料に古紙を規定の割合以上利用していることを示すグリーンマークを古紙利用製品に表示することにより、古紙の利用を拡大し、紙のリサイクルの促進を図ることを目的としています。

牛乳パック再利用マーク（牛乳パック再利用マーク普及促進協議会、全国牛乳パックの再利用を考える連絡会）：使用済み牛乳パックを原料として使用した商品につけられるマークです。

間伐材マーク（全国森林組合連合会）：間伐材を用いた製品に表示することが出来るマークです。

PETボトルリサイクル推奨マーク（PETボトル協議会）：使用済みPETボトルのリサイクル品を使用した商品につけられるマークです。

統一省エネラベル（経済産業省）：省エネ法に基づき、小売事業者が省エネ性能の評価や省エネラベル等を表示する制度です。

燃費基準達成車ステッカー（国土交通省）：省エネ法で定める燃費目標基準値以上の燃費の良い自動車については、ステッカーを自動車の見やすい位置に貼付。

低排出ガス車認定（国土交通省）：自動車の排出ガス低減レベルを示すもので、自動車製作者の申請に基づき国土交通省が認定している制度です。

省エネラベリング制度（経済産業省）：省エネ法により定められた省エネ基準をどの程度達成しているかを表示する制度です。

## 《識別表示マーク》

「資源の有効な利用の促進に関する法律（資源有効利用促進法）」に基づいて表示される、分別回収を促進するためのマークです。この法律で指定表示製品に指定されているアルミ缶、スチール缶、PETボトル、紙製容器包装、プラスチック製容器包装、小形二次電池、塩化ビニル製建設資材については、消費者が容易に分別できるよう、材質や成分その他分別回収に必要な事項を、マークなどの決められた様式で表示することが義務付けられています。

アルミ缶（公益社団法人食品容器環境美化協会）

スチール缶（公益社団法人食品容器環境美化協会）

PETボトル（PETボトルリサイクル推進協議会）

紙製容器包装（紙製容器包装リサイクル推進協議会）

プラスチック製容器包装（プラスチック容器包装リサイクル推進協議会）

## 《その他のマーク》

法的な表示義務はありませんが、リユース・リサイクルを進めるために事業者団体等が製品の素材や回収ルートがあることを表示するマークがあります。

紙パックマーク（飲料用紙容器リサイクル協議会）

18リットル缶リサイクル推進マーク（全国18リットル缶工業組合連合会）

一般缶材質表示マーク（全日本一般缶工業団体連合会）

段ボールのリサイクル推進シンボル（段ボールリサイクル協議会）

ガラスびんリターナブルマーク（日本ガラスびん協会）

モバイル・リサイクル・ネットワーク（一般社団法人電気通信事業者協会・情報通信ネットワーク産業協会）

（出典：環境省「環境ラベル等データベース」）

# カネミ油症とは

## カネミ油症とは

1968（昭和43）年に福岡県、長崎県を中心とした西日本において発生した食中毒で、原因は、北九州市で操業するカネミ倉庫株式会社が製造した食用油（米ぬか油）を摂取したことによるものでした。

カネミ倉庫株式会社では米ぬか油を製造するとき、脱臭工程で鐘淵化学工業株式会社（現株式会社カネカ）製の熱媒体「カネクロール（PCB）」を使用していましたが、従業員のミスで加熱されたPCBが製品中に混入したことが原因でした。

この製品は、主に福岡県と長崎県福江市（現・五島市）で販売されました。油症の症状は、吹き出物、色素沈着、目やになどの皮膚症状のほか、全身倦怠感、しびれ感、食欲不振など多様で、母親から赤ちゃんにも影響が現れました。こうした症状が改善するには長い時間がかかり、50年が経過した現在も症状が続いている方々が多くいます。

## 北九州市や国の取り組み

北九州市は、カネミ油症が起きて以来、国や県、九州大学と連携して、原因究明や被害拡大防止に努め、カネミ倉庫株式会社に対しては、食品衛生法に基づき、行政処分を行いました。

2012（平成24）年には、「カネミ油症患者に関する施策の総合的な推進に関する法律」が制定され、カネミ油症の症状の改善などの研究やさまざまな施策が進められています。

## カネミ油症を契機として

カネミ油症を契機として、1972（昭和47）年に、国内でのPCBの製造・販売が中止され、1974（昭和49）年には製造、輸入および新たな使用が禁止されました。

国際的にも2001（平成13）年に、ストックホルム条約が締結され、2028年までに世界中のPCBをすべて廃棄することが決まっています。

**PCB（ポリ塩化ビフェニル）とは**

PCBは絶縁性、耐久性に優れ、水に溶けないなどの特長を持つ合成化合物で、当時、さまざまな工業用品などに使用されていました。しかし、PCBやPCBを熱すると生じるダイオキシン類は強い毒性を持ち、多量に摂取すると人体に悪影響を与えます。

**【主な経過】**

**1954年4月**
鐘淵化学工業株式会社（現株式会社カネカ）がカネクロール（PCB）の製造を開始。

**1961年**
カネミ倉庫株式会社、米ぬか油の製造を開始。

**1968年2月〜3月**
西日本各地で約49万羽ものニワトリのヒナが大量死した。

**1968年11月**
九州大学油症研究班が米ぬか油からPCBを検出と発表。

**1973年10月**
「化学物質の審査および製造などの規制に関する法律」が成立。カネミ油症を契機に制定され、新規製造・輸入の化学物質の事前審査を制度化し、人への健康被害の未然防止を目的とした。

**2008年**
油症ダイオキシン研究診療センターがカネミ食用油による食中毒事件の治療法開発の推進と、発症の因果関係の解明に向けた研究を推進する研究診療拠点として設立。

**2012年9月**
「カネミ油症患者に関する施策の総合的な推進に関する法律」が成立。

# 節電のすすめ

日本のエネルギー消費量の動向をみると、民生部門*1が全体の3割も占めています(☞資料-1)。その要因として、世帯数の増加とともに、エアコンなどさまざまな家電製品が普及してきたことが考えられます。私たち一人ひとりが、それぞれの暮らしを見直し節電に取り組むことで、国全体のエネルギー消費量を抑えることにつながります。

## (1)家電製品のかしこい利用

家庭において家電の消費電力の割合は多く、エアコン、冷蔵庫、照明器具、テレビの4つだけで、家庭の消費電力の5割近くを占めるとされています(☞資料-2)。家庭で使用する電力を減らすには、まず使用する家電の利用を見直し、控えていくことが効果的です。

体感温度を決めるのは、気温、湿度、気流です。エアコンの設定温度を1°C変えると消費電力は1割違います。さらに、扇風機を併用すると空気が循環して節電に効果的です。これは、冷房だけでなく暖房にも応用できます。他にもいろいろな節電方法*2があります。

## (2)住まいの工夫

冷暖房のエネルギーを節約するのに効果的なのは、「遮熱・断熱」です。「空気層の入った二重窓ガラス」や断熱効果の高い外壁を用いることで、エアコンの使用が抑えられます。また、冬は太陽光を取り入れ、夏は屋上緑化や緑のカーテン、すだれの利用で太陽を遮り、打ち水などで涼を楽しむ工夫もあります。そのほか、風や太陽・地中の熱などの自然エネルギーの活用も効果的です。

## (3)夏は軽装、冬は重ね着で

北九州市では、地球温暖化対策と資源の節約のため、クールビズ、ウォームビズを推進しています。夏は、2005(平成17)年から「クールビズ」を実施しており、冷房時に室温28℃設定と軽装化の取り組みを北九州商工会議所と連携しながら、事業者や市民の方に協力を呼びかけています(実施期間:4月1日~10月31日)。また、冬は「ウォームビズ」を2008(平成20)年から実施しており、暖房時に室温20℃(市の主要施設、北九州商工会議所は19℃)に設定するよう呼びかけています(実施期間:11月1日~3月31日)。

(*1)民生部門:家庭部門と業務部門の2部門から構成され、家庭部門は、自家用自動車などの運輸関係を除く家庭消費部門でのエネルギー消費を対象とし、業務部門は企業の管理部門など、事務所・ビル、ホテル、百貨店などの第三次産業などにおけるエネルギー消費を対象としています。

(*2)家庭でできる色々な節電方法:

- テレビやパソコンの電源を小まめに切る。
- 長く使わないときは、コンセントを抜く(消費電力に占める割合が6%といわれる待機電力を減らす)。
- 洗濯機や乾燥機、食器洗い乾燥機などは、「まとめて使用」して、運転回数を減らす。
- 白熱電球や蛍光灯を発光ダイオード(LED)電球に替える。
- 消費電力が大きな家電を買い換える際に、最新の省エネ型機器に買い換えることにより、消費電力が10年前と比べてエアコン約7%、冷蔵庫約47%削減できる。

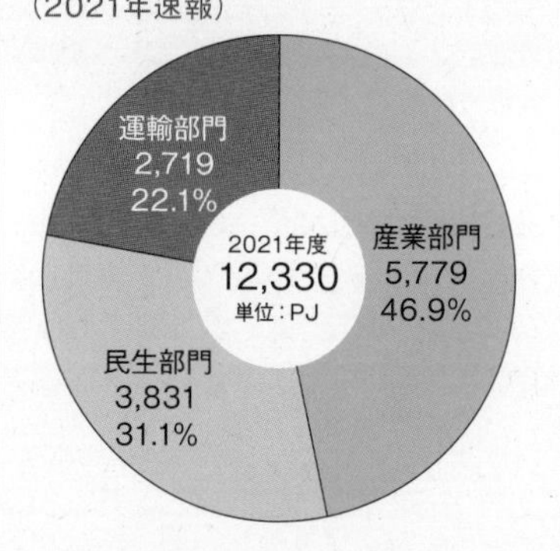

資料-1

**部門別最終エネルギー消費**

(2021年速報)

2021年度 12,330 単位:PJ

| | | |
|---|---|---|
| 産業部門 | 5,779 | 46.9% |
| 民生部門 | 3,831 | 31.1% |
| 運輸部門 | 2,719 | 22.1% |

資料-2

**家庭における機器別エネルギー消費量の内訳**

(夏季の19時頃)

| | |
|---|---|
| エアコン | 38.3% |
| 冷蔵庫 | 12.0% |
| 照明 | 14.9% |
| 給湯 | 3.1% |
| 炊事 | 7.8% |
| 洗濯機・乾燥機 | 1.8% |
| 温水便座 | 0.3% |
| テレビ・DVD | 8.2% |
| パソコン・ルーター | 0.7% |
| 待機電力 | 4.0% |
| 他 | 8.8% |

(冬季の1日)本州・四国・九州・

| | |
|---|---|
| 暖房 | 32.7% |
| エアコン | 17.0% |
| 電気カーペット | 1.8% |
| 電気ストーブ | 3.8% |
| こたつ | 2.1% |
| その他 | 8.0% |
| 冷蔵庫 | 14.9% |
| 照明 | 9.2% |
| 給湯 | 12.6% |
| 炊事 | 7.8% |
| 洗濯機・乾燥機 | 2.2% |
| 温水便座 | 0.6% |
| テレビ・DVD | 4.2% |
| パソコン・ルーター | 0.9% |
| 待機電力 | 5.5% |
| 他 | 9.4% |

(資料-1、資料-2の出典:資源エネルギー庁)

# 用語解説

## あ

### アイドリングストップ
信号待ち、荷物の上げ下ろし、短時間の買い物などの駐停車の時に、自動車のエンジンを停止させること。そうした行動を推奨する運動をさす概念としても用いられます。エネルギー使用の低減、大気汚染物質や温室効果ガスの排出抑制を主な目的とし、アイドリングストップ運動という場合もあります。

### 赤潮
海中の、ある種のプランクトンが一時に増え、海水を変色させる現象をいいます。赤潮発生のメカニズムはいまだ完全には究明されていませんが、海水中の窒素、燐などの塩類濃度、自然条件の諸要因が相互に関連して発生すると考えられています。

### 悪臭
不快な臭いです。悪臭防止法では、アンモニアなど22物質が規制の対象となっています。規制物質以外の悪臭による苦情も多いです。

### アジェンダ21
21世紀に向け持続可能な開発を実現するために各国および国際機関が実行すべき行動計画のことです。1992（平成4）年6月にブラジルのリオ・デ・ジャネイロで開催された国際会議（通称：地球サミット）で採択されました。

### アスベスト
石綿ともいわれます。天然に存在する繊維状の鉱物の総称で、軟らかく、耐熱・耐摩擦性、防音性に優れているため、建築材、ボイラー暖房パイプの被覆、自動車のブレーキなどに広く利用されてきましたが、長時間暴露することにより、石綿肺、肺がんや悪性中皮腫の疾患が発生するといわれており、規制が進められてきました。

### 暗騒音
特定の騒音を対象とする場合に、対象とする騒音がないときのその場所における騒音を、対象の騒音に対して暗騒音といいます。

## い

### 硫黄酸化物（SOx）
重油などの燃料に含まれているいおう分が、燃焼して発生するガス。代表的なものには、二酸化いおう（$SO_2$：亜硫酸ガス）と三酸化いおう（$SO_3$：無水硫酸）があります。無色で刺激性が強く、呼吸器系統に悪影響を与えます。

### 一酸化炭素（CO）
自動車の排ガス中に含まれ、無色無臭、血液中のヘモグロビンと結合し酸素の供給能力を阻害し、中枢神経のマヒや貧血症を起こします。

### 一般廃棄物
不要となった固体状あるいは液状のもので産業廃棄物以外のものをいいます。一般家庭やオフィスビルなどからでるごみ、し尿などが該当します。一般家庭から出るものを家庭系一般廃棄物、事業所などから出るものを事業系一般廃棄物といいます。

### 移入種（外来種）
生物学の用語としては、人為に限らず何らかの理由で対象とする地域や個体群の中に外部から入り込んだ個体の種を指しますが、一般的には人為により自然分布域の外から持ち込まれた種をいいます。自然に分布するものと同種であっても他の地域個体群から持ち込まれた場合も含まれます。「外来種」とほぼ同義語ですが、「外来種」は海外から日本国内に持ち込まれた種に対して使われることが多いです。移入種（外来種）は在来の生物種や生態系にさまざまな影響を及ぼします。最近では、移入種問題は、生物多様性の保全上、最も重要な課題の一つとされ、地球レベルでは生物多様性条約の枠組みの中で対策が検討されています。

### インセンティブ
意欲を引き出すために外部から与える刺激・誘因。奨励金、報奨金、優遇措置などをいいます。

## う

### ウインドファーム
風力発電設備である風車を集中的に設置した発電施設。このうち海洋に設置されたものは洋上ウインドファームと呼ばれています。

### 上乗せ基準
大気汚染防止法（昭和43年法律第97号）または水質汚濁防止法（昭和45年法律第138号）の規定に基づき、煤煙または排出水の排出の規制に関し、総理府令で定める全国一律の排出基準または排水基準にかえて適用するものとして、都道府県が条例で定めた、より厳しい排出基準または排水基準です。

## え

### 液化天然ガス（LNG）
天然に産するガスを－160℃に冷却して液化したものです。主成分はメタンであり、クリーンエネルギーとして使用されています。

### エコアクション21（EA21）
環境省の定めたガイドラインにより、環境負荷の逓減に取り組む事業者を、第三者が評価・認証する制度です。

### エコロンビナート
産業間でエネルギーや副産物（廃棄物）を相互に利用したり、エネルギーなどを生活圏と連携して有効活用したりすることにより、エネルギーや資源の利用を「工場内最適化」から「地域最適化」へ広げ、さらには、都市レベルで資源・エネルギーの消費量を極小化するための構想です。

### エコタウン
循環型社会の構築を目指し、地域の産業蓄積を活かした「環境産業の育成」と、「廃棄物の発生抑制・リサイクル」の推進により、地方自治体が主体となり、産学官と連携して先進的な環境調和型まちづくりを目指す取り組みです。

### エコツアー
自然に触れながら、そこに生きる動植物の生態を学び、自然を大切にしようという気持ちを育てる新しい旅行の形態。自然保護と観光の両立をはかる、新しい取り組みとして注目されています。

### エコデザイン
原材料の採取から生産、使用、リサイクル、最終処分という製品のライフサイクルにおけるすべての段階で環境効率を飛躍的に高めようという設計や生産技術をいいます。

### エコドライブ
無駄なアイドリングや空ぶかし、急発進、急加速、急ブレーキをやめるなど、車を運転する上で容易に実施できる環境対策のことです。二酸化炭素（$CO_2$）や排ガスの防止に有効で、燃料節約による経費節約が可能となります。

### エコプレミアム
「エコ」と「プレミアム」を組み合わせた造語で、環境負荷が小さいことを新しい付加価値としてとらえた商品や技術、産業活動を指します。

### エネルギーセキュリティ
政治、経済、社会情勢の変化に過度に左右されずに、国民生活に支障を与えない量を適正な価格で安定的に供給できるように、エネルギーを確保することです。

### エネルギーマネジメントシステム（EMS）

エネルギーが効率的に使用されるよう管理し、エネルギー利用の最適化を図っていく技術のことです。
HEMSは、家庭のエネルギー管理システムを表し、略語の頭につく「H」はハウスの略です。同様にBEMSの「B」はビルディングの略で、ビルなどの建築物におけるエネルギー管理システムを指します。

### 煙道排ガス測定
大気汚染物質の排出基準適合状況を把握するため、煙突などで、SOx、NOx、ばいじん、有害物質などを測定します。事業者には測定が義務づけられていて、市も定期的に、立入測定を行っています。

## お

### 屋上緑化
ビルなどの建物の屋上に芝生などを施すことで、屋上からの放熱を抑え、夏場の気温の上昇を抑制させる取り組み。

### オゾン層の破壊
地球上のオゾン（$O_3$）の大部分は成層圏に存在し、オゾン層と呼ばれています。オゾン層は太陽光に含まれる有害な紫外線の大部分を吸収し、地球上の生物を守っています。近年、フロンなどの人工化学物質によって破壊され、その結果、有害紫外線の地表面への到達量が増大し、皮膚(ふ)がんが増えるなどの健康被害や生態系への悪影響がもたらされています。

### 温室効果ガス
温室効果をもたらす大気中に拡散された気体のこと。京都議定書で温暖化防止のため$CO_2$、メタンなどが削減対象の温室効果ガスと定められました。

## か

### カーエレクトロニクス
自動車の各機構部分の操作を電子的に制御する技術。近年、カーナビや追突防止装置、燃料制御などさまざまな分野で電子制御が広がっています。

### カーシェアリング
ひとつの車を共同で利用することです。省エネ推進の手段の一つで、1980年代の後半に交通問題解消と環境保護運動の一環としてスイスで考案され、1990年代に入ってから欧州で急速に普及しました。

### カーボンオフセット
日常生活や経済活動において避けることができない二酸化炭素などの温室効果ガスの排出について、①まずできるだけ排出量が減るよう削減努力を行い、②どうしても排出される温室効果ガスについてその排出量を見積り、③排出量に見合った温室効果ガスの削減活動に投資することなどにより、排出される温室効果ガスを埋め合わせることです。

### 海岸保全施設
堤防・護岸、突堤、離岸堤、人工リーフ（潜堤）、消波工、海浜など、海水の浸入または海水による浸食を防ぐための施設。

### ガイドライン
政策・施策などの指針や手引きのことです。

### 外部給電
車両の電気を家庭用電源に変換して使用することができる機能。燃料電池自動車では、燃料満充填から一般家庭の使用する電力の約7日分の電力が供給可能で、災害時の非常用電源として期待されています。

### 界面活性剤
2つの性質の異なる物質の境界を界面といいます。界面活性剤は、界面の性質を変える物質のことです。石けんは、界面活性剤としての働きで、水と油の界面に働き、水と油を混じり合わせ、汚れを浮かび上がらせます。

### 外来種（移入種）→【い】

### 化石燃料
動物や植物の死骸が地中に堆積(たい)し、長い年月の間に変成してできた有機物の燃料のことで、主に、石炭、石油、天然ガスなどが該当します。

### 風レンズ風車
九州大学が研究・開発した風力発電システムです。ローター（はね）を「つば」のついたディフーザ（覆い）で覆うことにより、通常のローターだけの風力発電の2～5倍の発電量が得られます。

### 河川愛護活動
河川の清掃や花の植栽などを行い、河川とその周りの環境を美しく保とうという活動です。

### 褐炭
水分や不純物を多く含む、品質の低い石炭のことです。

### 環境アセスメント（環境影響評価）
大規模な事業や計画、政策などの人間行為が環境に及ぼす影響をあらかじめ予測・評価し、望ましくない影響を回避・低減するための、事業者による自主的環境配慮をうながすための制度をいいます。

### 環境カウンセラー
市民活動や事業活動の中での環境保全に関する専門的知識や豊富な経験を有し、その知見や経験に基づき市民やNGO、事業者などの環境保全活動に対する助言など（環境カウンセリング）を行う人材として、環境カウンセラー登録制度実施規定に基づき、環境省の行う審査を経て登録された専門家のことです。

### 環境家計簿
地球温暖化防止のために、身近にできることの一つとして、各自治体などが推進しています。電気・ガス・水道などの使用量やゴミの量などを月単位で記入することで、家庭からの二酸化炭素の排出量が算出でき、それを減らすことで、温暖化防止とともに、家計の無駄や浪費もチェックできるようになっています。

### 環境基準
人の健康を保護し、生活環境を保全するうえで維持されることが望ましい基準のことです。環境基本法（1993年）の第16条に基づいて、国が定める環境保全行政上の目標です。

### 環境金融
環境への配慮を前提とした金融経済のことです。より良い社会の実現に貢献したいと思う個人に、「お金」を使ってその志が達成できるような受け皿、ツールを準備し、金融の機能を活用して企業などの取り組みと国民の意識を結びつけ、CSR（Corporate Social Responsibility：企業の社会的責任）などに努力する事業者に資金が流れやすくなるなど、環境保全への取り組みのインセンティブ（→【い】）としていくことが求められています。

### 環境経営
環境への配慮を組み込んだ企業経営のことです。エネルギー使用量や廃棄物排出量の削減、化学物質の適正管理、生産工程での環境負荷の削減、環境配慮製品の製造、環境方針と環境マネジメントのしくみの構築、従業員への環境教育など、環境報告書などで取り組み内容の情報公開などを行います。

### 環境負荷
人の活動により環境に加えられる影響であって、環境保全上の支障の原因となるおそれのあるものです。具体的にはエネルギー消費や大気汚染などが当てはまります。

# 用語解説

### 環境ホルモン
正式名称を内分泌かく乱化学物質といい、国は「内分泌系に影響を及ぼすことにより、生体に障害や有害な影響を引き起こす外因性の化学物質」と定義しています。

### 環境マネジメントシステム
企業や団体などの組織が環境方針、目的・目標等を設定し、その達成に向けた取り組みを実施するための組織の計画・体制・プロセスなどのことで、規格としては、ISO14001（→【I】）、エコアクション21（→【え】）などがあります。

### 環境未来税
北九州市内の最終処分場で処分する産業廃棄物にかかる税金です。「環境未来都市」の創造に向け、北九州市が取り組んでいる廃棄物処理の適正化やエコタウン事業などの環境施策を積極的に推進するための持続的で安定的な財源を確保することを目的とする法定外目的税です。

### 環境リテラシー
リテラシーにはそもそも「読み書き能力」「教養があること」といった意味があります。環境リテラシーとは環境に関わる人間の資質や能力を示す概念です。

## き

### 気候変動枠組条約第21回締約国会議
（COP21）→【C】

### 北九州イニシアティブ（クリーンな環境のための北九州イニシアティブ）→【く】

### 北九州学術研究都市
若松区西部および八幡西区北西部において、地域産業の頭脳となるべき知的基盤を整備し、アジアの中核的な学術研究拠点を目指して、先端科学技術の教育・研究を行う大学や研究機関などが集積した地区をいいます。

### 揮発性有機化合物（VOC=Volatile Organic Compounds）
トルエン、キシレンなどの揮発性を有する有機化合物の総称で、塗料、インキ、溶剤（シンナー等）などに含まれるほか、ガソリンなどの成分になっているものもあります。大気汚染防止法においては、大気中に排出され、または飛散したときに気体である有機化合物（浮遊粒子状物質およびオキシダントの生成の原因とならない物質として政令で定める物質を除く）と規定されています。

### 逆転層
気温が上層へいくほど高温になっている大気の層を逆転層（温度逆転層）と呼びます。逆転層内では対流による混合が起きないため、非常に安定な状態となり、大気中に放出された汚染物質は上方に拡散されず、逆転層の上層で薄くたなびきます。

### 京都議定書
1997（平成9）年12月に京都で開催された気候変動枠組条約第3回締約国会議において採択されたもので、先進各国等の温室効果ガスの排出量について法的拘束力のある数値約束が決定されるとともに、排出量取引、共同実施、クリーン開発メカニズムなどのしくみが合意されました。

### 京都メカニズム
京都議定書において導入された、国際的に協調して数値目標を達成するための制度です。①排出量取引（Emissions Trading）、②共同実施（JI=Joint Implementation）、③クリーン開発メカニズム（CDM=Clean Development Mechanism）の3種類があります。

## く

### クリーナープロダクション
生産過程において、省エネルギー、省資源廃棄物や汚染物質の低減を図ると同時に、生産性の向上や生産コストの低減を図るものを指します。

### グリーン購入
製品やサービスを購入する際に、その必要性を十分に考慮し、購入が必要な場合には、できる限り環境への負荷が少ないものを優先的に購入することです。

### グリーンコンシューマー
購入の必要性を十分に考え、できるだけ負荷の小さい商品やサービスを優先的に選んで購入する「グリーン購入」を実践する人のことです。

### グリーンシティプログラムにおけるグリーン成長都市
経済協力開発機構（OECD）が2010年から取り組む「グリーンシティプログラム」の一環として世界の数都市を選定する、経済成長と環境政策の両立を目指す都市のことです。2011年7月現在、同プログラムのグリーン成長都市に選定されている都市は北九州市を含め、4都市（パリ・シカゴ・ストックホルム）です。

### クリーンな環境のための北九州イニシアティブ
2000年に北九州市で開催された、国連アジア太平洋経済社会委員会（ESCAP）の「環境と開発に関する閣僚会議」において採択されたもので、北九州市の経験を参考に、地域の人々の協力により環境改善を進め、さらに、その取り組みを都市間の環境協力で世界中に広めて、地球環境問題の解決を進めようとするもの。

### クールアース・デー
環境省では2003年より地球温暖化防止のためライトアップ施設の消灯を呼び掛ける「$CO_2$削減／ライトダウンキャンペーン」を毎年夏至の日を中心として行っています。2008年からは、夏至ライトダウン（ブラックイルミネーション）に加え、7／7七夕の日にライトダウンを呼びかける「七夕ライトダウン（クールアース・デー）」の呼びかけを実施しています。これらの取り組みはライトアップに馴れた日常生活の中、電気を消すことでいかに照明を使用しているかを実感し、地球温暖化問題について考えていただくことを目的としています。

### クールミスト
水の粒子を小さくして人工の霧（ミスト）を発生させ、その気化熱を利用して周辺を冷却する方法です。水が蒸発するときに周囲の熱を奪う性質を利用しており、小さな粒子のため蒸発しやすく、少ないエネルギーで効率的に空間を冷やすことができます。

### グローバル500
国連環境計画（UNEP）が、持続可能な開発の基盤である環境の保護や改善に功績のあった個人または団体を表彰する制度で、毎年6月5日の「世界環境の日」に同賞の授与式が行われています。

## け

### K値規制
施設ごとに煙突の高さに応じたいおう酸化物許容排出量を求める際に使用する大気汚染防止法で定められた定数。K値は地域ごとに定められ、施設が集合して設置されている地域ほど規制が厳しく、その値も小さく定められています。

### 健康項目
水質環境基準に係る項目のうち、人の健康の保護に関するもので、2020年度末現在、カドミウムなど27項目が定められています。

### 建設副産物
建設工事に伴い副次的に得られる物品の総称です。資源有効利用促進法(1991年)により規定される再生資源と、廃棄物処理法(1970年)により規定される廃棄物の2つの概念が含まれます。

### 建築環境総合性能評価システム(CASBEE)
「Comprehensive Assessment System for Built Environment Efficiency」の略。国土交通省住宅局の支援のもと産学官により開発され、建築物のより良い住居性能や使いやすさをより少ない環境負荷で実現するため、建築物の環境性能を総合的に評価するシステムのことです。

## こ

### 光化学オキシダント
自動車や工場などから大気中に排出された窒素酸化物や炭化水素などに太陽の紫外線が作用することによって発生するオゾン、パーオキシアセチルナイトレートなどを主体とする酸化性物質の総称をいいます。光化学オキシダントの濃度が高くなると、目・のど・鼻を刺激してくしゃみや涙が出たり、のどの痛みなどを感じたりする場合があります。光化学オキシダント濃度が高い大気の状態をさして、光化学スモッグともいいます。

### 降下煤塵
重力による自然沈降あるいは雨により沈降する煤塵(ばいじん)や粉塵(ふんじん)、その他の不純物のことです。

### 公共用水域
河川・湖沼・港湾・沿岸海域その他公共の用に供される水域およびこれに接続する各種水路のことです。

### 高反射性塗装
高い遮熱性を有するもので、熱をもちやすい鋼板屋根、スレート屋根、コンクリート外壁、車両、タンクやキュービクルなどの設備ビルなどに塗装施工することで、室内温度などを低減します。

### 合流式下水道
汚水と雨水を一つの管で排除する下水道の方式。大雨のときには、雨水で希釈された汚水が川や海へ放流されます。

### 国連地方自治体表彰
「環境と開発のための国連会議」(1992年、ブラジルのリオデジャネイロで開催された首脳レベルでの国際会議)において、北九州市は持続可能な取り組みをしている世界の12都市の一つとして「国連地方自治体表彰」を受賞しました。

### コジェネ(コージェネレーション)
熱と電気を同時に供給することができる熱電併給のことで、ガスエンジン、ガスタービン、ディーゼルエンジンなどの原動機を使って発電を行いながら、同時に発生する排熱を給湯、暖房、冷房などに利用するシステムをいいます。

### こどもエコクラブ
環境省の呼びかけにより1995(平成7)年度から始まったこどもたちのエコクラブ。子どもたちの将来にわたる環境保全への高い意識を醸成し、環境への負荷の小さい持続可能な社会を構築するため、次世代を担(にな)う子どもたちが、地域の仲間と一緒に自然観察、リサイクル活動、清掃活動、壁新聞作成、交流会など、主体的に環境学習や取り組み・活動ができる場です。

### コミュニティビジネス
地域のさまざまな課題を解決するために、地域にある資源(人材、環境特性、技術など)を活用して取り組む地域密着型の事業活動をいいます。働く場や生きがいづくり、地域コミュニティの再生・活性化などの効果が期待されています。

### コンテンツ
パソコンや情報通信ネットワークなどで使われる情報の中身の総称。映画や音楽、ニュースなど提供される内容は幅広いです。

### コンパクトなまちづくり(コンパクトシティ)
住環境を含む都市機能を中心部に集積し、中心市街地の活性化や未利用地の有効利用など都市部の土地の高度利用によって、渋滞の緩和や近郊緑地の保全などの効果を意図した都市構造概念のひとつです。

### コンプライアンス
法令遵守(じゅんしゅ)を意味する語で、企業が経営・活動を行ううえで、法令や各種規則などのルール、さらには社会的規範などを守ることです。

### コンポスト化
生ごみや下水汚泥、浄化槽汚泥、家畜の糞(ふん)尿、農作物廃棄物などの有機物を、微生物のはたらきによって醗酵(はっこう)分解させ堆(たい)肥にしたものをいいます。日本では主に都市の生ごみから作られる有機肥料を指しています。

## さ

### サーキュラーエコノミー(循環経済)
従来の「大量生産・大量消費・大量廃棄」型の経済に代わる、製品と資源の価値を可能な限り長く保全・維持し、廃棄物の発生を最小化した経済です。

### 災害廃棄物
地震、津波などの自然災害により、一時的に大量発生する廃棄物を災害廃棄物といいます。災害廃棄物は、法律上、「産業廃棄物」ではなく「一般廃棄物」に分類され、「市町村」が処理責任を負います。

### 再生可能エネルギー
石炭・石油などの化石燃料に対し、太陽、水力、波力、バイオマスなど、自然現象の中で得られるエネルギーのことです。

### 里海
人の手が加わることで、生産性と生物の多様性が高くなった沿岸海域を指します。

### 里地・里山
人間が生活し、自然が守られ、お互いが共存できる、里とその山間部を両方あわせた地域。人間が山とともにくらしてきた文化が色濃く残され、人の暮らしと密接なかかわりを持つ自然環境です。

### 産学官
産は産業、学は学術、官は地域社会・行政機関。産学官連携とは、主に大学や研究機関が持つ研究成果や教授等の知識・経験などを、民間企業が活用し、経営の改善に活かしたり、製品化・実用化に結びつけたりするしくみです。産官学ともいいます。産学官民(市民)となる場合もあります。

### 産業遺産
産業活動に関する歴史的な意義のある物的資料を総称しています。具体的には、近・現代産業の形成と発展に重要な役割を果たした、施設、建築物、構築物、設備、機械類、道具、工具、製品(完成品・試作品)、部品類、材料、試料、模型、写真、図面、仕様書、カタログなどが含まれます。

### 産業クラスター
米国の経営学者マイケル・E・ポーターが提示した概念で、「特定分野における関連企業、専門性の高い供給業者、サービス提供者、関連業界に属する企業、関連機関(大学、規格団体、業界団体など)が地理的に集中し、競争しつつ同時に協力している状態」をいいます。クラスターとは「ブドウの房」の意味です。

### 産業廃棄物
事業活動に伴って発生する廃棄物で、金属くずやプラスチックくず、廃酸や汚泥など、廃棄物処理及び清掃に関する法律で指定された品目のものをいいます。廃棄物は一般廃棄物と産業廃棄物に大別されます。

# 用語解説

### 酸性雨
雨は自然の状態でも空気中の二酸化炭素が溶け込んで酸性を示していますが、工場や自動車から排出されたいおう酸化物や窒素酸化物等の大気汚染物質も溶け込み、より酸性の強い雨に変化しています。通常、水素イオン濃度(pH)が5.6以下の酸性の強い雨を酸性雨と呼んでいます。

## し

### 次世代エネルギーパーク
新エネルギーなどを実際に国民が見て触れる機会を増やすことを通じて、わが国の次世代エネルギーのあり方について国民理解の増進を図るために、2006(平成18)年8月に経済産業省が提唱したものです。大型風力発電や白島石油備蓄基地などの関連施設がある北九州市若松区の響灘地区も認定されています。

### 次世代自動車
運輸部門からの$CO_2$削減に有効なハイブリッド自動車・電気自動車・プラグインハイブリッド自動車・燃料電池自動車・クリーンディーゼル自動車・天然ガス自動車等のことです。政府は、2020年までに新車の2台に1台の割合で導入する目標を掲げています。

### 自然遺産
狭義には世界遺産条約に基づき世界遺産リストに登録された、鑑賞上、学術上、保存上顕著で普遍的な価値を有する地形や生物、景観などを含む自然地域をいいます。近年は、価値あるものとして評価される、地域が育んできた自然を指す広い意味の使われ方も一般化しています。

### 自然エネルギー
太陽光や風力、地熱など自然界に存在するものを利用して生み出されるエネルギーをいいます。

### 持続可能な開発
1987(昭和62)年に、「環境と開発に関する世界委員会」、いわゆる「ブルントラント委員会」が、その報告書「われら共有の未来(Our Common Future)」において、「将来世代の需要(ニーズ)を満たす能力を損なうことがないような形で、現在の世代の需要も満足させる開発、いわゆる『持続可能な開発』」を示しました。

### 自治体SDGsモデル事業
北九州市の「自治体SDGsモデル事業」は、「地域エネルギー次世代モデル事業」です。

### シティプロモーション
国内外からヒト、モノ、カネ、情報などの資源を獲得するため、都市のブランドを確立し、都市イメージを効果的にアピールすることをいいます。

### 市民環境力
市民一人ひとりがより良い環境、より良い地域を創出していこうとする意識や能力を持ち、それを行動へとつなげていく力のことです。

### 遮熱性舗装
太陽放射の赤外線を多く反射し、舗装が吸収する熱量を少なくすることにより、舗装の温度上昇を抑えます。

### 重金属
通常、比重4以上の金属をいい、約60元素が存在します。公害に関してよく問題となる重金属としては、水銀、セレン、鉛(なまり)、カドミウム、クロム、マンガン、コバルト、ニッケル、銅、亜鉛、ビスマス、鉄などがあります。

### 循環型社会
廃棄物の排出が抑制され、排出された廃棄物については、可能な限り資源として適正かつ有効に利用され、どうしても利用できなかったものは、適正に処分されることにより天然資源の消費が抑制され、環境への負荷が低減される社会。

### 省エネ(省エネルギー)
一般には、石油や電力などのエネルギーを節約して、エネルギーの消費を減らすこと、あるいはそうした運動を指します。

### 省資源
資源を節約することです。省資源のために、製品の設計開発段階では、資源を効率的に使う工夫や原材料にリサイクルを使うことが求められます。生産段階では、資源の投入量や生産工程から出る廃棄物を減らすことが必要となります。無駄なものを買わず、ものを長期間使うことも省資源につながります。

### 食育
「食」についての関心を持ち、日頃から、食の安全・安心や食の選び方・組み合せ方などを学び、「食」について自ら考える習慣を身につけるための教育を指します。

### 除染
生活する空間において受ける放射線の量を減らすために、放射性物質を取り除いたり、土やコンクリートで遮ったりすることです。取り除く方法には、放射性物質が付着した表土の削り取りや、枝葉や落ち葉の除去、建物表面の洗浄などがあります。

### 新エネルギー
石油代替エネルギーとして導入を図るために特に必要なもので、具体的には、太陽光発電や風力発電などの自然エネルギーおよび廃棄物による発電、熱利用や燃料電池などが該当します。

## す

### 水源かん養
森林の土壌が、森林に降った雨を腐葉土などの土中に貯め、ゆっくりと川へ流す作用のことです。これにより、川へ流れ込む水の量はある程度平準化されます。

### スクラップアンドビルド方式
組織、制度、事業などを新たに作る場合は、まず既存のものを見直し、廃止や統廃合をして、全体として増加・拡大しないようにすることです。

### ストック
貯蔵、蓄えなどと訳され、道路、公園などの社会資本整備の蓄積の意で用いられます。今、まちづくりや建築の世界においては、社会資本・個人資産を長寿命型にし、モノとしての資産の世代間蓄積を図る「ストック型社会」への転換が必要との考え方が浸透しつつあります。資源量が大きな建築物・構築物・各種インフラなどを世代ごとに造り変えることは、大量の資源消費と$CO_2$排出につながります。個人資産という枠組みを超え、まちや建築の持つ機能・性能を市民が尊重する価値観を共有したうえで、モノの寿命を長くするストック型社会に転換すれば、資産を次世代に残せるようになるとともに、経済的・資源的・地球環境的負担は小さくなり、森林資源や生物資源などの保全が可能になります。

### 3R(スリーアール)
天然資源の消費を抑制し、環境への負荷が低減される循環型社会を形成するための取り組み。まずはごみの「発生抑制」(リデュース)を行い、次に出てきたごみは「再使用」(リユース)し、再使用できない場合でも資源として「再生利用」(リサイクル)することです。

## せ

### 生活環境項目
水質環境基準に係る項目のうち、生活環境の保全に関するもので、pH(→【ひ】)、BOD(→【B】)、COD(→【C】)、DO(→【D】)、SS(→【S】)、n-ヘキサン抽出物質、大腸菌群数、全窒素、全燐（りん）、亜鉛の各項目が定められています。

### 世界文化遺産登録
官営八幡製鐵所の4施設が「明治日本の産業革命遺産 製鉄・鉄鋼、造船、石炭産業」として、2015（平成27）年、世界文化遺産に登録されました。

### 絶滅危惧種
環境省の「レッドデータブック」によれば、絶滅危惧種とは「絶滅のおそれのある種」であり、絶滅に瀕（ひん）しているⅠ類、絶滅の危険が増大しているⅡ類に大別されます。絶滅原因は、急速な環境変化、移入生物、乱獲などが考えられます。

### ゼロ・エミッション
あらゆる廃棄物を原材料などとして有効活用することにより、廃棄物を一切出さない循環型の社会システムです。

### ゼロ・カーボン
既存技術を応用したり意識や考え方や社会のシステムを変えたりして、$CO_2$を排出しないことです。また、そのような社会をゼロ・カーボン社会といいます。

## そ

### 総量規制
環境基準を達成するための容量以内で、その地域にある工場などの排出源に排出量を割り当て、工場などを単位として規制することです。現在、大気汚染防止法（硫黄酸化物）と水質汚濁防止法（COD、窒素含有量、燐（りん）含有量）に基づく総量規制があります。

## た

### ダイオキシン類
ものを燃やすと発生しやすい強い毒性を持つ有機塩素化合物で、ポリ塩化ジベンゾフラン、ポリ塩化ジベンゾーパラージオキシン、コプラナーポリ塩化ビフェニルを総称してダイオキシン類といいます。

### 多自然型河川
治水上の安全性を確保しつつも、生物の良好な生息・生育環境をできるだけ改変しない、また、改変せざるを得ない場合でも最低限の改変にとどめる、とする自然環境に配慮した河川のことです。

## ち

### 地域コミュニティ
日常生活のふれあいや共同の活動、共通の経験をとおして生み出されるお互いの連帯感や共同意識と信頼関係を築きながら、自分たちが住んでいる地域をみんなの力で自主的に住みよくしていく地域社会のこと。

### 地域通貨（電子エコマネー）
互いに助けられ支え合うサービスや行為を時間や点数、地域やグループ独自の紙券などに置き換え、これを「通貨」としてモノやサービスと交換して循環させるシステム。

### 地球温暖化
石炭や石油などのエネルギーの大量消費によって大気中の二酸化炭素などの温室効果ガスが増加し、地球の平均気温が上昇すること。また、それにより、海水面の上昇や異常気象、生態系の崩壊、感染症の流行地域の拡大などの問題が生じることです。

### 地産地消
「地元生産-地元消費」の略語で、地元で生産された産物を地元で消費するという考え方により行われている取り組み。

### 治山・治水
災害を防ぐために植林などをして山を整備すること（治山）、洪水などの水害を防ぎ、また水運や農業用水の便のため、河川の改良・保全を行うこと（治水）です。

### 窒素酸化物
物の燃焼や化学反応によって生じる窒素と酸素の化合物で、主として一酸化窒素（NO）と二酸化窒素（$NO_2$）の形で大気中に存在します。光化学オキシダント（Ox）の原因物質の一つです。発生源は、工場、ビル、自動車など多種多様です。

### 中心市街地活性化基本計画
まちの顔となる中心市街地のにぎわいを取り戻すことを目的として、市街地の整備、商業の活性化、街なか居住などの総合的な取り組みを地域一体で進めるため、市町村が策定し、内閣総理大臣が認定する計画。北九州市では、小倉と黒崎の2地区が認定されました。

### 長期的評価
大気汚染に関わる環境基準の適否の評価方法。二酸化いおう、浮遊粒子状物質および一酸化炭素については年間にわたる日平均値の2%除外値で、二酸化窒素については年間にわたる日平均値の98%値で評価を行います。

### 潮流発電
潮流発電とは、潮の流れをプロペラ等で受け、風力発電と同じ原理で発電するもので、再生可能エネルギーの一つです。

## て

### 低公害車
ハイブリッド自動車、天然ガス自動車（CNG車）、電気自動車、メタノール自動車、ガソリン車のうち「低燃費かつ低排出ガス認定車」を指します。

### デシベル（dB）
音の強さを表す単位で、耳に感じる最小限の音圧（20μPa）を基準値として、それとの比を対数で表したものです。

### デポジットゲージ
直径30cmの大型捕集漏斗（ろうと）と30ℓの貯水槽からできている降下煤塵（ばいじん）捕集器。捕集期間は1ヶ月です。

## と

### 等価騒音レベル（LAeq）
一定時間に発生した騒音レベルを騒音のエネルギー値に換算して、時間平均したもの。騒音の発生頻度や継続時間を含めた評価が可能であり、1999（平成11）年4月施行の騒音に係る環境基準に採用されています。単位は、dB（デシベル）が用いられます。

### 透水性舗装
道路や歩道を間隙の多い素材で舗装して、舗装面上に降った雨水を地中に浸透させる舗装方法をいいます。通常のアスファルト舗装に比べて太陽熱の蓄積をより緩和できるため、ヒートアイランド現象の抑制の効果もあります。舗装の素材として、高炉スラグ、使用済みガラスなどのリサイクル材料を利用する工法も開発されています。

### 毒性等量（TEQ）
ダイオキシン類にはさまざまな異性体が含まれており、これらの異性体の毒性の強さはそれぞれ異なります。そこで、ダイオキシン類の濃度は、ダイオキシン類の中で最も毒性の強い2、3、7、8-四塩化ジベンゾ-パラ-ジオキシンの毒性に相当する量に換算して表します。この量を毒性等量といいます。

### 特区制度
構造改革特別制度のことです。特色あるまちづくりや民間事業者のビジネスチャンスを拡大するために、地方公

# 用語解説

共団体や民間事業者などの自発的な立案によって、特定の区域に限定してその地域の特性に応じた規制の特例を設け、経済を活発化させるための制度です。

## に

### 二酸化炭素（$CO_2$）
大気中に約0.04％存在する無色の気体。水に溶けて弱酸性を示します。生物の呼吸や火山の噴火、炭素や有機物の燃焼により大気中に放出され、植物の光合成により消費されます。工業的には石灰岩の加熱分解により得られ、消火器・ドライアイスの製造のほか、広く化学工業で用います。炭酸ガス。無水炭酸。

## ね

### 熱回収
ごみから熱エネルギーを回収すること。ごみの焼却に伴い発生する熱を回収し、発電をはじめ、施設内の暖房・給湯、温水プール、地域暖房等に利用すること。

### 燃料電池
水素と空気中の酸素を反応させて電気を起こす発電システムです。

### 燃料電池自動車（Fuel Cell Vehicle）
燃料電池で水素と酸素の化学反応によって発電した電気エネルギーを使って、モーターを回して走る自動車。地球温暖化や大気汚染の原因となる物質を排出せず、発生するのは水のみです。

## は

### パークアンドライド
マイカーと公共交通機関を組み合わせた交通機関の利用形態をいいます。たとえば自宅からはマイカーを利用し、最寄り駅の近隣に駐車し、そこから都心部までは電車を利用するといったものです。

### バイオマス
生物資源（bio）の量（mass）を表す概念で「再生可能な、生物由来の有機資源で化石資源を除いたもの」-つまり、地球に降り注ぐ太陽のエネルギーを使って、無機物である水と二酸化炭素から、植物が光合成によって生成した有機物のことを指します。草食、肉食動物へと至る食物連鎖もこの植物から始まっていて、地上の生物はすべてこの光合成で得た太陽の恩恵を受けています。動物の肉や排泄（せつ）物、木や草、生ごみもバイオマスです。北九州エコタウンでは、生ごみをプラスチックにかえるバイオマスプラスチックの研究なども進められています。

### バイオマスプラスチック
植物等を原料としたプラスチック。燃やすと二酸化炭素が発生するが、植物が成長する過程で大気中から吸収した二酸化炭素が大気中に放出されるものであり、差し引きゼロ（カーボン・ニュートラル）とみなすことができる。

### バイオディーゼル燃料（BDF）
廃食油などをメタノールと反応させることで、粘性や引火点を低くし、ディーゼル車で利用できる燃料に精製したもの。

### バイナリー発電
加熱源により沸点の低い液体を加熱・蒸発させてその蒸気でタービンを回す方式です。加熱源系統と媒体系統の二つの熱サイクルを利用して発電することから、バイナリーサイクル発電と呼ばれており、地熱発電などで利用されています。

### 発光ダイオード
電流を流すとエネルギーが発生して発光する半導体のこと。シリコン（SI）にガリウム（Ga）やリン（P）、ヒ素（As）などを加えることによってさまざまな発色を実現しました。省電力（白熱電球の約1／8、蛍光灯の約1／2）、長寿命（構造上は半永久的：実際の製品では約50,000時間）、発熱も少なく、衝撃に強く、扱いやすく安全で、経済的な次世代の光源です。

### バリアフリー
障害者や高齢者が社会生活していくうえで障壁（バリア）となるものを除去することです。もともとは段差解消などハード面（施設）の色彩が強いですが、現在では、誤解や偏見など心理的なもの、制度的な障壁などを取り除く意味も含んでいます。

## ひ

### pH（ピーエイチ＝水素イオン濃度）
酸、アルカリを示す指標。7.0が中性。これより小さい数値は酸性、大きい数値はアルカリ性を示します。ペーハーともいいます。

### ヒートアイランド現象
地表面の人工化（建物、塗装など）やエネルギー消費に伴う人工排熱の増加により、都心部の気温が郊外に比べて島状に高くなる現象。

## ふ

### フードマイレージ
ある食品が生産地から食卓に届くまで運ばれてきた距離を示すもの。数値が大きければ大きいほど環境への負荷が大きいことを示します。

### 風力発電
「風の力」で風車をまわし、その回転運動を発電機に伝えて「電気エネルギー」に変換する発電方法をいいます。現在、1kW以下の小型から2,000kW以上の大型のものまで市販されています。

### 富栄養化
生物生産が盛んになることをいいます。原因は、河川などから流入する窒素、燐（りん）などの栄養塩類で、閉鎖性水域で著しいです。

### フォーラム
古代ローマの討論の広場を語源とし、ある問題に共通の関心をもつ人びとが公開で話し合う場をいいます。会議に比べてフォーラムの方がゆるやかで話し合うものが多いです。1回だけの集まりをフォーラムということもありますが、話し合いの場を提供する組織として組織名にフォーラムをつけることもあります。

### 輻射熱
太陽から地球に届いた日射エネルギーは一部地表で反射されますが、大半は地表面で熱エネルギーに転換されて地表面を温めます。これを輻（ふく）射熱といいます。

### 副生水素
製鉄所、食塩電解などの工場で発生するガスから副産物として生じる水素のことです。

### 浮遊粒子状物質（SPM）
大気中に浮遊する粒子状物質（固体のほか液体も含む）であって、その粒径が10μm（マイクロメートル）以下のものです。

### ブランド
商品や企業、地域の名前などが価値の高いものとして特別に評価されているもの、ことを指します。本来は銘柄という意味です。

### 分流式下水道
汚水と雨水を別々の管渠（きょ）で排除する下水道の方式です。汚水は浄化センターで浄化し、雨水はそのまま川や海へ放流されます。

## ほ

### 放射性物質
放射線を出す物質のことです。また、放射線を出す能力のことを放射能といいます（単位はベクレル）。放射性物質を電球に例えると、放射線は電球から放たれる光、放射能は光を出す能力となります。ベクレルは、電球のワット数と似ています。

### 保水性舗装
舗装内部に蓄えた水分が蒸発する際の気化熱により、舗装内部の温度上昇を抑えます。

### ポリ塩化ビフェニル（PCB）→【P】

## ま

### マイクロプラスチック
大きなサイズのプラスチックが、自然環境の中で破砕・細分化されて、5mm以下の大きさとなったもの。

## み

### 緑のカーテン
植物を建築物の外側に生育させることにより、建築物の温度上昇抑制を図る省エネルギー手法です。またはそのために設置される、生きた植物を主体とした構造物のことです。

### 未利用エネルギー
河川水、下水などの温度差エネルギー（夏は大気よりも冷たく、冬は大気よりも暖かい水）や工場などの排熱といった、今まで利用されていなかったようなエネルギーを有効に活用することの総称を指します。

## め

### メガソーラー
発電事業目的で建設される大規模太陽光発電設備で出力が1000キロワット（1メガワット）以上のものです。

## も

### モータリゼーション
自動車が生活必需品として普及する現象。自動車の大衆化。

### モーダルシフト（modal shift）
輸送モード（方式）を転換すること。具体的にはトラックによる貨物輸送を船または鉄道に切り替えようとする国土交通省の物流政策。トラック運転手の不足や過度のトラック輸送がもたらす交通渋滞、大気汚染を解消するため、特に大量一括輸送が可能となる幹線輸送部分を内航海運や鉄道貨物輸送に転換することです。

### モビリティ・マネジメント
一人ひとりのモビリティ（移動）が、社会的にも個人的にも望ましい方向に、自発的に変化することを促すコミュニケーションを中心とした交通政策のことです。例えば、公共交通の時刻表や路線図などのわかりやすい情報を提供し、過度な自家用車の利用から環境にやさしい乗り物である公共交通への利用転換を図ります。

## ゆ

### 有害大気汚染物質
ベンゼン、トリクロロエチレン、テトラクロロエチレンなど継続的に摂取されると人の健康を損なうおそれがある物質で、いおう酸化物、窒素酸化物などの煤煙（ばいえん）および アスベストなどの特定粉塵（じん）を除く物質です。

## よ

### 要監視項目
水質汚濁にかかる環境基準項目ではありませんが、将来、環境基準項目への移行を前提として、2020年度末現在クロロホルムなど27項目が選定されています。

## ら

### ライフサイクルコスト
建物などの企画・設計から取り壊しまでにかかる総費用のことです。

## り

### リサイクル
違う物に作りかえて、再び使える物にすること。例えば、古新聞や牛乳パックを新しい新聞紙やトイレットペーパーなどに作りかえることなど。

### リスクコミュニケーション
化学物質などの環境リスクに関する正確な情報を行政、事業者、市民、NPOなどのすべての主体が共有しつつ、相互に意思疎通を図ることです。

### リデュース
物をできるだけ大切に使って、ごみを出さないようにすること。例えば、買い物かごやマイバッグなどを使い、スーパーの袋などを使わないようにすることなど。

### リユース
いったん不要となった使用済み製品をそのままの形で再度利用すること。例えば、リサイクルショップで販売されている中古品を購入等して利用することなど。

## れ

### レアメタル
地球上にその存在がまれであるか、またはその抽出が経済的・物理的に非常に困難な金属を総称するものをいいます。レアメタルは、ステンレスなどの素材からハイテク分野に至るまで幅広く利用されていて、日本の産業にとって欠くことのできない重要な原材料といえます。

## わ

### ワークショップ
講義など一方的な知識伝達のスタイルではなく、参加者が自ら参加・体験し、グループの相互作用の中で何かを学びあったり創り出したりする、双方向的な学びと創造のスタイルを指します。研修会、研究総会などです。

### ワンヘルス
「人の健康」「動物の健康」「環境の健全性」を一つの健康と捉え、守っていくために、みんなで考えて行動することです。

私たちが健康に暮らしていくためには、地球に暮らす動物、そして地球自身も健康である必要があります。

## B

### BEMS
BEMSとはBuilding and Energy Management Systemの略で、ビル管理システムのことを指します。ビルの機器・設備等の運転管理によってエネルギー消費量の削減を図るためのシステムのことです。

### BOD（Biochemical Oxygen Demand=生物化学的酸素要求量）
水中の有機物（汚濁物質）が好気性微生物によって酸化分解されるときに消費される酸素の消費量で、mg/ℓで表します。数値が高いほど汚濁がひどいです。

# 用語解説

### BRT（Bus Rapid Transit）
走行空間、車両、運行管理等に様々な工夫を施すことにより、速達性、定時性、輸送力について、従来のバスよりも高度な性能を発揮し、他の交通機関との接続性を高めるなど利用者に高い利便性を提供する次世代のバスシステムです。

## C

### CASBEE（建築環境総合性能評価システム）
→【け】

### CEMS
Community Energy Management Systemの略。地域における電力の需要・供給を統合的に管理するシステム。

### COD（Chemical Oxygen Demand＝化学的酸素要求量）
水中の汚濁物質を酸化剤で酸化するときに消費される酸素量で、mg/ℓで表します。数値が高いほど汚濁がひどいです。

### COP（Conference of the Parties）
締約国会議のこと。環境問題に限らず多くの国際条約の中で、その加盟国が物事を決定するための最高決定機関として設置されており、おおむね2年に1回開催されます。

### COP21（気候変動枠組条約第21回締約国会議）
2015（平成27）年11月30日～12月13日、フランス・パリで開催された会議で、気候変動に関する2020年以降の新たな国際枠組みである「パリ協定」が採択されました。

## D

### DME（ジメチルエーテル）
エーテルの一種で最も単純なもので、メトキシメタンとも呼ばれます。酸素含有率が高く黒煙が出ないため、環境負荷の小さいディーゼル燃料として期待されます。

### DO（Dissolved Oxygen＝溶存酸素量）
水中に溶解している酸素のことをいいます。純水中における20℃ 1 気圧のもとでの飽和溶存酸素量は約9 mg/ℓです。魚には最低5mg/ℓが必要です。

## E

### ESCO事業
ESCO（Energy Service Company）事業とは、工場やビルの省エネルギーに関する包括的なサービスを提供し、それまでの環境を損なうことなく省エネルギーを実現し、さらにはその結果得られる省エネルギー効果を保証する事業をいいます。

### ESD（Education for Sustainable Development）
持続可能な社会を実現するための教育で、環境教育、人権教育など、幅広い教育を総合的に進めるものです。教育は学校のみならず家庭、社会、職場などで、また、こどもから大人までを対象としています。一人ひとりが、世界の人々や将来世代、また環境との関係性の中で生きていることを認識し、よりよい社会づくりに参画するための力を育む教育です。

## G

### G7北九州エネルギー大臣会合
2016（平成28）年5月1日から2日にかけて北九州市で開催され、先進主要7ヶ国（日・米・加・独・仏・英・伊）、EU、国際エネルギー機関（IEA）、国際再生可能エネルギー機関（IRENA）から閣僚等の出席を得、経済産業大臣が議長を務めました。「グローバル成長を支えるエネルギー安全保障」の大きなテーマのもと、①エネルギー投資の促進、②エネルギー安全保障の強化、③持続可能なエネルギーについて議論を深め、共同声明「グローバル成長を支えるエネルギー安全保障のための北九州イニシアティブ」が採択されました。

## H

### HEMS
Home Energy Management Systemの略で、住宅管理システムのことを指します。センサーやITの技術を活用して、住宅のエネルギー管理、「省エネ」を行うシステムのことです。

## I

### ISO14001
ISO（国際標準化機構）が定めた環境に配慮した事業活動を管理・マネジメントしていくための世界共通の規格です。審査機関による審査で、この規格に適合したシステムの運用が認められると認証が与えられます。北九州市では2000（平成12）年3月に本庁舎、2003（平成15）年7月に環境科学研究所（☞第9章第5節）が認証を取得しました。

## J

### JICA
「Japan International Cooperation Agency（独立行政法人国際協力機構）」の略。協力隊事業を含む日本政府国際協力事業の実施機関。

## K

### KICS
「Kitakyushu Interdependent Business Consortium for Sustainable Development（北九州環境ビジネス推進会）」の略。国内外のパートナーと協力して先進的国際環境ビジネスを展開しています。

### KITA
「Kitakyushu International Techno - Cooperative Association（公益財団法人北九州国際技術協力協会）」の略。公益財団法人北九州国際技術協力協会は、北九州市が培った経験や技術を伝えるために設立された組織で、途上国からの研修員受け入れや現地での技術指導を行っています。なお、前身は、財団法人北九州国際研修協会です。

## L

### LNG（液化天然ガス）→【え】

### LED（Light Emitting Diodes＝発光ダイオード）
→【は】

## N

### ND（Not Detected）
測定方法の検出限界を下回ることです。

### NGO（Non-governmental Organization）
非政府組織のこと。貧困、飢餓、環境など、世界的な問題に対して、政府や国際機関とは違う「民間」の立場から、国境や民族、宗教の壁を越え、利益を目的とせずにこれらの問題に取り組む団体のことです。

### NPO（Non Profit Organization）
非営利組織のこと。政府や私企業とは独立した存在として、市民・民間の支援のもとで営利を目的とせず社会的な公益活動を行う組織・団体をいいます。

## O

### ODA(Official Development Assistance)
政府または政府の実施機関によって開発途上国または国際機関に供与されるもので、開発途上国の経済・社会の発展や福祉の向上に役立つために行う資金・技術提供による協力のこと。

### OECD
経済協力開発機構の略で、ヨーロッパ諸国を中心に日・米を含め38ヶ国の先進国が加盟する国際機関です。国際マクロ経済動向、貿易、開発援助といった分野に加え、最近では持続可能な開発、ガバナンスといった新たな分野についても加盟国間の分析・検討を行っています。

### O&M (Operation & Maintenance)
風車が故障することなく効率的に発電するため運転(オペレーション)と迅速・的確な維持・補修のためのメンテナンスを行います。

## P

### PCB(ポリ塩化ビフェニル)
水に溶けない(脂溶性)、科学的に安定(難分解性)、電気を通さない(絶縁性)などの特性を持つ化学物質。トランス(変圧器)、コンデンサ(蓄電器)、蛍光灯安定器などの絶縁油、熱媒体、感圧複写紙などに幅広く使用されましたが、カネミ油症事件を契機に、1972年に製造・販売が中止されました。

### PFI(Private Finance Initiative)
民間の資金、経営能力および技術的能力を活用して、公共施設などの建設、維持管理、運営などを行い、事業コストの縮減や質の高い公共サービスを提供する新しい手法です。

### ppb(Parts Per Billion)
10億分の1で表示する単位で、1ppm の1,000分の1です。

### ppm(Parts Per Million)
容積比や重量比を表す単位で、1ppmは100万分の1を表します。大気汚染では1m³の大気中に1mℓの汚染物質が存在する濃度を1ppmで示します。

### PPS
既存の大手電力会社である一般電気事業者(九州電力など)とは別の、特定規模電気事業者(Power Producer and Supplier)のこと。2016年4月1日からは電力の小売全面自由化が実施され、一般家庭や商店などの50kW未満の契約電力でも電力契約ができるようになっています。

### PRTR
特定化学物質の環境への排出量の把握等及び管理の改善の促進に関する法律に基づく制度です。人の健康や生態系に有害な影響を及ぼすおそれのある化学物質について、環境中への排出量および廃棄物に含まれての事業所の外に移動する量を事業者が自ら把握し、国に報告を行い、国は、事業者からの報告や統計資料などを用いた推計に基づき、対象化学物質の環境への排出量等を把握、集計し、公表するしくみをいいます。

## R

### RCE(Regional Centre of Expertise on ESD)
ESDの目標を達成するための中心的な地域として、国際連合大学が提唱するもので、地域やコミュニティで行うさまざまな教育機関のネットワークのことです。機能として、ESDに関わる地域のさまざまな主体の間での情報や経験を交流できるプラットホーム(ネットワーク)の構築、ESDの効率的推進、ESDを進めるための人材や基盤の構築などがあります。地域からの申請に基づき、国際連合大学が外部審査委員会での議論を経て認定するものです。

## S

### SDGs(Sustainable Development Goals)
2015年国連サミットで、全会一致(193ヶ国)で採択された、持続可能な世界を実現するための2030年までの世界の開発目標。

### SDGs未来都市
2018年6月15日時点、「SDGs未来都市」は全国29自治体、うち「自治体SDGsモデル事業」は10自治体が選定されています。

### SS(Suspended Solids=浮遊物質量)
水中に懸濁し、水を汚濁させている物質のことです。

## V

### VOC(揮発性有機化合物)→【き】

# 過去問題

## 【2021年度】北九州市環境首都検定問題

**【問1】SDGsとは、2015年国連サミットで、全会一致で採択された持続可能な世界を実現するための2030年までの世界の開発目標です。このSDGsについて次のうち正しい説明はいくつあるか選びましょう。**

○ 世界を変えるために20の目標が設定されている
○ SDGsは先進国のみが達成すればよい
○ 家の中でもSDG sのためにできることがある
○ 目標には「つくる責任つかう責任」や「質の高い教育をみんなに」などがある

①1つ ②2つ ③3つ ④4つ

---

**【問2】北九州市は、2018年6月に全国で初めての（ A ）として、他の28自治体とともに選定され、そのうち、10 事業しか選定されない「自治体ＳＤＧｓモデル事業」にも選定されました。北九州市が（ A ）として目指すまちの姿は、（ B ）にあふれ、世界に貢献し、信頼されるグリーン成長都市です。その達成に向けて、（ C ）の3つの柱に沿ったさまざまな取り組みを進めていきます。**
**（ A ）（ B ）（ C ）に入る言葉の組合せがすべて正しいものはどれでしょう。**

| | A | B | C |
|---|---|---|---|
| ① | SDGs環境都市 | 緑の豊かさ | 経済、社会、環境 |
| ② | SDGs未来都市 | 真の豊かさ | 経済、社会、環境 |
| ③ | SDGs未来都市 | 緑の豊かさ | 貿易、再生エネルギー拠点、福祉 |
| ④ | SDGs環境都市 | 真の豊かさ | 貿易、再生エネルギー拠点、福祉 |

---

**【問3】使い捨ての容器や袋、食器などの生活に便利なプラスチックですが、廃棄にあたって環境に大きな負荷をかけています。プラスチックごみの問題として、間違っているものは、次のうちどれでしょう。**

①マイクロプラスチックには有害な物質が付着しやすい性質があり、それが食物連鎖に取り込まれるが、生態系に及ぼす影響は全くない
②日本の人口1人あたりのプラスチック容器包装廃棄量は、アメリカ、に次いで世界2番目の多さである
③このままでは、2050年までに海洋中に存在するプラスチックの量が魚の量を超過すると試算されている（重量ベース）
④日本はプラスチックごみの一部をリサイクル原料として中国などに輸出してきたが、近年それらの国々から輸入規制を受けたので、それらの処理が喫緊の課題になっている

---

**【問4】北九州市の水素社会実現に向けた取り組みとして正しいものは、次のうちどれでしょう。**

①燃料電池自動車（FCV）のカーシェア
②水素ステーションを市内全区に整備
③「$CO_2$フリー水素」の実証事業を開始した
④FCVでは外部給電をすることはできない

---

**【問5】日本のエネルギー情勢についての説明や再生可能エネルギーについての説明で正しいものは、次のうちどれでしょう。**

①2018年度、日本の発電電力量に占める再生可能エネルギーの割合は、水力発電を含めると10%を超えている
②1970 年代のオイルショックにより、エネルギーを太陽光に依存してきたことへの反省から、原子力や石油代替エネルギーの導入が進んだ
③2018年度の日本のエネルギー自給率は90%ほどである
④東日本大震災後の2013年度の原子力発電量は、日本の発電電力量の50%となった

※【問1～35】は、一般編・上級編共通／☆【問36～40】は、一般編のみ／★【問36～50】は、上級編のみの問題です。

**【問6】風力発電関連産業の総合拠点化に向けた取り組みの説明として正しいものは、次のうちどれでしょう。**

①風力発電は、再生可能エネルギーの一つで、風さえあれば夜間でも発電できるが、発電コストが高いので、経済性は期待できない

②洋上は、陸上に比べ大きな部材の輸送の際の制約が少ないが、特殊な船舶や技術・経験などが必要なので今後、整備が進むことは難しい

③北九州市では、港湾法初の大規模な洋上ウインドファームの設置が予定されており、ここでの年間発電予定量は、15～17万世帯の1年分の電力使用量に相当する

④洋上風力発電は、アメリカ、カナダなど北アメリカで導入が最も進んでおり、次いでイギリスやドイツなどヨーロッパである

---

**【問7】北九州市が目指す2050年の脱炭素社会（ゼロカーボンシティ）について正しいものは、次のうちどれでしょう。**

①ゼロカーボンシティとは、全く二酸化炭素を出さないことである

②北九州市は気候非常事態を宣言した後に、ゼロカーボンシティの表明をした

③「再エネ100%北九州モデル」では、全ての電力を風力発電でまかなう

④北九州市は2025年までに市が電気代を負担する市有施設の電気を再エネ100%にする

---

**【問8】北九州市の1960年代当時の状況や公害克服の歴史について、間違っているものは、次のうちどれでしょう。**

①1965年戸畑婦人会協議会が8ミリ記録映画「青空が欲しい」を自主制作した

②洞海湾は大腸菌も住めない状況になり、「死の海」と呼ばれた

③工場から出る煤煙や煤塵によって洗濯物が黒ずむことがあった

④地元婦人会の声を受け、市役所が主体になり、公害の克服に取り組んだ

---

**【問9】北九州エコライフステージでは、「市民環境力」の向上を目指して、さまざまな工夫がされています。北九州エコライフステージの特徴としてあてはまらないものは、次のうちどれでしょう。**

①シンボル事業「エコライフステージ」は、市民、NPO、企業、学校、行政などさまざまな団体の環境活動を発表する場になっている

②シンボル事業「エコライフステージ」の3つの約束の中に「プラスチックを全く使わない」がある

③「北九州エコライフステージ」は「北九州博覧祭」をきっかけにスタートした

④「北九州エコライフステージ」では、年間を通じて様々なイベントが行われている

---

**【問10】持続可能な開発のための教育のことをESD（Education for Sustainable Development）といいます。ESDに関する記述として正しいものは、次のうちどれでしょう。**

①ESDの分野は環境問題のみをテーマに活動している

②北九州まなびとESDステーションではイベントや講義が開催されている

③北九州にはESDの推進拠点「RCE」はない

④ESDに取り組むのは日本だけである

---

**【問11】地球温暖化について、正しい説明は、次のうちどれでしょう。**

①地球温暖化対策には緩和策と適応策がある

②地球温暖化が進むと、海面が下降するといわれている

③ストックホルム協定は温室効果ガス削減へ向けた国際的な枠組みで、歴史上初めて、すべての国が参加する公平な合意である

④世界全体での温室効果ガス排出削減の1つとして、1997年の「福岡議定書」がある

# 過去問題

## 【2021年度】北九州市環境首都検定問題

**【問12】北九州次世代エネルギーパークは、太陽光発電や風力発電などいろいろなエネルギー関連施設が集まった場所です。国内最大級のエリアです。北九州次世代エネルギーパークがある場所は次のうちどれでしょう。**
①八幡東区東田地区
②若松区響灘地区
③小倉南区平尾台地区
④門司区門司港レトロ地区

---

**【問13】北九州市のごみ処理についての説明のうち、間違っているものは、次のうちどれでしょう。**
①家庭ごみのリサイクル率は2007年度から13年連続で30%以上を維持している
②北九州市のごみ処理理念は「処理重視型」から「リサイクル型」、「循環型」、「循環型＋低炭素＋自然共生」と変化してきた
③2019年度は基準年の2003年度と比較して、ごみ処理費用を43億円削減した
④北九州市は1998年に資源化物の有料指定袋制度を導入し、ごみの量は約2万トン減少した

---

**【問14】「北九州エコタウン事業」についての説明のうち正しいものは、次のうちどれでしょう。**
①北九州エコタウンの視察者はこれまでで通算1万人にのぼる
②風力発電関連産業を中心とした再生可能エネルギー関連産業の集積が進んでいる
③「教育・基礎研究」「技術・実証研究」「事業化」の「北九州方式3点セット」で総合的に展開している
④総投資額は約1兆円、雇用者は1万人を超え、産業振興の面からも成果をあげている

---

**【問15】環境産業の推進の説明として正しいものは、次のうちどれでしょう。**
①地域産業界の環境意識の高揚と、環境ビジネスの振興・発展を図ることを目的に九州最大規模の環境見本市「エコテクノ」を開催している
②北九州市では2004年度から、優れた環境人材の創出を目的として、エコライフステージを実施している
③環境ミュージアムを基盤として都市部の食品廃棄物を堆肥として地域で循環させる取り組みを行っている
④「九州環境技術創造道場」とは、環境負荷の逓減に取り組む事業者を第三者が評価・認定する制度である

---

**【問16】産学官連携事業の1つとして、シャボン玉石けん株式会社が北九州市と連携して開発したものは、次のうちどれでしょう。**
①使用量を従来の約12分の1にできる環境配慮型除雪剤
②放水量を従来の約17分の1にできる環境配慮型消火剤
③無添加で使用量を約5分の1にできる環境配慮型除草剤
④無添加で使用量を約3分の1にできる環境配慮型洗車剤

---

**【問17】北九州エコプレミアムの説明として適切なものは、次のうちどれでしょう。**
①2015年の国連サミットに合わせて創設された
②海外を含め市内外の企業を対象としている
③独自開発された製品で98%以上リサイクルの製品のみを対象としている
④「新規性・独自性」「市場性」の面で評価が高いものを「いち押しエコプレミアム」に選定している

---

**【問18】北九州市が公害克服の過程で培った技術・ノウハウを活用して行う環境国際協力について正しいものは、次のうちどれでしょう。**
①北九州市は、アジアの環境人財育成拠点を目指している
②KITA（北九州国際技術協力協会）はJICA（国際協力機構）の国際研修を中心とした研修員の受入れだけを行っている
③北九州市とプノンペン都の交流は、都市間環境協力がODA（政府開発援助）案件に発展した初のケースだった
④北九州市の環境国際協力の原点は、海外派遣事業である

※【問1～35】は、一般編・上級編共通／☆【問36～40】は、一般編のみ／★【問36～50】は、上級編のみの問題です。

**【問19】北九州市が行った環境国際協力と国・都市の組合せで、正しいものは、次のうちどれでしょう。**

①生ごみコンポスト化技術　=インドネシア・スラバヤ市
②飲料可能な水道水の実現　=フィリピン・マニラ市
③大気改善のための都市間連携協力事業　=ベトナム・ハイフォン市
④クリーナープロダクション技術　=インド・ニューデリー

---

**【問20】2010年に開設された「アジア低炭素化センター」の役割として正しいものは、次のうちどれでしょう。**

①アジア諸国に北九州市の公害克服の歴史を伝える
②アジア諸国の低炭素化の実績を展示する
③アジア諸国のうち北九州市と関連が深い都市の二酸化炭素の排出量を監視する
④アジア諸国に対して高い技術力の市内企業による環境ビジネス参入を支援する

---

**【問21】海外水ビジネスについての説明のうち、正しいものは、次のうちどれでしょう。**

①1999年から水道復興に関わり、「アフリカの奇跡」と世界的に評される成果を上げた
②外国へ日本の高度浄水処理技術の導入
③エコタウンセンターを中核とした水ビジネスの国際戦略拠点づくり推進
④飲料用としての北九州市の水と浄水器の販売

---

**【問22】北九州市の自然と人とのかかわりの歴史や経験を活かし、将来にわたって豊かな自然の恵みを享受できる社会の実現を目指すことを目的として「第2次北九州市生物多様性戦略」が策定されました。この戦略は生物多様性の4つの危機に対応した5つの基本目標を設定しています。5つの基本目標に含まれるものは、次のうちどれでしょう。**

①祭事への参加を通じた歴史的文化継承の重要性の市民への浸透
②地球規模の視野を持って行動できるような高い市民環境力の醸成
③自然環境の適切な保全による、森・里・川・海などがもつ多様な機能の抑制
④人と歴史の関係を見直し、過去から多くの恵みを感受できる状態の維持

---

**【問23】北九州市が誇る豊かな自然についての説明のうち、間違っているものは、次のうちどれでしょう。**

①平尾台の鍾乳洞からナウマンゾウの化石が発見されている
②曽根干潟では「生きている化石」と呼ばれるカブトガニを見ることができる
③大陸系の野鳥と日本を縦断する野鳥が交差する「渡りの十字路」として有名
④響灘ビオトープでは、ズグロカモメなど100種類以上の野鳥が確認されている

---

**【問24】北九州市が行っている環境を持続させる取り組みとして、正しいものは次のうちどれでしょう。**

①山田緑地の保護区域では人為的なコントロールは一切行わない
②北九州市内には各区にほたる館がある
③植樹プロジェクトとして15年間で15万本の木を植える予定である
④北九州エコハウスは「市民と自然を結ぶ窓口」を基本理念とし、自然と動物とのふれあいを通して学習する自然環境教育施設である

---

**【問25】1960年代の大気は喘息などの健康被害を出すほど汚れていましたが、現在は青い空を取り戻すことができています。大気の安全について正しいものは、次のうちどれでしょう。**

①秋から春にかけて天気が良くて、気温が高く風の弱い日は光化学スモッグが発生しやすい
②PM2.5は春に高くなる傾向があり、高濃度になると福岡県が注意喚起を行う
③現在は大気汚染が大幅に改善され、PM2.5など11項目のうち、すべての項目が環境基準に適合している
④大気汚染の状況を把握するため、北九州市は7か所の測定局で常時監視測定している

# 過去問題

## 【2021年度】北九州市環境首都検定問題

**【問26】公害克服から官民一体となった努力の末、北九州市の水環境は大幅に改善しました。北九州市の水環境について正しいものは、次のうちどれでしょう。**

①私たちは1人1日あたり約210リットルの汚水を出している
②北九州市における下水道普及率は100%であり、国内では北九州市のみである
③北九州市では、5つの浄水場で汚水処理し、洞海湾の環境を保っている
④洞海ビオパークは日明浄化センターの処理水を、植物を利用してさらに浄化し、水辺の生き物たちのすむせせらぎを創出した施設である

---

**【問27】公害に関する説明として、正しいものは次のうちどれでしょう。**

①公害は大気汚染、水質汚染、土壌汚染、騒音の大きく4つに分類される
②騒音は健康被害をもたらすことは比較的少ないので、公害苦情の中の割合も小さい
③土壌汚染の原因は、有害物質を含む工場排水の地下浸透などが考えられるが、元々土壌が含んでいる場合などの自然的原因によるものもある
④ダイオキシン類は有害であるが、微量であれば人の健康に影響を与えることは全くない

---

**【問28】開発事業に着手する前に、環境や周囲の人々に与える悪影響を極力抑えるために行う手続きが「環境アセスメント(環境影響評価)」です。環境アセスメントの対象となる評価項目について、間違っているものは、次のうちどれでしょう。**

①景観などの社会環境
②生態系などの自然環境
③騒音などの生活環境
④利便性などの交通環境

---

**【問29】北九州市では環境施設等を活かした観光を「環境観光」として位置付けています。北九州市での環境観光の説明として適切でないものは、次のうちどれでしょう。**

①SDGs未来都市として「SDGs修学旅行」に取り組んでいる
②「次世代エネルギーパーク」では資源循環を中心に学ぶことができる
③夜の「工場夜景」を見ることができる
④北九州市には世界文化遺産がある

---

**【問30】北九州市は城下町や宿場町などの町並みや、ものづくりの産業遺産が現存する一方で平尾台などの豊かな自然にも恵まれており、都市と自然が近接した、多様で魅力的な景観を有しています。北九州市の景観づくりとして、間違っているものは、次のうちどれでしょう。**

①2020年に「和布刈公園第二展望台」が「日本夜景遺産」に認定された
②「北九州市景観づくりマスタープラン」には「おもてなしの視点」など4つの視点が取り入れられている
③北九州市は、2018年に「札幌市」「長崎市」とともに「日本新三大夜景都市」に認定された
④公共による重点的な景観整備などにより、まちなみの景観向上を図る地区「景観重点整備地区」は各区に1つ、全体で7つある

---

**【問31】北九州市ではまちの魅力や価値を高める取り組みを行っています。北九州市が行っているまちづくりについての説明のうち、正しいものは次のうちどれでしょう。**

①迷惑行為防止重点地区で過料が取られることはない
②迷惑防止重点地区とは小倉都心地区、黒崎副都心地区、東田みらい地区、平尾台自然地区の4つの地区のことである
③現在、約560団体、12,000人以上の市民ボランティアが身近な公園や道路沿いの花壇などを自主的に管理している
④主要駅周辺における歩道のバリアフリー化は2020年度末時点で50%である

※【問1～35】は、一般編・上級編共通／☆【問36～40】は、一般編のみ／★【問36～50】は、上級編のみの問題です。

**【問32】家庭ごみとして捨てられている携帯電話やデジタルカメラには、貴重な資源が多く使われています。北九州市では回収品目を投入口（25㎝×8.5㎝）に入る家電製品と定め、リサイクル事業を実施しています。小型電子機器の分別回収についての説明のうち正しいものは、次のうちどれでしょう。**

①国内メーカーのみを対象としている
②個人情報は消さないままで全く問題ない
③回収ボックスは区役所や市民センターなどにある
④壊れた製品を回収することはできない

---

**【問33】北九州市の廃食用油の回収についての説明のうち、正しいものは次のうちどれでしょう。**

①廃食用油の回収専用ボトルを購入して油回収ボックスへ入れる
②植物性油のみが回収の対象である
③回収された廃食用油はリサイクルし、救急車や消防車の燃料として利用される
④廃食用油の中に天かすなどが入っている方が再利用に適している

---

**【問34】家庭における節電に関する説明について、間違っているものは、次のうちどれでしょう。**

①家庭の消費電力においてエアコンの割合が一番高い
②家電を使わないときはコンセントを抜くことで、待機電力を節約できるが、待機電力の消費電力に占める割合は6パーセント程度である
③家庭では節電のため、エアコンと扇風機の同時使用は避ける
④エアコンの設定温度を1℃変えると、消費電力は1割変わる

---

**【問35】わたしたちの身の回りには、様々な環境マークが使われています。間伐材を用いた製品に表示することができる「間伐材マーク」は、次のうちどれでしょう。**

④

---

☆**【問36】北九州市では、まち美化のためのさまざまな活動の参加を市民の皆さんに呼び掛けています。この活動のうち、「市民いっせいまち美化の日」は、次のうちどれでしょう。**

①10月の第1日曜日
②5月30日
③6月5日
④10月1日から7日

---

☆**【問37】特定外来生物は（ア）「飼育、栽培、保管および運搬すること」、（イ）「輸入すること」、（ウ）「野外へ放つ、植えるおよびまくこと」が規制されています。北九州市で確認されている特定外来生物の組み合わせとして、正しいものは次のうちどれでしょう。**

①ウシガエル　　イノシシ
②ミシシッピアカミミガメ　　ヒアリ
③カミツキガメ　　アライグマ
④ブルーギル　　タヌキ

# 過去問題

## 【2021年度】北九州市環境首都検定問題

☆【問38】**地球温暖化の影響で氷が溶け始めた北極からやってきて、エコが得意な（ A ）は友達のブラック（ A ）と日々環境活動に励んでいます。（ A ）は最近ではSNSでも多くの情報を発信しています。（ A ）の名前として正しいものは次のうちどれでしょう。**

①ゼロたん ②エコたん ③しろたん ④ていたん

---

☆【問39】**北九州市の環境学習施設の説明として、正しいものは次のうちどれでしょう。**

①北九州市のごみ焼却工場は皇后崎、新門司、戸畑の3つである
②北九州市の浄水場は井手浦、穴生、本城の3つである
③北九州市のかんびん資源化センターは日明、本城、新門司の3つである
④北九州市の下水道浄化センターは、日明、響灘、曽根の3つである

---

☆【問40】**北九州市の家庭ごみの分け方・出し方で正しいものは、次のうちどれでしょう。**

①陶器やガラスは家庭ごみとして出せない
②消火器は粗大ごみとして出す
③プラスチック製容器包装の収集日は週二回である
④テレビは粗大ごみとして出すことができない

---

★【問36】**「九州環境技術創造道場」についての説明で、下線部分に間違いを含むものは、いくつあるでしょうか。**

**「九州環境技術創造道場」は、優れた環境人材の創出を目的として、平成16年度に北九州市の主催により発足し、平成30年度までは道場長 花嶋 正孝（福岡大学名誉教授）、令和元年度からは道場長 伊藤 洋（北九州市立大学教授）により開催しております。**

**この道場で育成する人材は、環境、特に廃棄物分野での実務的な専門知識を有する気概のある技術者であり、受講後は国内、ひいてはアジアの廃棄物問題の総合的な環境ビジネスリーダーとしての活躍を期待するものです。**

①1つ ②2つ ③3つ ④なし

---

★【問37】**アスベスト（石綿）に関する記述で、妥当でないものは次のうちどれでしょう。**

①アスベストは、安価な上、耐火性、断熱性、防音性、絶縁性など様々な機能があることから、その多くが建築材料（建材）として使われてきた
②アスベストは自然界に存在しないため、その粉じんを吸入することで、肺がん、悪性中皮腫、石綿肺といった健康被害を引き起こす可能性がある
③建物の解体・補修工事を実施する者は、大気汚染防止法に基づき、アスベスト含有建材の使用箇所を特定するため、事前調査を実施しなければならない
④個人がDIYで実施する建物の補修工事においても、大気汚染防止法に基づき、アスベストの事前調査を実施しなければならない

---

★【問38】**本市では公共用水域における水質モニタリングを行っていますが、次のうち正しいものはどれでしょう。**

①本市における海水浴場の水質調査は、岩屋と脇田の海水浴場で、開設前（シーズン前）のみ実施している
②本市における湖沼の環境基準は、ます渕ダムのみ設定されており、福岡県の告示により類型指定が行われ環境基準値が定められた
③海域における環境基準としては、水素イオン濃度（pH）、化学的酸素要求量（COD）、浮遊物質量（SS）等があり、指定された類型によりそれぞれの環境基準値が異なる
④河川、海域等の「人の健康の保護に関する環境基準（健康項目）」と「地下水の水質汚濁に係る環境基準」は同一項目、同一基準値である

※【問1～35】は、一般編・上級編共通／☆【問36～40】は、一般編のみ／★【問36～50】は、上級編のみの問題です。

**★【問39】2021（令和3）年6月9日、「国・地方脱炭素実現会議」において、地域課題を解決し、地域の魅力と質を向上させる地方創生に資する脱炭素に、国全体で取り組み、さらに世界へと広げるために、特に2030年までに集中して行う取組・施策を中心に、地域の成長戦略ともなる地域脱炭素の行程と具体策を示した、「地域脱炭素ロードマップ」が決定されました。その中で脱炭素に向けて、地方自治体・事業者が何をすべきか、できるのか、脱炭素先行地域を含め全国津々浦々で取り組むことが望ましい脱炭素の基盤となる重点対策が示されました。次のうち、重点対策として間違っているものはどれでしょう。**

①屋根置きなど自家消費型の太陽光発電
②住宅・建築物の省エネ性能等の向上
③ゼロカーボン・ドライブ（再エネ×EV/HV/PHEV/FCV※）
④食料・農林水産業の生産力向上と持続性の両立
※ EV（電気自動車）、HV（ハイブリッド車）、PHEV（プラグインハイブリッド車）、FCV（燃料電池自動車）

---

**★【問40】中国・大連市との環境国際協力に関する記述のうち間違っているものは、次のうちどれでしょう。**

①北九州市の環境国際協力の第一号は大連市との協力であった
②1996年の「大連市モデル地区計画」はODAに採択された
③2001年に大連市は国際連合工業開発機構（UNIDO）の「グローバル500」を受賞した
④北九州市は「大連環境モデル地区計画」の実現に向けて、環境行政（法制度、組織体制等）、環境モニタリング、下水処理、工場の低公害型生産技術（クリーナープロダクション）の分野において、本市に蓄積された経験と技術を活かした開発調査を行った

---

**★【問41】北九州市では、資源化物を再利用するため各所（各市民センターおよびお店など）に回収品目は異なりますが回収ボックスを設置しています。現在、回収することのできる品目はいくつあるでしょう。**

①4品目　②6品目　③8品目　④9品目

---

**★【問42】北九州市では、指定袋・粗大ごみ収集・回収ボックスによる拠点回収等により「資源・ごみ」の収集を行っていますが、下記の中で「市が収集しないもの」はいくつあるでしょう。**

**・使用済み注射針　　・衣類乾燥機**
**・事業所から出る弁当容器　　・事業所から出る書類**
**・水銀体温計　　・土（10kg）**
**・農薬　　・自動車用のタイヤ**

**（注）ここでいう事業所とは、住居と構造上一体でないものとする。**

①5つ　②6つ　③7つ　④8つ

---

**★【問43】現在北九州市が、推進している「再エネ100%北九州モデル」について、正しい記述は次のうちどれでしょう。**

①エアコンなどの省エネ機器を電力会社が設置する、いわゆる「第三者所有方式」で再エネの導入と省エネ対策を図る
②全ての公共施設に北九州市が太陽光パネルを設置し、施設で使用する電力を再生可能エネルギーで賄うことを目指す
③ステップ1からステップ3の3段階に分かれており、ステップ2では太陽光発電の出力制御の低減に向けて系統の増強を目指す
④2050年度までに北九州市の全ての公共施設に再エネ電力の供給を行うことで脱炭素社会の実現に貢献する

# 過去問題

## 【2021年度】北九州市環境首都検定問題

★【問44】**洋上風力発電に係る説明として、間違っているものは、次のうちどれでしょう。**

①洋上風力発電は、現在は風車を浮かせて設置する「浮体式」が主流だが、水深の深い海域にも対応できるよう、海底に基礎を固定する「着床式」の開発が期待されている

②現在開発されている洋上風車について、出力が12～16MWのものは、最大到達点が300mを超えるものもある

③令和2年9月、北九州港は、洋上風車の積み出し拠点機能等を担う港湾として、国土交通大臣から、港湾法に基づく初の『海洋再生可能エネルギー発電設備等拠点港湾（基地港湾）』に指定された。指定港は、北九州港のほか秋田港、能代港、鹿島港の国内4港である

④北九州港内の大規模な洋上ウインドファームは、2022年度に着工し、2025年度に運転開始の予定である

---

★【問45】**令和3年8月に策定した「第2期北九州市循環型社会形成推進基本計画」の目標項目のうち、間違っているものは次のうちどれでしょう。**

①市民1人一日あたりの家庭ごみ量

②事業系ごみ量（市の施設で処理した量）

③リサイクル率（一般廃棄物）

④古紙のリサイクル量

---

★【問46】**北九州市では食べ物の「もったない」をなくす取り組みとして、「残しま宣言」運動を実施していますが、日本全体では、まだたくさんの食品ロスが発生しています。「令和2年度食品廃棄物等の発生抑制及び再生利用の促進の取組に係る実態調査」（環境省）についての説明のうち、正しいものは次のうちどれでしょう。**

①家庭から排出される食品ロスの発生量を平成30年度と令和元年度で比較すると、直接廃棄の量は令和元年度の方が少ないが、食べ残しは令和元年度の方が多い

②家庭から排出される食品ロスの発生量に占める過剰除去の割合は、平成30年度と令和元年度を比較すると、令和元年度の方が高い

③令和元年度の家庭から排出される食品ロスの発生量のうち、直接廃棄の割合の方が食べ残しの割合より高い

④家庭から排出される食品ロスの発生量は、平成28年度から令和元年度にかけて毎年減少している

---

★【問47】**北九州市で見られる鳥のうち、鳥の名前と季節区分の組み合わせが間違っているものは次のうちどれでしょう。**

| 鳥 | | 季節区分 |
|---|---|---|
| ①チュウシャクシギ | － | 冬鳥 |
| ②オオヨシキリ | － | 夏鳥 |
| ③ミサゴ | － | 留鳥 |
| ④クロツラヘラサギ | － | 冬鳥 |

---

★【問48】**特定外来生物について、AからCにあてはまる言葉について正しいものは、次のうちどれでしょう。**

**令和2年11月より、外来生物法に基づき、（　A　）などの外来ザリガニなどを含む14種が特定外来生物に指定された。特定外来生物に指定された場合、運搬、販売・譲渡、野外に放つことなどが原則禁止され、違反した場合は外来生物法に基づき、個人の場合は最大で（　B　）万円の罰金もしくは3年間の懲役、法人の場合は最大で1億円の罰金が科される。外来生物法では、外来生物のなかでも「特定外来生物」による生態系、人の（　C　）・身体、農林水産業への被害を防止することを目的にしている。**

| A | B | C |
|---|---|---|
| ①アメリカザリガニ | 30 | 生活 |
| ②ミステリークレイフィッシュ | 300 | 生命 |
| ③アメリカザリガニ | 300 | 生命 |
| ④ミステリークレイフィッシュ | 30 | 生活 |

※【問1～35】は、一般編・上級編共通／☆【問36～40】は、一般編のみ／★【問36～50】は、上級編のみの問題です。

**★【問49】2018年度の北九州市における産業廃棄物の発生量及び処理状況（推計結果）に関する記述として間違っているものは、次のうちどれでしょう。**

①この調査の目的は、北九州市内における産業廃棄物の発生量及びその処理・再生利用等の実態を把握することである

②産業廃棄物（特別管理産業廃棄物）の排出量とは、生産工程等において不要となった物が発生し、これら不要物に対して何ら操作を加えていない時点での量とし、何ら操作を加えなくても直接有償売却できる量（以下、「有価物量」という。）や直接自ら再生利用できる量を含んでいる。また、発生量とは、有価物量、保管量を差し引いた量であり、産業廃棄物の自社処理や産業廃棄物を直接委託処理した量である

③本市で排出量が最も多いものは全国同様に汚泥であるが、汚泥に次いで多いものは、本市では鉱さいであるのに対し、全国では動物（家畜）のふん尿である

④産業廃棄物を市内の中間処理業者に処理を委託した量は、67万トンであり、直接委託中間処理量（97万トン）の69%を占めており、市内で発生した産業廃棄物の6割以上は、市内で処理されている

---

**★【問50】北九州市環境基本計画についての説明のうち、間違っているものは次のうちどれでしょう。**

①北九州市環境基本計画における基本理念は「環境首都グランドデザイン」の基本理念を継承している

②北九州市環境基本計画には、4つの政策目標があり、そのうちの1つは、「世界をリードするエネルギー循環システムの構築」である

③北九州市環境基本計画では基本理念として「真の豊かさ」にあふれるまちを創り、未来の世代に引き継ぐことを、あらゆる行動の最上位の価値基準に位置付けている

④北九州市基本計画における「真の豊かさ」とは経済的・物質的な豊かさだけではなく、精神的な豊かさも含まれる

# 過去問題 解答・解説 【2021年度】北九州市環境首都検定問題

【問1】②2つ
SDGsは17の目標が設定されており、先進国も開発途上国も取り組むことになっています。SDGsは政府や大企業だけが取り組むものではなく、一人ひとりが身の回りの生活を意識して行動するための目標です。

【問2】

| | A | B | C |
|---|---|---|---|
| ② | SDGs未来都市 | 真の豊かさ | 経済、社会、環境 |

北九州市が「SDGs未来都市」として目指すまちの姿は「真の豊かさ」にあふれ、世界に貢献し、信頼されるグリーン成長都市です。その達成に向けて経済、社会、環境の3つの柱に沿ったさまざまな取り組みを進めていきます。

【問3】①マイクロプラスチックには有害な物質が付着しやすい性質があり、それが食物連鎖に取り込まれるが、生態系に及ぼす影響は全くない
5mm以下の大きさのプラスチックをマイクロプラスチックといいます。マイクロプラスチックには有害な物質が付着しやすい性質があり、それが食物連鎖に取り込まれ、生態系に影響を及ぼす影響が懸念されています。

【問4】③「$CO_2$フリー水素」の実証事業を開始した
若松区の響灘地区で2020年度から「$CO_2$フリー水素」の実証事業を開始しました。響灘地区にある複数の再生可能エネルギーを使って、「$CO_2$フリー水素」をつくり、燃料電池自動車の燃料にしたり、公共施設などの電気や熱として使ったりします。水素ステーションは小倉、東田の2か所にあり、FCVでは燃料満充填から一般家庭の使用する電力の約7日分の電力供給が可能です。

【問5】①2018年度、日本の発電電力量に占める再生可能エネルギーの割合は、水力発電を含めると10%を超えている
2018年度の日本の発電電力量に占める水力発電の割合は3.5%、その他の再生可能エネルギーの割合は8.2%なので、2つを合わせると10%を超えます。1970年代のオイルショックまではエネルギーを石油に依存していました。2018年度の日本のエネルギー自給率は11.8%程度です。2013年度の原子力発電量は日本の発電電力量の1%です。

【問6】③北九州市では、港湾法初の大規模な洋上ウインドファームの設置が予定されており、ここでの年間発電予定量は、15～17万世帯の1年分の電力使用量に相当する
風力発電は将来的には発電コストの低下による経済性が期待されています。洋上風力発電はイギリスやドイツをはじめとするヨーロッパでの導入が進んでおり、日本でも今後整備が進むことが期待されています。

【問7】④北九州市は2025年までに市が電気代を負担する市有施設の電気を再エネ100%にする
「再エネ100%北九州モデル」では太陽光パネルや蓄電池、省エネ機器を電力会社が設置する「第三者所有方式」で再エネの導入と省エネ対策を図っています。ゼロカーボンシティとは二酸化炭素の排出を全体としてゼロにすることで、二酸化炭素を全く排出しないわけではありません。北九州市は2020年10月29日にゼロカーボンシティを表明し、2021年3月に気候非常事態を宣言しました。

【問8】④地元婦人会の声を受け、市役所が主体となり、公害の克服に取り組んだ
当時、洞海湾は大腸菌も住めないほど汚れ、「死の海」と呼ばれました。工場から出る七色の煙は発展の象徴でもありましたが、多くの人が健康被害に苦しみました。1965年に戸畑婦人会協議会が8ミリ記録映画「青空が欲しい」を自主制作するなどして立ち上がったことを契機に、産・官・民が協力して公害の克服に立ち上がりました。

【問9】②シンボル事業「エコライフステージ」の3つの約束の中に「プラスチックを全く使わない」がある
エコライフステージの3つの約束はグリーン電力の利用、ごみを出さない、フードロスゼロの推進です。

【問10】②北九州まなびとESDステーションではイベントや講義が開催されている
ESDの分野は環境問題だけにとどまらず福祉、人権、男女共同参画、多文化共生など多岐にわたります。RCEとは「Regional Centre of Expertise on ESD」の略で大牟田など北九州もあわせて8地域あります。ESDは日本だけでなく世界で取り組んでいます。

※【問1～35】は、一般編・上級編共通／☆【問36～40】は、一般編のみ／★【問36～50】は、上級編のみの問題です。

**【問11】①地球温暖化対策には緩和策と適応策がある**

緩和策とは温室効果ガスの排出削減と吸収源の対策で、適応策とは影響への備えと新しい気候条件の利用のことです。地球温暖化が進むと、海面が上昇するといわれています。温室効果ガス削減へ向けた国際的な枠組みで、歴史上初めて、すべての国が参加する公平な合意はパリ協定です。1997年は「京都議定書」です。

**【問12】②若松区響灘地区**

北九州次世代エネルギーパークは若松区響灘地区にあります。太陽光発電や大型風力発電、大型のバイオマス・石炭混焼発電、廃食用油からのバイオディーゼル燃料製造設備などがあります。

**【問13】④北九州市は1998年に資源化物の有料指定袋制度を導入し、ごみの量は約2万トン減少した**

1998年に資源化物ではなく、家庭ごみの有料指定袋制度を導入し、ごみの量は6%、約2万トン減少した。

**【問14】③「教育・基礎研究」「技術・実証研究」「事業化」の「北九州方式3点セット」で総合的に展開している**

北九州エコタウンの視察者は年間約10万人が訪れています。再生可能エネルギー関連産業が集積されているのは、次世代エネルギーパークです。エコタウンには、各種リサイクル工場の集積が進んでいます。エコタウンの総資産額は約863億円、雇用者数は約1,100名です。

**【問15】①地域産業界の環境意識の高揚と、環境ビジネスの振興・発展を図ることを目的に九州最大規模の環境見本市「エコテクノ」を開催している**

2004年度から、優れた環境人材の創出を目的として実施しているのは「九州環境技術創造道場」です。都市部の食品廃棄物を堆肥として地域で循環させる取り組みなどの基盤となっているのは「エコタウン」です。環境負荷の逓減に取り組む事業者を第三者が評価・認定する制度は「エコアクション（EA）21」です。

**【問16】②放水量を従来の約17分の1にできる環境配慮型消火剤**

シャボン玉石けん株式会社は北九州市消防局の提案をうけ、北九州市立大学(上江州一也教授・河野智謙教授)などとの連携体制で7年をかけて、少水量で効果を発揮する消火剤を2007年に開発しました。

**【問17】④「新規性・独自性」「市場性」の面で評価が高いものを「いち押しエコプレミアム」に選定している**

北九州エコプレミアムは2004年度に創設されました。北九州市内の企業のみが対象で、「廃棄物を使用したリサイクル製品」に限定せず、製品のライフサイクルの観点から環境負荷を減らした製品、技術としました。選定されたエコプロダクツやエコサービス、「いち押しエコプレミアム は北九州市のホームページでも公開され、ビジネスチャンスを得ることもできます。

**【問18】①北九州市は、アジアの環境人財育成拠点を目指している**

KITA(北九州国際技術協力協会)はJICA（国際協力機構）の国際研修を中心とした研修員の受入れだけでなく、現地での技術指導も行っています。都市間環境協力がODA（政府開発援助）案件に発展した初のケースは北九州市と大連市の取組です。北九州市の環境国際協力の原点は、研修事業です。

**【問19】①生ごみコンポスト化技術　　　　=インドネシア・スラバヤ市**

インドネシア・スラバヤ市では、北九州市が生ごみコンポスト化技術の普及に協力し、ごみ減量化に貢献しました。飲料可能な水道水の実現を行ったのはカンボジアのプノンペンで、「プノンペンの奇跡」といわれる大きな成果を上げました。大気改善のための都市間連携協力事業を行ったのは、上海市などの中国の6都市です。北九州市がクリーナープロダクション技術の分野で協力したのは中国の大連市です。

**【問20】④アジア諸国に対して高い技術力の市内企業による環境ビジネス参入を支援する**

アジア低炭素化センターではアジア諸国に対して高い技術力の市内企業による環境ビジネス参入を支援しています。

# 過去問題 解答・解説

## 【2021年度】北九州市環境首都検定問題

**【問21】②外国へ日本の高度浄水処理技術の導入**

北九州市上下水道局は1990年から25年以上にわたり、継続的に上下水道分野の国際技術協力に取り組み、1999年には「プノンペンの奇跡」と世界的に評価される大きな成果を上げました。水ビジネスの国際戦略拠点づくりの中核はウォータープラザです。飲料水としての販売は行っていません。

**【問22】②地球規模の視野を持って行動できるような高い市民環境力の醸成**

「第2次北九州市生物多様性戦略」の中の5つの基本目標は次のとおりです。①自然とのふれあいを通じた生物多様性の重要性の市民への浸透②地球規模の視野を持って行動できるような高い市民環境力の醸成③自然環境の適切な保全による、森・里・川・海などがもつ多様な機能の発揮④人と自然の関係を見直し、自然から多くの恵みを感受できる状態の維持⑤自然環境調査を通じて情報を収集、整理、蓄積し、保全対策などでの活用

**【問23】④響灘ビオトープでは、ズグロカモメなど100種類以上の野鳥が確認されている**

ズグロカモメが確認されているのは、曽根干潟です。他にも曽根干潟にはカブトガニ、アオギス、シオマネキなど珍しい生き物も生息しています。響灘ビオトープでは、500種類以上の生き物が、100種類以上の野鳥が確認されていますが、ズグロカモメは確認されていません。

**【問24】①山田緑地の保護区域では人為的なコントロールは一切行わない**

ほたる館は北九州市内には2つあります。植樹プロジェクトでは15年間で100万本植樹する予定です。「市民と自然を結ぶ窓口」を基本理念とし、自然と動物とのふれあいを通して学習する自然環境教育施設は到津の森公園です。

**【問25】②PM2.5は春に高くなる傾向があり、高濃度になると福岡県が注意喚起を行う**

北九州市は光化学オキシダント濃度が0.12ppm以上となり、その状況が継続すると思われる場合に「光化学スモッグ注意報」を発令します。光化学スモッグは春から秋にかけて天気が良くて、気温が高く、風が弱い日に発生しやすいです。現在の大気汚染は光化学オキシダントやPM2.5を除き、全ての項目が環境基準に適合しています。また北九州市内に測定局は18ヶ所あります。

**【問26】①私たちは1人1日あたり約210リットルの汚水を出している**

北九州市の下水道普及率は99.9%です。北九州市では新町、日明、曽根、北湊、皇后崎の5つの浄化センターで汚水処理をしています。浄水場は井手浦、穴生、本城の3つで、安全な水道水を供給しています。洞海ビオパークは皇后崎浄化センターの処理水を利用しています。

**【問27】③土壌汚染の原因は、有害物質を含む工場排水の地下浸透などが考えられるが、元々土壌が含んでいる場合などの自然的原因によるものもある**

公害は大気汚染、水質汚染、土壌汚染、騒音、振動、悪臭、地盤沈下の大きく7つに分類されます。近年は、アスベストや動物の保護など多岐にわたっています。騒音は公害苦情の中で大きな割合を占めています。また、ダイオキシン類は微量であっても人の健康に影響を及ぼすおそれがあるため、排出基準、環境基準などが設定されています。

**【問28】④利便性などの交通環境**

環境アセスメントの対象となる評価項目は、景観などの社会環境、騒音などの生活環境、温室効果ガスなどの地球環境とその他、日照や風害、低周波音などがあります。

**【問29】②「次世代エネルギーパーク」では資源循環を中心に学ぶことができる**

資源循環を中心に学ぶことができるのは、「北九州エコタウン」です。「次世代エネルギーパーク」では、地球温暖化防止や次世代エネルギーについて学ぶことができます。

**【問30】④公共による重点的な景観整備などにより、まちなみの景観向上を図る地区「景観重点整備地区」は各区に1つ、全体で7つある**

「景観重点整備地区」は門司港地区、小倉都心地区、下曽根地区、若松地区、国際通り地区、東田地区、黒崎副都心地区、木屋瀬地区、折尾地区、戸畑地区の10地区です。

※【問1～35】は、一般編・上級編共通／☆【問36～40】は、一般編のみ／★【問36～50】は、上級編のみの問題です。

**【問31】③現在、約560団体、12,000人以上の市民ボランティアが身近な公園や道路沿いの花壇などを自主的に管理している**

迷惑行為防止重点地区として、小倉都心地区、黒崎副都心地区を指定しており、「路上喫煙」「ごみのポイ捨て」「飼い犬のふんの放置」「落書き」の4つの迷惑行為を市の迷惑行為防止巡視員が発見した場合、その場で過料が科されます。主要駅周辺における歩道のバリアフリー化は2020年度末時点で93%です。

**【問32】③回収ボックスは区役所や市民センターなどにある**

回収はすべてのメーカーを対象としています。製品は壊れていても問題ありませんが、個人情報のあるものはあらかじめ、消去しておいてください。

**【問33】②植物性油のみが回収の対象である**

廃食用油は天かすなどのごみを取り除き、飲料用のペットボトルに入れて、ペットボトルごと油回収に入れてください。回収された油はバイオディーゼル燃料などにリサイクルし、エコタウン企業の重機や市営バスの燃料などに利用しています。

**【問34】③家庭では節電のため、エアコンと扇風機の同時使用は避ける**

エアコンの設定温度を1℃変えると消費電力は1割違います。さらに、扇風機を併用すると空気が循環して節電に効果的です。これは、冷房だけでなく暖房にも応用できます。他にも「テレビやパソコンの電源を小まめに切る」「コンセントを抜く」「洗濯機や乾燥機、食器洗い乾燥機などは『まとめて使用』して、運転回数を減らす」「白熱電球を発光ダイオード（LED）に変える」「最新の省エネ家電に買い替える」といったことも、家庭でできるかしこい節電方法です。

**【問35】①**

②は牛乳パック再利用マーク、③は省エネラベリング制度、④はエコマークです。

**☆【問36】①10月の第1日曜日**

「北九州市空き缶等の散乱の防止に関する条例」（まち美化条例）は、平成6年10月1日に施行されました。それにあわせ、毎年10月1日から7日までを「清潔なまちづくり週間」と定め、10月の第1日曜日は「市民いっせいまち美化の日」として、市民が地域の歩道、公園、河川、海浜などを清掃します。5月30日は「ごみゼロの日」と呼ばれ、6月5日は「環境の日」です。

**☆【問37】③カミツキガメ　アライグマ**

イノシシ、ミシシッピアカミミガメ、タヌキは特定外来生物ではありません。

**☆【問38】④ていたん**

最近、ていたんとブラックていたんはTwitterなどを使って北九州市の環境に関わる情報などを発信しています。
よろしければフォロー、リツイートをお願いします。

ていたんTwitter

**☆【問39】②北九州市の浄水場は、井手浦、穴生、本城の3つである**

北九州市のごみ焼却工場は新門司、日明、皇后崎の3つで、かんびん資源化センターは日明、本城の2つです。浄化センターは新町、日明、曽根、北湊、皇后崎の5つです。

**☆【問40】④テレビは粗大ごみとして出すことができない**

テレビは家電リサイクル法の対象なので販売店等に引き取りを依頼してください。消火器は市が回収しないので、販売店・メーカー、専門の処理業者等にご相談ください。プラスチック製容器包装の収集日は週1回です。陶器やガラスは新聞紙などに包んで家庭ごみとして出してください。

# 過去問題 解答・解説 【2021年度】北九州市環境首都検定問題

★【問36】④ なし
「九州環境技術創造道場」は、優れた環境人材の創出を目的として、平成16年度に北九州市の主催により発足し、平成30年度までは道場長 花嶋正孝（福岡大学名誉教授）、令和元年度からは道場長 伊藤 洋（北九州市立大学教授）により開催しております。この道場で育成する人材は、環境、特に廃棄物分野での実務的な専門知識を有する気概のある技術者であり、受講後は国内、ひいてはアジアの廃棄物問題の総合的な環境ビジネスリーダーとしての活躍を期待するものです。
【出典：北九州市ホームページ】「九州環境技術創造道場について」
https://www.city.kitakyushu.lg.jp/kankyou/29100034.html

---

★【問37】②アスベストは自然界に存在せず、その粉じんを吸入することで、肺がん、悪性中皮腫、石綿肺といった健康被害を引き起こす
アスベストは、天然にできた繊維状の鉱物です。アスベストには、蛇紋石系のクリソタイル（白石綿）と角閃石系のクロシドライト（青石綿）、アモサイト（茶石綿）、アンソフィライト、トレモライト、アクチノライトの6種類があります。
【出典：北九州市ホームページ】「アスベスト（石綿）とは」
https://www.city.kitakyushu.lg.jp/kankyou/file_0142.html
「DIYで住宅等の改造・補修等を行う際はアスベストに注意してください」
https://www.city.kitakyushu.lg.jp/kankyou/00600412.html

---

★【問38】②本市における湖沼の環境基準は、ます渕ダムのみ設定されており、福岡県の告示により類型指定が行われ環境基準値が定められた
水質調査は、開設前（シーズン前）だけではなく、開設中（シーズン中）にも同様に実施しています。類型指定は、これ以外にも環境庁（環境省）告示等で行われています。浮遊物質量は、河川及び湖沼で環境基準として設定されているが、海域では設定されていません。「人の健康の保護に関する環境基準（健康項目）」は全27項目、「地下水の水質汚濁に係る環境基準」は全28項目であり、クロロエチレンが追加されています。なお、同じ項目についての基準値は等しいです。
【出典：北九州市ホームページ】「北九州市の環境の現況」
https://www.city.kitakyushu.lg.jp/kurashi/menu01_0420.html
「水質に関する各種届出：水質規制の手引」
https://www.city.kitakyushu.lg.jp/kankyou/file_0463.html

---

★【問39】③ゼロカーボン・ドライブ（再エネ×EV/HV/PHEV/FCV）
ゼロカーボン・ドライブ（略称：ゼロドラ）とは、再生可能エネルギー電力（再エネ電力）と電気自動車(EV)、プラグインハイブリッド車(PHEV)、燃料電池自動車(FCV)を活用した、走行時の$CO_2$排出量がゼロのドライブです。また、動く蓄電池として、定置用蓄電池を代替して、自家発再エネ比率を向上し、災害時には非常用電源として活用し、地域のエネルギーレジリエンスを向上させます。HV（ハイブリッド車）は、外部からの充電及び外部への給電がないため、ゼロカーボン・ドライブの対象車となっていません。
【出典：環境省：脱炭素ポータル】「国・地方脱炭素実現会議（第3回）で『地域脱炭素ロードマップ』が決定!!」
https://ondankataisaku.env.go.jp/carbon_neutral/topics/20210709-topic-06.html

---

★【問40】③2001年に大連市は国際連合工業開発機構（UNIDO）の「グローバル500」を受賞した
「グローバル500」は国際連合工業開発機構（UNIDO）ではなく、国連環境計画（UNEP）の表彰制度です。

---

★【問41】④9品目
現在、9品目（食用油、紙パック・トレイ、蛍光管、乾電池・電子タバコ、水銀体温計、小物金属、小型電子機器、古着、古紙）の回収ボックスが設置されています。
【出典：北九州市ホームページ】「回収ボックス等設置場所」
https://www.city.kitakyushu.lg.jp/kankyou/00800208.html

★【問42】②6つ

「市が収集しないもの」は使用済み注射針、衣類乾燥機、事業所から出る弁当容器、事業所から出る書類、農薬、自動車用のタイヤの6つになります。水銀体温計は回収ボックスにて回収しています。土（10kg）は粗大ごみとして収集しています。

【出典：北九州市ホームページ】「市が収集しないもの」

https://www.city.kitakyushu.lg.jp/kankyou/file_0015.html

★【問43】①エアコンなどの省エネ機器を電力会社が設置する、いわゆる「第三者所有方式」で再エネの導入と省エネ対策を図る

「再エネ100%北九州モデル」では太陽光パネルなどの機器は第三者所有方式をとるため北九州市は設置しません。ステップ2では第三者所有方式で太陽光パネルと蓄電池を設置します。2050年度ではなく、2025年度です。

【出典：北九州市ホームページ】「6月24日報道発表資料」

https://www.city.kitakyushu.lg.jp/files/000936332.pdf

★【問44】①洋上風力発電は、現在は風車を浮かせて設置する「浮体式」が主流だが、水深の深い海域にも対応できるよう、海底に基礎を固定する「着床式」の開発が期待されている。

洋上風力発電は、現在は海底に基礎を固定する「着床式」が主流ですが、水深の深い海域にも対応できるよう、風車を浮かせて設置する「浮体式」の開発が期待されています。一般的に水深50mより浅い海域は「着床式」、水深50mより深い海域は「浮体式」が有利と言われています。

【出典：北九州市ホームページ】「グリーンエネルギーポートひびき事業」

https://www.city.kitakyushu.lg.jp/kou-ku/30300033.html

「海洋再生可能エネルギー発電設備等拠点港湾（基地港湾）の指定について」

https://www.city.kitakyushu.lg.jp/kou-ku/30300034.html

★【問45】④古紙のリサイクル量

項目と目標値の一覧は以下のとおりです。

| 計画目標の項目 | 2019年度<br>（基準年度） | 2025年度<br>（中間目標年度） | 2030年度<br>（最終目標年度） |
|---|---|---|---|
| 市民1人一日あたりの家庭ごみ量 | 468g | 440g以下 | 420g以下 |
| 事業系ごみ量（市の施設で処理した量） | 180,582トン | 167,192トン | 157,682トン |
| リサイクル率（一般廃棄物） | 28% | 30%以上 | 32%以上 |
| うち、家庭系リサイクル率 | 33.1% | 34%以上 | 36%以上 |
| 一般廃棄物処理に伴い発生する$CO_2$排出量 | 88千トン | 60千トン以下 | 60千トン以下 |
| 産業廃棄物の最終処分量 | 203千トン以下<br>（H30実績） | 185千トン以下 | 170千トン以下 |

【出典：北九州市ホームページ】「第2期北九州市循環型社会形成推進基本計画」

https://www.city.kitakyushu.lg.jp/kankyou/01100165.html

★【問46】④家庭から排出される食品ロスの発生量は、平成28年度から令和元年度にかけて毎年減少している

「令和2年度食品廃棄物等の発生抑制及び再生利用の促進の取組に係る実態調査」（環境省）における家庭から排出される食品ロスの発生量の令和元年度と平成30年度の比較は以下のようになります。

| | 直接廃棄<br>（千トン/年） | 過剰除去<br>（千トン/年） | 食べ残し<br>（千トン/年） | 合計<br>（千トン/年） |
|---|---|---|---|---|
| 平成30年度 | 956<br>（34.7%） | 571<br>（20.7%） | 1,230<br>（44.6%） | 2,757 |
| 令和元年度 | 1,069<br>（40.9%） | 376<br>（14.4%） | 1,166<br>（44.6%） | 2,612 |

※小数点以下を四捨五入により端数処理をしているため合計値が一致しない場合があります。

家庭から排出される食品ロスの発生量は平成28年（2,906千トン）平成29年（2,843千トン）、平成30年（2,757千トン）、令和元年度（2,612千トン）と年々減少しています。

【出典：環境省ホームページ】令和2年度食品廃棄物等の発生抑制及び再生利用の促進の取組に係る実態調査

https://www.env.go.jp/content/900532374.pdf

# 過去問題 解答・解説 【2021年度】北九州市環境首都検定問題

★【問47】①チュウシャクシギ　ー　冬鳥
チュウシャクシギは旅鳥です。留鳥とは、周年、ほぼ同じ地域に生息する鳥、旅鳥とは渡り途中で定期的に短期滞在する鳥、夏鳥は夏季を中心に生息し、冬季は飛去する鳥、冬鳥は冬季を中心に生息し、夏季は飛去する鳥のことです。
【出典：北九州市ホームページ】「曽根干潟環境調査結果」
https://www.city.kitakyushu.lg.jp/kankyou/00600337.html

★【問48】②ミステリークレイフィッシュ　300　生命
アメリカザリガニは対象外です。個人の場合は最大300万円の罰金が科されます。外来生物法では、外来生物のなかでも「特定外来生物」による生態系、人の生命・身体、農林水産業への被害を防止することを目的にしています。
【出典：環境省ホームページ、北九州市ホームページ】
「外来ザリガニ」
https://www.env.go.jp/nature/intro/2outline/attention/gairaizarigani.html
「外来生物法と特定外来生物」
https://www.city.kitakyushu.lg.jp/kankyou/00400053.html

★【問49】②産業廃棄物（特別管理産業廃棄物）の排出量とは、生産工程等において不要となった物が発生し、これら不要物に対して何ら操作を加えていない時点での量とし、何ら操作を加えなくても直接有償売却できる量（以下、「有価物量」という。）や直接自ら再生利用できる量を含んでいる。また、発生量とは、有価物量、保管量を差し引いた量であり、産業廃棄物の自社処理や産業廃棄物を直接委託処理した量である
「産業廃棄物（特別管理産業廃棄物）の発生量とは、生産工程等において不要となった物が発生し、これら不要物に対して何ら操作を加えていない時点での量を示し、何ら操作を加えなくても直接有償売却できる量（以下、「有価物量」という。）や直接自ら再生利用できる量を含む。また、排出量とは、有価物量、保管量を差し引いた量であり、産業廃棄物の自社処理や産業廃棄物を直接委託処理した量である。」ことから、発生量と排出量の記述が逆である。
【出典：北九州市ホームページ】「令和2年度事業北九州市における産業廃棄物の発生量及び処理状況2018（平成30）年度（推計結果）」
https://www.city.kitakyushu.lg.jp/files/000843021.pdf

★【問50】②北九州市環境基本計画には、4つの政策目標があり、そのうちの1つは、「世界をリードするエネルギー循環システムの構築」である
北九州市環境基本計画4つの政策目標とは「市民環境力の更なる発展とすべての市民に支えられた「北九州環境ブランド」の確立」「2050年の超低炭素社会とその先にある脱炭素社会の実現」「世界をリードする循環システムの構築」「将来世代を考えた豊かなまちづくりと環境・経済・社会の統合的向上」です。
【出典：北九州市ホームページ】本編・概要版・パンフレット（平成29年11月改定）
https://www.city.kitakyushu.lg.jp/kankyou/file_0283.html

※【問1～35】は、一般編･上級編共通／☆【問36～40】は、一般編のみ／★【問36～50】は、上級編のみの問題です。

# 過去問題

## 【2022年度】北九州市環境首都検定問題

**【問1】北九州市は OECD（経済協力開発機構）の「SDGs 推進に向けた世界のモデル都市」にアジアから唯一選ばれました。OECD がまとめた「OECD　SDGs 北九州レポート」では、北九州市の取り組みが SDGs を活用した相乗効果を生み出す優良事例として高く評価されています。評価されている取り組みとして、間違っている内容のものは、次のうちどれでしょう。**

①環境、上下水道分野の「国際的な環境貢献」
②市内のコミュニティで実施される「子ども食堂」
③響灘沖の「洋上風力発電」
④北九州エコタウン事業

---

**【問2】北九州市のプラスチックごみ削減のための取り組みとして、次のうち、正しいものはいくつあるでしょう。**

- ○　家庭ごみ指定袋などの原材料の一部にバイオマスプラスチックを導入
- ○　プラスチック関連の技術開発を行う市内企業などの取り組みを支援
- ○　スーパー等でのレジ袋の無料配布の推進
- ○　ペットボトルやプラスチック製容器包装の分別収集

①1つ　②2つ　③3つ　④4つ

---

**【問3】北九州市は国と歩調を合わせ、2020年10月に、（　A　）年までの脱炭素社会の実現を目指す「ゼロカーボンシティ」を表明しました。ゼロカーボンシティに向けた取り組みの一つとして、（　B　）年までに市が電気代を負担する市有施設の電気を再エネ100%にすることなどがあります。（　A　）、（　B　）に入る数字として、正しいものは、次のうちどれでしょう。**

| | A | B |
|---|---|---|
| ① | 2030 | 2025 |
| ② | 2050 | 2025 |
| ③ | 2030 | 2050 |
| ④ | 2050 | 2050 |

---

**【問4】北九州市はものづくりのまちとしての産業技術を活かして、あらゆる廃棄物を他の産業やリサイクルの原料として活用し、廃棄物の発生をゼロにするゼロ・エミッションというスローガンをかかげ、循環型社会の形成を目指しています。北九州市の循環型社会の象徴でもあるこの取り組みは、次のうちどれでしょう。**

①ゼロカーボン
②北九州エコタウン事業
③北九州モデル
④クリーナープロダクション

---

**【問5】北九州市のまち美化は、多くの市民の協力のもと、子どもから大人までの幅広い活動によりすすめられています。北九州市のまち美化について、正しいものは、次のうちどれでしょう。**

①幼稚園、保育所の子どもたちは、まち美化の活動に取り組んでいない
②10月の第１日曜日を「市民いっせいまち美化の日」としている
③割れた窓の放置や落書きが特に多いところなど、まち美化が必要な区域を「まち美化促進区域」としている
④道路・公園・河川などをボランティアで清掃している市民に「分別大辞典」を配布している

※【問1～35】は、一般編・上級編共通／☆【問36～40】は、一般編のみ／★【問36～50】は、上級編のみの問題です。

**【問6】「環境学習をするなら北九州市へ」と言えるほど、市内の環境学習施設は充実しており、さまざまな取り組みがすすめられています。北九州市で行われている環境学習の取り組みについての説明として、間違っているものは、次のうちどれでしょう。**

①「公害克服の歴史」「環境にやさしい産業」「豊かな自然」などの学びを取り入れたエコツアーを実施している
②環境学習サポーターとよばれる市民ボランティアが、スペースLABOを拠点として環境学習、活動のサポートをしている
③SDGs 環境アクティブラーニングは市立の小学生を対象に実施している
④北九州市内の小・中・特別支援学校に太陽光発電を設置し、発電パネルなどを使って環境教育の教材として活用している

**【問7】北九州市は「2050 年までに脱炭素社会の実現（温室効果ガスの排出を全体としてゼロとする）」を目指す、ゼロカーボンシティを表明しました。脱炭素につながるイベント情報や北九州市の取り組みなどを発信し、脱炭素のアクション（行動）につなげ、市民、企業みんなで脱炭素（＝ゼロカーボン）の実現に取り組むための北九州市の独自のプロジェクトは、次のうちどれでしょう。**

①COOL CHOICE　②ゼロ・エミ・キタキュー　③KitaQ Zero Carbon　④キタキューニュートラル

**【問8】建築物が環境に与える影響を評価するCASBEEという評価システムがあります。北九州市では独自に重点評価項目を加えた「CASBEE 北九州」を活用した届出制度を実施しています。次のうち、「CASBEE 北九州」の 4 つの重点評価項目でないものは、次のうちどれでしょう。**

①循環型社会への貢献　②地球温暖化対策の推進　③豊かな自然環境の確保　④環境リテラシーの向上

**【問9】北九州市では若松区響灘地区を中心に、風力発電をはじめとする再生可能エネルギーの導入をすすめています。響灘地区で行われている再生可能エネルギーに関する取り組みとして、間違っているものは、次のうちどれでしょう。**

①響灘地区に集積している太陽光や風力などの再生可能エネルギーを使って「$CO_2$ フリー水素」の実証事業が行われている
②風力発電産業の集積等を見据え、大学等と連携し、再生可能エネルギーに資する人材の育成に取り組んでいる
③大規模な陸上ウィンドファームの設置を予定している
④工場廃熱による発電電力などを地域内工場で活用する「エネルギーの地産地消」が行われている

**【問10】1998年に政令市で初めて家庭ごみの有料指定袋制度を導入後、ごみの量は約6%減り、一定の減量効果がありましたが、その後のごみの量は(　A　)でした。このような状態を解消するため、2006 年に家庭ごみ収集制度の見直しを行った結果、翌年度には 2003 年度と比較して約25%の家庭ごみ減量を達成しました。また、ごみ処理にかかる費用も、年間(　B　)億円削減されました。(　A　)、(　B　)に入る言葉として、正しいものは、次のうちどれでしょう。**

| | A | B |
|---|---|---|
| ① | 増加傾向 | 5 |
| ② | 増加傾向 | 10 |
| ③ | 横ばい | 5 |
| ④ | 横ばい | 10 |

**【問11】北九州エコプレミアムについての説明として間違っているものは、次のうちどれでしょう。**

①選定された製品・サービスは、北九州市が PR を支援している
②対象を「廃棄物を使用したリサイクル製品」に限定していない
③製品、技術だけではなく、エコサービスも対象としている
④「新規性・独自性」「リサイクル性」の面で評価が特に高いものを「いち押しエコプレミアム」として選定している

# 過去問題

## 【2022年度】北九州市環境首都検定問題

**【問12】北九州市の国際環境協力の原点は研修事業です。（　A　）では途上国から研修員を受け入れて、公害克服で得た経験や技術を伝え、現地での技術指導も行っています。2021年には海外からの研修員の数は、約 40 年の活動のなかで 10,000人を超え、参加している国は166ヵ国に及んでいます。（　A　）に入る言葉は、次のうちどれでしょう。**

①IGES（地球環境戦略研究機関）　②環境ミュージアム　③KITA（北九州国際技術協力協会）　④ビジターセンター

---

**【問13】北九州市の海外水ビジネス、国際協力に関しての説明として、間違っているものは、次のうちどれでしょう。**

①1990 年代から途上国での水環境改善に協力してきた
②飲料可能な水道水を実現させた「スラバヤの奇跡」がある
③海外水ビジネスを加速させるため「日明汚泥燃料化センター」を整備した
④これまで13ヵ国に200名以上の職員を派遣し、途上国の水環境改善に取り組んでいる

---

**【問14】北九州市は豊かな自然環境に恵まれた都市で、希少な生物を含め数多くの生物が生息しています。響灘ビオトープではこれまでに約 500種の生物が確認されており、その中にはチュウヒ、（　A　）など絶滅危惧種の姿もあります。一方で、近年、北九州市では、生態系などに被害を及ぼすおそれがある（　B　）などの特定外来生物も確認されています。（　A　）、（　B　）に入る言葉として、正しいものは、次のうちどれでしょう。**

| | A | B |
|---|---|---|
| ① | ベッコウトンボ | ワオキツネザル |
| ② | ベッコウトンボ | ブルーギル |
| ③ | ズグロカモメ | ワオキツネザル |
| ④ | ズグロカモメ | ブルーギル |

---

**【問15】北九州市では、いろいろな河川でホタルをみることができます。これは市民が昔からそれぞれの川にホタルがすめるように環境を守ってきたおかげです。北九州市のホタルに関する説明として、次のうち、正しいものはいくつあるでしょう。**

- ○　毎年６月の第１週に市民と市の職員でホタルの飛翔調査を行っている
- ○　北九州市のホタルは自然が豊かな郊外の川でのみ見られる
- ○　ホタルや水辺の生き物について学べるほたる館が市内に１か所ある
- ○　市役所内にホタル保護育成の支援などをおこなう「ほたる係」がある

①1つ　②2つ　③3つ　④すべて正しい

---

**【問16】開発事業などにおいても環境への配慮は必要です。開発事業に着手する前に、その影響をできるだけ抑えるために行われる手続きが「環境アセスメント（環境影響評価）」です。北九州市が1998年に制定した「北九州市環境影響評価条例」及び北九州市の環境保全への配慮に関する説明として、間違っているものは、次のうちどれでしょう。**

①再生可能エネルギーを利用した風力発電所は対象ではない
②小規模な開発事業を行う事業者が適切な環境保全対策を検討する際の手引きとして「北九州市環境配慮指針」がある
③環境影響評価審査会では、生物学や生態学、水大気環境、廃棄物などの学識経験者も審査している
④市民は住民説明会に参加できる

---

**【問17】2018年に改定された北九州市都市計画マスタープランでは、都市ストックを活用したコンパクトなまちづくりを推進しています。このマスタープランの説明として、間違っているものは、次のうちどれでしょう。**

①コンパクトなまちづくりは緑や水辺などが豊かなまちづくりにつながる
②都市ストックの活用は新たな施設整備をすすめていく
③コンパクトなまちづくりは人の移動距離を縮める
④コンパクトなまちづくりの周辺部では自然や農地が乱開発などから守られる

※【問1～35】は、一般編・上級編共通／☆【問36～40】は、一般編のみ／★【問36～50】は、上級編のみの問題です。

**【問18】北九州市には、国や県・市から「指定」や「登録」を受けた歴史的建造物がたくさんあり、これらを守ることは持続可能な街づくりの一つといえます。次の歴史的建造物のうち、公害を克服した洞海湾のシンボル的な存在で、国の指定文化財は、次のうちどれでしょう。**

①小倉城　②門司区役所（旧門司市役所）　③折尾愛真学園記念館（旧折尾警察署庁舎）　④若戸大橋

---

**【問19】北九州市の「資源」と「ごみ」の分け方・出し方について、次のうち、回収ボックスで分別収集していないものは、次のうちどれでしょう。**

①紙パック　②乾電池　③食用油　④LED 蛍光灯

---

**【問20】北九州市は、海や大地の豊かな自然、そこから生まれる豊かな食べ物に恵まれたまちです。北九州市では地元で生産されたものを地元で消費する「地産地消」を推進しています。北九州市でとれる有名な農林水産物のうち、間違っているものは、次のうちどれでしょう。**

①でかにんにく　②大葉しゅんぎく　③潮風キャベツ　④関門海峡たこ

---

**【問21】PM2.5 とは、大気中に含まれる直径が 2.5 マイクロメートル以下の微小な粒子のことで、吸い込んだ場合など、健康への影響が懸念されています。PM2.5 の濃度は、（　A　）に高くなる傾向があり、高濃度の PM2.5（日平均70マイクログラム/㎥を超える）が予想されるときは、福岡県が注意喚起を行います。工場や自動車の排出ガスに含まれている窒素酸化物や炭化水素が、強い日射を受けて化学反応を起こし、光化学オキシダントが生成され、その濃度が高くなると、もやがかかったように遠くが見えにくくなることがあります。この状態は（　B　）といいます。（　A　）、（　B　）に入る言葉は、次のうちどれでしょう。**

| | A | B |
|---|---|---|
| ① | 春 | 光化学スモッグ |
| ② | 春 | 温暖化スモッグ |
| ③ | 冬 | 光化学スモッグ |
| ④ | 冬 | 温暖化スモッグ |

---

**【問22】北九州市では、一般廃棄物処理計画である「第２期北九州市循環型社会形成推進基本計画」を2021年８月策定しました。この計画の基本理念は、『市民・事業者・地域団体・NPO・行政など地域社会を構成する各主体が、（　A　）の実現に向けて主体的・協調的に３R・適正処理に取り組むことを通じ、（　B　）も見据え、持続可能な都市のモデルを目指す』となっています。（　A　）、（　B　）に入る言葉は、次のうちどれでしょう。**

| | A | B |
|---|---|---|
| ① | 日本一住みよいまち | 少子高齢化社会 |
| ② | 日本一住みよいまち | 脱炭素社会 |
| ③ | SDGs | 少子高齢化社会 |
| ④ | SDGs | 脱炭素社会 |

---

**【問23】北九州市は、2018年6月に全国で初めての（　A　）として、他の28自治体とともに選定され、そのうち、10 事業しか選定されない「自治体ＳＤＧｓモデル事業」にも選定されました。北九州市が（　A　）として目指すまちの姿は、（　B　）にあふれ、世界に貢献し、信頼されるグリーン成長都市です。その達成に向けて、（　C　）の3つの柱に沿ったさまざまな取り組みを進めていきます。（　A　）（　B　）（　C　）に入る言葉の組合せがすべて正しいものは、次のうちどれでしょう。**

| | A | B | C |
|---|---|---|---|
| ① | SDGs 環境都市 | 緑の豊かさ | 経済、社会、環境 |
| ② | SDGs 未来都市 | 真の豊かさ | 経済、社会、環境 |
| ③ | SDGs 未来都市 | 緑の豊かさ | 貿易、再生エネルギー拠点、福祉 |
| ④ | SDGs 環境都市 | 真の豊かさ | 貿易、再生エネルギー拠点、福祉 |

# 過去問題

## 【2022年度】北九州市環境首都検定問題

**【問24】2021年８月、北九州市は「北九州市地球温暖化対策実行計画」を改定しました。産・学・官・民によるオール北九州で「市民環境力」を結集して、脱炭素社会の実現に向けた取り組みをこれまで以上に加速させていきます。この計画では、北九州市が目指す2050年の脱炭素社会として、環境と（　A　）の（　B　）を目指しています。**
**（　A　）、（　B　）に入る言葉は、次のうちどれでしょう。**

| | A | B |
|---|---|---|
| ① | 経済 | 好循環 |
| ② | 経済 | 連携 |
| ③ | 社会 | 好循環 |
| ④ | 社会 | 連携 |

**【問25】持続可能な開発のための教育のことをESD（Education for Sustainable Development）といいます。ESDに関する記述として、正しいものは、次のうちどれでしょう。**
①ESDの分野は環境問題のみをテーマに活動している
②ESDに取り組むのは日本とアメリカだけである
③北九州にはESDの推進拠点「RCE」はない
④ESDはSDGsの全ての目標達成に貢献する

**【問26】「北九州エコタウン事業」についての説明のうち、正しいものは、次のうちどれでしょう。**
①北九州エコタウンの視察者はこれまでで通算１万人にのぼる
②風力発電関連産業を中心とした再生可能エネルギー関連産業の集積が進んでいる
③「教育・基礎研究」「技術・実証研究」「事業化」の「北九州方式３点セット」で総合的に展開している
④総投資額は約１兆円、雇用者は１万人を超え、産業振興の面からも成果をあげている

**【問27】北九州エコライフステージでは、「市民環境力」の向上を目指して、さまざまな工夫がされています。北九州エコライフステージの特徴としてあてはまらないものは、次のうちどれでしょう。**
①シンボル事業「エコライフステージ」は、市民、NPO、企業、学校、行政などさまざまな団体の環境活動を発表する場になっている
②シンボル事業「エコライフステージ」の３つの約束の中に「プラスチックを全く使わない」がある
③「北九州エコライフステージ」は「北九州博覧祭」をきっかけにスタートした
④身近なことからできるエコライフの実践・提案を目指している

**【問28】北九州市の廃食用油の回収についての説明のうち、正しいものは、次のうちどれでしょう。**
①廃食用油の回収専用ボトルを購入して油回収ボックスへ入れる
②植物性油のみが回収の対象である
③回収された廃食用油はリサイクルし、救急車や消防車の燃料として利用される
④廃食用油の中に天かすなどが入っている方が再利用に適している

**【問29】公害に関する説明として、正しいものは次のうちどれでしょう。**
①公害は大気汚染、水質汚染、土壌汚染、騒音の大きく４つに分類される
②騒音は健康被害をもたらすことは比較的少ないので、公害苦情の中でも小さい割合である
③土壌汚染の原因は、有害物質を含む工場排水の地下浸透などが考えられるが、元々土壌が含んでいる場合などの自然的原因によるものもある
④ダイオキシン類は有害であるが、微量であれば人の健康に影響を与えることは全くない

※【問1～35】は、一般編・上級編共通／☆【問36～40】は、一般編のみ／★【問36～50】は、上級編のみの問題です。

**【問30】北九州市では環境施設等を活かした観光を「環境観光」として位置付けています。北九州市での環境観光の説明としてあてはまらないものは、次のうちどれでしょう。**

①SDGｓ未来都市として「SDGs修学旅行」に取り組んでいる
②「次世代エネルギーパーク」では資源循環を中心に学ぶことができる
③「環境ミュージアム」では公害克服を中心に学ぶことができる
④「響灘ビオトープ」では自然共生を中心に学ぶことができる

---

**【問31】風力発電関連産業の総合拠点化に向けた取り組みの説明として正しいものは、次のうちどれでしょう。**

①風力発電は、再生可能エネルギーの一つで、風さえあれば夜間でも発電できるが、発電コストが高いので、経済性は期待できない
②洋上は、陸上に比べ大きな部材の輸送の際の制約が少ないが、特殊な船舶や技術・経験などが必要なので今後、整備が進むことは難しい
③北九州市では、港湾法初の大規模な洋上ウインドファームの設置が予定されており、ここでの年間発電予定量は、15～17万世帯の1年分の電力使用量に相当する
④洋上風力発電は、アメリカ、カナダなど北アメリカで導入が最も進んでおり、次いでイギリスやドイツなどヨーロッパである

---

**【問32】2021年に開催された COP26（気候変動枠組条約締約国会議の第 26 回目）は英国（　A　）で開催されました。成果としては、海外で削減した温室効果ガスを、自国の目標達成に計上するルール「市場メカニズムの実施指針」など（　B　）協定のルールブックが決まりました。（　A　）、（　B　）に入る言葉は、次のうちどれでしょう。**

| | A | B |
|---|---|---|
| ① | リバプール | パリ |
| ② | リバプール | 京都 |
| ③ | グラスゴー | パリ |
| ④ | グラスゴー | 京都 |

---

**【問33】日本のエネルギー情勢についての説明や再生可能エネルギーについての説明で正しいものは、次のうちどれでしょう。**

①2019年度、日本の発電電力量に占める再生可能エネルギーの割合は、10%を超えている
②1970 年代のオイルショックにより、エネルギーを太陽光に依存してきたことへの反省から、原子力や石油代替エネルギーの導入が進んだ
③2018年度の日本のエネルギー自給率は90%ほどである
④東日本大震災後の2013年度の原子力発電量は、日本の発電電力量の50%となった

---

**【問34】北九州市が行った環境国際協力と国・都市の組合せで、正しいものは、次のうちどれでしょう。**

①生ごみコンポスト化技術　＝インドネシア・スラバヤ市
②飲料可能な水道水の実現　＝フィリピン・マニラ市
③大気改善のための都市間連携協力事業　＝ベトナム・ハイフォン市
④クリーナープロダクション技術　＝カンボジア・プノンペン都

---

**【問35】環境産業の推進の説明として正しいものは、次のうちどれでしょう。**

①「九州環境技術創造道場」とは、環境負荷の逓減に取り組む事業者を第三者が評価・認定する制度である
②北九州市では2004年度から、優れた環境人材の創出を目的として、エコライフステージを実施している
③環境ミュージアムを基盤として都市部の食品廃棄物を堆肥として地域で循環させる取り組みを行っている
④地域産業界の環境意識の高揚と、環境ビジネスの振興・発展を図ることを目的に九州最大規模の環境見本市「エコテクノ」を開催している

# 過去問題

## 【2022年度】北九州市環境首都検定問題

☆【問36】**節電に関する説明について、間違っているものは、次のうちどれでしょう。**
①家庭の消費電力においてエアコンの割合が一番高い
②消費電力が大きな家電を買い替える際に、最新の省エネ型機器を選ぶ
③家庭では節電のため、エアコンと扇風機の同時使用は避ける
④エアコンの設定温度を1℃変えると、消費電力は1割変わる

☆【問37】**北九州市の家庭ごみの分け方・出し方で、正しいものは、次のうちどれでしょう。**
①陶器やガラスは家庭ごみとして出せない
②消火器は粗大ごみとして出す
③プラスチック製容器包装の収集日は週二回である
④テレビは粗大ごみとして出すことができない

☆【問38】**北九州市の1960年代当時の状況や公害克服の歴史について、間違っているものは、次のうちどれでしょう。**
①1965年戸畑区婦人会協議会が8ミリ記録映画「青空が欲しい」を自主制作した
②洞海湾は大腸菌も住めない状況になり、「死の海」と呼ばれた
③工場から出る煤煙や煤塵によって洗濯物が黒ずむことがあった
④地元婦人会の声を受け、市役所が主体になり、公害の克服に取り組んだ

☆【問39】**地球温暖化の影響で氷が溶け始めた北極からやってきて、エコが得意な（　A　）は友達のブラック（　A　）と日々環境活動に励んでいます。（　A　）は最近ではSNSでも多くの情報を発信しています。（　A　）の名前として正しいものは、次のうちどれでしょう。**
①エコたん　②ていたん　③しろたん　④くまたん

（　A　）

ブラック（A）

☆【問40】**北九州市が行っている環境を持続させる取り組みとして、正しいものは、次のうちどれでしょう。**
①山田緑地の保護区域では人為的なコントロールは行わない
②北九州市内には各区にほたる館がある
③植樹プロジェクトとして15年間で15万本の木を植える予定である
④北九州エコハウスは「市民と自然を結ぶ窓口」を基本理念とし、自然と動物とのふれあいを通して学習する自然環境教育施設である

★【問36】**北九州市は、2020年10月29日に2050年までの脱炭素社会の実現を目指す「ゼロカーボンシティ」を表明しました。北九州市のカーボンニュートラルに向けた歩みとして間違っているものは、次のうちどれでしょう。**
①2021年6月：環境と経済の好循環によるゼロカーボンシティ実現に向けた北九州市の決意（北九州市気候非常事態宣言）
②2021年8月：「北九州市地球温暖化対策実行計画」改定
③2022年2月：「北九州市脱炭素化成長戦略」策定
④2022年4月：「脱炭素先行地域」の選定

★【問37】**平成25年4月に「使用済小型電子機器等の再資源化の促進に関する法律」（小型家電リサイクル法）が施行されたことから、これまでの実証実験の成果を踏まえ、北九州市の事業として小型電子機器等のリサイクルを開始しました。市内61カ所に設置しているボックスによる回収の対象でないものは、次のうちどれでしょう。**
①携帯電話・スマートフォン　②ビデオカメラ　③CD　④ACアダプター

※【問1～35】は、一般編・上級編共通／☆【問36～40】は、一般編のみ／★【問36～50】は、上級編のみの問題です。



**★【問38】PCB（ポリ塩化ビフェニル）に関する記述で、妥当でないものは、次のうちどれでしょう。**

①使用中の電気工作物に、PCBが含まれていることが確認された場合は、遅滞なく管轄する産業保安監督部等にPCB含有電気工作物の設置等届出を行う必要がある

②PCB含有電気工作物がすでに廃棄され建物内で保管中の場合、その建物の売買が行われた後は、買主が適正に処分しなければならない

③電路から一度外したPCB含有電気工作物は、電路への再施設が禁止されている

④高濃度PCB廃棄物は、その種類及び保管する場所ごとに処分期間が決められているため、原則保管場所を変更してはならない

---

**★【問39】北九州市の自然環境に関する以下の文章について、（　A　）から（　C　）にあてはまるものの組み合わせとして正しいものは、次のうちどれでしょう。**

**北九州市は、三方を響灘、関門海峡、（　A　）と特徴の異なる海に囲まれ、市域の約（　B　）割を森林が占めています。**

**本市では、このような豊かな自然環境を将来にわたって守るため、平成28年3月に（　C　）を策定し、「都市と自然との共生～豊かな自然の恵みを活用し自然と共生するまち～」の基本理念を実現に向けた取組を進めています。**

**（　A　）、（　B　）、（　C　）に入る言葉の組み合わせとして正しいのはどれでしょう。**

| | A | B | C |
|---|---|---|---|
| ① | 周防灘 | 3 | 北九州市自然環境保全基本計画 |
| ② | 周防灘 | 4 | 第２次北九州市生物多様性戦略 |
| ③ | 玄界灘 | 5 | 北九州市自然環境保全基本計画 |
| ④ | 玄界灘 | 6 | 北九州市生物多様性戦略 |

---

**★【問40】北九州市環境基本計画についての説明のうち、間違っているものは次のうちどれでしょう。**

①北九州市環境基本計画には、4つの政策目標があり、そのうちの1つは、「市民環境力の更なる発展とすべての市民に支えられた「北九州環境ブランド」の確立」である

②北九州市環境基本計画における基本理念は「環境首都グランドデザイン」の基本理念を継承している

③北九州市環境基本計画では基本理念として「真の豊かさ」にあふれるまちを創り、未来の世代に引き継ぐことを、あらゆる行動の最上位の価値基準に位置付けている

④北九州市環境基本計画における「真の豊かさ」とは環境的・社会的な豊かさだけではなく、精神的な豊かさも含まれる

---

**★【問41】家電リサイクル法の仕組みがあるため、北九州市では、回収していない家電があります。下記のうち回収していない家電はいくつあるでしょう。**

**・エアコン　・冷蔵庫　・扇風機**
**・オーブンレンジ　・洗濯機　・テレビ**
**・食器乾燥機　・掃除機　・除湿器**

①2つ　②3つ　③4つ　④5つ

---

**★【問42】北九州市は、脱炭素社会の実現に向けて、企業・大学との連携体制を構築し、今後の取組の更なる推進を図るため、2022年4月22日に、民間企業３社、大学１校とそれぞれ連携協定の締結を行いました。**

**「連携企業・大学」と「連携内容」の組み合わせが間違っているものは、次のうちどれでしょう。**

①株式会社井筒屋 － 電動車のカーシェアリング実証事業

②九州電力株式会社 － 再生可能エネルギーの利活用と導入拡大

③トヨタ自動車九州株式会社 － ゼロカーボンドライブの普及

④九州工業大学 － 竹の資源化を通じた脱炭素技術の開発

# 過去問題

## 【2022年度】北九州市環境首都検定問題

★【問43】廃棄物の処理を適正かつ円滑に推進していく上で必要不可欠な法令には、廃棄物処理法（廃棄物の処理及び清掃に関する法律）のほか、個別物品のリサイクルを規定したリサイクル関連法があります。では、存在しないリサイクル法は、次のうちどれでしょう。

①家電リサイクル法(特定家庭用機器再商品化法)
②食品リサイクル法(食品循環資源の再生利用等の促進に関する法律)
③自動車リサイクル法(使用済自動車の再資源化等に関する法律)
④水銀使用製品リサイクル法(水銀使用製品の再資源化に関する法律)

---

★【問44】OECD（経済協力開発機構、本部：フランス）が発表した「OECD SDGsレポート」とは、OECDが選定した世界の9モデル都市のSDGsの取り組み等を調査・分析し、都市・地域レベルのSDGsを発展させていく目的で作成されたものです。北九州市のSDGsの取り組みをOECDの独自の視点で取りまとめた「OECD SDGs北九州レポート」には、SDGsを通して北九州市がより発展していくため、OECD地域と北九州市を比較・分析した北九州市の評価や課題についての記述があります。北九州市がOECD指標において、評価された点は、次のうちどれでしょう。

①ごみのリサイクル率が高い
②総面積に占める森林の割合が高い
③発電量当たりの二酸化炭素の排出量が低い
④外国人の割合が高い

---

★【問45】令和３年８月策定した「第２期北九州市循環型社会形成推進基本計画」の説明として間違っているものは、次のうちどれでしょう。

①本計画は、前計画の取組みの方向性を継承しつつ、プラスチックごみ、食品ロス問題など新たな課題への対応、SDGｓの実現や脱炭素社会への貢献と言った視点を加えたものである
②基本理念は、「市民・事業者・地域団体・NPO・行政など地域社会を構成する各主体が、SDGｓの実現に向けて主体的・協調的に３R・適正処理に取り組むことを通じ、脱炭素社会も見据え、“持続可能な都市のモデル”を目指す。」である
③基本理念のもとで進めていく施策は、『３Rの推進による最適な「地域循環共生圏」の構築』、『循環型社会形成に向けた地域全体の市民環境力の更なる発展』、『脱炭素社会、自然共生社会への貢献』、『「地消・地循環」を目指した環境産業の創出と環境国際協力・ビジネスの推進』の4つの視点で整理されている
④基本理念の実現に向けた計画目標として、『市民1人一日あたりの家庭ごみ量』、『事業系ごみ量』、『リサイクル率（一般廃棄物）』、『一般廃棄物処理に伴い発生するCO2排出量』『産業廃棄物の再資源化量』の５つを設定した

---

★【問46】令和４年２月に策定した「北九州市グリーン成長戦略」において示す、「2050年の目指すべき姿に向けた基本戦略」として間違っているものは、次のうちどれでしょう。

①経済性の高い脱炭素エネルギーの安定供給と利活用による既存産業の脱炭素化・新産業の創出
②イノベーション創出に向けた企業支援
③ライフスタイルの変革
④今後拡大が見込まれるアジアを中心とする海外マーケットへの展開

---

★【問47】北九州市では、環境の保全に関する施策を総合的かつ計画的に推進するため、北九州市環境基本計画を策定しています。本計画では、環境の観点から幅広くSDGsに取り組むため、計画に掲げる各施策とSDGsのゴールとの関係を明示しており、17のゴールのうち、13のゴールと関連付けを行っています。
では、次のゴールのうち環境基本計画の施策に関連付けられているものは、どれでしょう。

①貧困をなくそう　②飢餓をゼロに　③ジェンダー平等を実現しよう　④人や国の不平等をなくそう

※【問1～35】は、一般編・上級編共通／☆【問36～40】は、一般編のみ／★【問36～50】は、上級編のみの問題です。

**★【問48】洋上風力発電に係る説明として、間違っているものは、次のうちどれでしょう。**

①環境省は、洋上風力発電に関する情報基盤整備や環境保全の手法の実証を行い、洋上風力発電の導入を促進している

②環境省は、深い海域の多い我が国において、再エネの中で最大の導入ポテンシャルを有し、かつ台風にも強い浮体式洋上風力発電を早期に普及させ、エネルギーの地産地消を目指す、地域の脱炭素化ビジネスを促進している

③北九州市は、関門海峡周辺地区の特徴を活かして「風力発電関連産業の総合拠点化」を進めることにより、港湾、臨港地区における産業・物流の活性化、さらには北九州市における経済活性化等を目指している

④北九州市は、風力発電の人材育成をさらに進めるため、次世代を担う学生から経験豊かな世代の方々が本市を訪れ、基本的な講義から専門的な議論まで複数の洋上風力発電に係る研修等を７～９月に集中的に行う「北九州市洋上風力キャンプ×SDGs」を開催している

---

**★【問49】自然豊かな本市では、様々な場所で様々な生き物が確認されています。(　A　)から(　D　)にあてはまるものの組み合わせとして正しいものは、次のうちどれでしょう。**

①A：曽根干潟　B：カヤネズミ　C：ベッコウトンボ　D：ズグロカモメ
②A：曽根干潟　B：ハツカネズミ　C：チョウトンボ　D：クロツラヘラサギ
③A：大積干潟　B：ハツカネズミ　C：ベッコウトンボ　D：クロツラヘラサギ
④A：大積干潟　B：カヤネズミ　C：チョウトンボ　D：ズグロカモメ

---

**★【問50】家庭から出るごみの出し方に関する記述のうち、間違っているものは次のうちどれでしょう。**

①やかんやフライパンなどは、主に金属からできており、金属の部分が長さ３０㎝程度までであれば、「かん・びん」の袋に入れることができる

②家電製品などの梱包に使われている発泡スチロールやエアークッションは、「プラスチック製容器包装」の袋に入れて出す

③スプレー缶やガス缶は、穴をあけないで中身を空にしてから、「家庭ごみ」の袋に入れて出す

④お菓子や海苔の入っていた缶は、6リットルまでであれば「かん・びん」ごみに、それ以上であれば「家庭ごみ」の袋に入れて出す

# 過去問題 解答・解説 【2022年度】北九州市環境首都検定問題

【問1】④北九州エコタウン事業

北九州エコタウン事業はグリーン成長の大きな可能性をもたらすプロジェクトとして紹介されています。

【問2】③3つ

レジ袋の無料配布の推進が間違いです。北九州市は全国一律の有料化に先がけて 2018 年6月よりスーパー等での無料配布を中止しています。(市内の主要スーパー7社と協定締結) 他には、市民参加による海岸清掃なども実施しています。

【問3】 A B

②2050 2025

北九州市は2020年10月に2050年までの脱炭素社会の実現を目指す「ゼロカーボンシティ」を表明しました。2025年までに市有施設の電気を再エネ100%にします。太陽光パネルや蓄電池、省エネ機器を電力会社が設置する、「第三者所有方式」での再エネの導入と省エネ対策を行います。

【問4】②北九州エコタウン事業

1997 年に全国に先がけて承認をうけたエコタウン事業は、北九州市の循環型社会の象徴です。①北九州市は2050年までに脱炭素社会を目指す、ゼロカーボンシティを表明しています。③北九州モデルとは、アジア諸都市における環境配慮型都市作りに役立つ基本計画策定のためのテキストです。④クリーナープロダクションとは低公害型生産技術のことで、汚染物質の排出そのものを減らす技術です。

【問5】②10月の第1日曜日を「市民いっせいまち美化の日」としている

「市民いっせいまち美化の日」は市民が地域の公園、河川、海浜などを清掃します。①幼稚園、保育所の子どもたちも、まち美化の活動に積極的に取り組んでいます。③「北九州市空き缶等の散乱の防止に関する条例」(まち美化条例)により、多くの市民の集まる駅前や観光地など、市のイメージアップなどの観点から特にまち美化が必要な区域を「まち美化促進区域」として指定しています(11 ヶ所)。④分別大辞典ではなく、「まち美化ボランティア袋」を配布し活動の支援を行っています。

【問6】②環境学習サポーターとよばれる市民ボランティアが、スペース LABO を拠点として環境学習、活動のサポートをしている

環境学習サポーターは環境ミュージアムを拠点としています。小学校や市民センターで「出張環境ミュージアム」などの活動を行っています。①北九州市は環境ミュージアム、エコタウンセンター、響灘ビオトープなどたくさんの環境資源を活用してエコツアーを実施しています。③平尾台、山田緑地、いのちのたび博物館、環境ミュージアム、スペースLABO、響灘ビオトープ、エコタウン、日明浄化センター(ビジターセンター)の8ヶ所から2ヶ所の体験学習コースを指定できます。④太陽光発電を環境教育の教材として活用しています。

【問7】③KitaQ Zero Carbon

インターネットで「キタキューゼロカーボン」と検索してみてください。脱炭素につながるイベント情報や北九州市の取り組みなどが分かりやすく発信されています。アプリケーション「actcoin」を活用したアクションの見える化にも取り組んでいます。①COOL CHOICE とは、脱炭素社会づくりに貢献する製品への買換え・サービスの利用・ライフスタイルの選択など、「賢い選択」をしていこうという取り組みのことです。

【問8】④環境リテラシーの向上

CASBEE 北九州では、次の4つを重点評価項目にしています。

(1) 循環型社会への貢献「リサイクル、長寿命化に関する配慮」

(2) 地球温暖化対策の推進「省エネ・省資源、節水に関する配慮」

(3) 豊かな自然環境の確保「生態系保全、緑化に関する配慮」

(4) 高齢化社会への対応「バリアフリーに関する配慮」

環境リテラシーとは環境に関わる資質や能力を示す概念のことです。

【問9】③大規模な陸上ウィンドファームの設置を予定している

陸上ではなく大規模な洋上ウィンドファームの設置を予定しています。年間の発電予定量は15～17万世帯の1年分の電力使用量に相当します。①は再生可能エネルギーを利用して水素を製造することで、利用時だけでなく製造時においても $CO_2$ を発生しない水素の製造・供給実証事業を行っています。

※【問1～35】は、一般編・上級編共通／☆【問36～40】は、一般編のみ／★【問36～50】は、上級編のみの問題です。

【問10】　A　　B
④横ばい　10

家庭ごみ有料化により一定の減量効果を維持していましたが、ごみ量は横ばい状態でした。そのため、
(1) ごみの資源化・減量化の一層の促進
(2) 負担の公平性の確保
(3) 排出者として一定の責任の分担
(4) ごみ処理やリサイクルにおける多額の処理費
という4つの視点から2006年に見直しを行いました。また、資源化物を含む一般廃棄物の総排出量抑制を目標として資源化物についても有料化を導入しました。

【問11】④「新規性・独自性」「リサイクル性」の面で評価が特に高いものを「いち押しエコプレミアム」として選定している
「新規性・独自性」「市場性」の面で評価が特に高いものを、「いち押しエコプレミアム」として選定しています。選定されたエコプレミアムはエコテクノ展への出展や「北九州エコプレミアムカタログ」に掲載しています。2005年度からエコサービスも対象に加わりました。

【問12】③KITA（北九州国際技術協力協会）
①IGES は「地球環境戦略研究機関」のことで、持続可能な都市発展に関する研究を行っています。
②環境ミュージアムは平成 14 年にオープンし、今年で20周年を迎える環境学習施設です。
④ビジターセンターは、下水道に関する地元企業の技術や製品の展示コーナーを備えています。

【問13】②飲料可能な水道水を実現させた「スラバヤの奇跡」がある
無収水率（漏水＋盗水）の大幅な減少を実現したその成果は高く評価され、「プノンペンの奇跡」と呼ばれています。
北九州市上下水道局では、1990年から30年以上にわたり、継続的に上下水道分野の国際技術協力に取り組み、職員の派遣に加えて156の国や地域から6,500名以上の研修生を受け入れています（2022年3月末時点）

【問14】　A　　B
②ベッコウトンボ　ブルーギル

響灘ビオトープではベッコウトンボのほかにもチュウヒ、コアジサシ、ミサゴなどの絶滅危惧種が見られます。ワオキツネザルは到津の森公園で見られる絶滅危惧種の希少動物です。ズグロカモメは曽根干潟で見られる絶滅危惧種です。
ブルーギルは北九州市で確認されている特定外来生物です。湖沼やため池、堀、公園の池などに生息し、湖では主に沿岸帯の水生植物帯に、河川でも主に流れの緩やかな水草帯に生息しています。

【問15】②2つ
毎年6月の第1週に市民と市の職員でホタルの飛翔調査を行っています。
北九州市のホタルの特徴は、自然が豊かな郊外の川はもちろん、街なかを流れる川でも見られることです。ほたる館は市内に2か所あります。北九州市ほたる館と香月・黒川ほたる館です。1992年（平成4年）に全国に先駆けて市役所の中にほたる係が創設されました。

【問16】①再生可能エネルギーを利用した風力発電所は対象ではない
「北九州市環境影響評価条例」では、出力 5000kW 以上の風力発電所は対象事業です。他にも貯水面積50ha以上のダムや 25ha以上の埋め立てなども対象事業です。

【問17】②都市ストックの活用は新たな施設整備をすすめていく
北九州市都市計画マスタープランは、人口減少や超高齢化などの社会課題に対応するために改定されました。街なか居住を特徴とした「コンパクトなまちづくり」、「都市ストックの活用」では、新たな施設整備を減らすことができます。街なか居住は環境にも貢献するとされています。

# 過去問題 解答・解説

## 【2022年度】北九州市環境首都検定問題

【問18】④若戸大橋

①小倉城は、国や県・市から「指定」や「登録」を受けていません。北九州のシンボル、観光の拠点として、多くの市民や観光客に親しまれています。②門司区役所（旧門司市役所）と③折尾愛真学園記念館（旧折尾警察署庁舎）は国の登録文化財です。④若戸大橋は、日本の長大吊橋の技術的原点として、歴史的、技術史的見地から重要であるとの評価から、2022年2月に国の重要文化財に指定され、2022年は開通から60周年を迎えました。

【問19】④LED 蛍光灯

LED 蛍光灯は回収ボックスで分別収集していないので捨てるときは、「家庭ごみ」の指定袋に入れて出します。
①・③「紙パック」と「食用油」は、スーパーや市民センター等、②「乾電池」は、家電量販店やホームセンターなどに回収ボックスを設置しています。『紙パック⇒トイレットペーパー』、『食用油⇒バイオディーゼル燃料』、『乾電池⇒鉄・マンガン・亜鉛』にリサイクルされています。

【問20】①でかにんにく

でかにんにくは遠賀郡水巻町の特産品です。「大葉しゅんぎく」「潮風キャベツ」「関門海峡たこ」は北九州市が誇るブランド農林水産物です。

【問21】

| | A | B |
|---|---|---|
| ① | 春 | 光化学スモッグ |

PM2.5 の濃度は、「春」に高くなる傾向があります。光化学スモッグは春から秋にかけて天気が良くて気温が高く、風が弱い日に発生しやすくなります。

【問22】

| | A | B |
|---|---|---|
| ④ | SDGs | 脱炭素社会 |

「第2期北九州市循環型社会形成推進基本計画」の基本理念は、『市民・事業者・地域団体・NPO・行政など地域社会を構成する各主体が、SDGsの実現に向けて主体的・協調的に3R・適正処理に取り組むことを通じ、脱炭素社会も見据え、持続可能な都市のモデルを目指す』です。

【問23】

| | A | B | C |
|---|---|---|---|
| ② | SDGs未来都市 | 真の豊かさ | 経済、社会、環境 |

北九州市が「SDGs未来都市」として目指すまちの姿は「真の豊かさ」にあふれ、世界に貢献し、信頼されるグリーン成長都市です。その達成に向けて経済、社会、環境の3つの柱に沿ったさまざまな取り組みを進めていきます。

【問24】

| | A | B |
|---|---|---|
| ① | 経済 | 好循環 |

北九州市は「北九州市地球温暖化対策実行計画」を改定しました。環境と経済の好循環による脱炭素社会の実現を目指します。

【問25】④ESDはSDGsの全ての目標達成に貢献する

①ESDの分野は環境問題だけにとどまらず福祉、人権、男女共同参画、多文化共生など多岐にわたります。②ESDは日本だけでなく世界で取り組んでいます。③RCEとはESDの推進拠点で、「Regional Center of Expertise on ESD」の略です。日本では、大牟田など北九州もあわせて8地域あります。

【問26】③「教育・基礎研究」「技術・実証研究」「事業化」の「北九州方式3点セット」で総合的に展開している

①北九州エコタウンの視察者は年間約10万人が訪れています。②再生可能エネルギー関連産業が集積されているのは、次世代エネルギーパークです。エコタウンには、各種リサイクル工場の集積が進んでいます。④エコタウンの総資産額は約877億円、雇用者数は約1,050名です。

【問27】②シンボル事業「エコライフステージ」の3つの約束の中に「プラスチックを全く使わない」がある

エコライフステージの3つの約束はごみを出さない、グリーン電力の利用、食品ロスゼロの推進です。

※【問1～35】は、一般編・上級編共通／☆【問36～40】は、一般編のみ／★【問36～50】は、上級編のみの問題です。

**【問28】②植物性油のみが回収の対象である**

①・④廃食用油は天かすなどのごみを取り除き、飲料用のペットボトルに入れて、ペットボトルごと油回収ボックスに入れてください。③回収された油はバイオディーゼル燃料などにリサイクルし、エコタウン企業の重機や市営バスの燃料などに利用しています。

**【問29】③土壌汚染の原因は、有害物質を含む工場排水の地下浸透などが考えられるが、元々土壌が含んでいる場合などの自然的原因によるものもある**

①公害は大気汚染、水質汚染、土壌汚染、騒音、振動、悪臭、地盤沈下の大きく7つに分類されます。近年は、アスベストや動物の保護など多岐にわたっています。②騒音は公害苦情の中で大きな割合を占めています。④ダイオキシン類は微量であっても人の健康に影響を及ぼすおそれがあるため、排出基準、環境基準などが設定されています。

**【問30】②「次世代エネルギーパーク」では資源循環を中心に学ぶことができる**

資源循環を中心に学ぶことができるのは、「北九州エコタウン」です。「次世代エネルギーパーク」では、地球温暖化防止や次世代エネルギーについて学ぶことができます。

**【問31】③北九州市では、港湾法初の大規模な洋上ウインドファームの設置が予定されており、ここでの年間発電予定量は、15～17万世帯の1年分の電力使用量に相当する**

風力発電は将来的には発電コストの低下による経済性が期待されています。洋上風力発電は先行しているヨーロッパ地域に加え、近年では中国の導入も進んでおり、日本でも今後整備が進むことが期待されています。

**【問32】**

| | A | B |
|---|---|---|
| ③ | グラスゴー | パリ |

2021年に英国グラスゴーでCOP26が開催されました。成果として、海外で削減した分を、自国の目標達成に計上する「市場メカニズムの実施方針」など、パリ協定のルールブックが決まりました。

**【問33】①2019年度、日本の発電電力量に占める再生可能エネルギーの割合は、10%を超えている**

2019年度の日本の発電電力量に占める再生可能エネルギーの割合は18%となってます。

②1970年代のオイルショックまではエネルギーを石油に依存していました。③2018年度の日本のエネルギー自給率は11.8%程度です。④2013年度の原子力発電量は日本の発電電力量の1%です。

**【問34】①生ごみコンポスト化技術　＝インドネシア・スラバヤ市**

インドネシア・スラバヤ市では、北九州市が生ごみコンポスト化技術の普及に協力し、ごみ減量化に貢献しました。

②飲料可能な水道水の実現を行ったのはカンボジアのプノンペンで、「プノンペンの奇跡」といわれる大きな成果を上げました。③大気改善のための都市間連携協力事業を行ったのは、上海市などの中国の6都市です。④北九州市がクリーナープロダクション技術の分野で協力したのは中国の大連市です。

**【問35】④地域産業界の環境意識の高揚と、環境ビジネスの振興・発展を図ることを目的に九州最大規模の環境見本市「エコテクノ」を開催している**

①環境負荷の逓減に取り組む事業者を第三者が評価・認定する制度は「エコアクション（EA）21」です。②2004年度から、優れた環境人材の創出を目的として実施しているのは「九州環境技術創造道場」です。③都市部の食品廃棄物を堆肥として地域で循環させる取り組みなどの基盤となっているのは「エコタウン」です。

# 過去問題 解答・解説

## 【2022年度】北九州市環境首都検定問題

☆【問36】③家庭では節電のため、エアコンと扇風機の同時使用は避ける
エアコンの設定温度を1℃変えると消費電力は1割違います。さらに、扇風機を併用すると空気が循環して節電に効果的です。これは、冷房だけでなく暖房にも応用できます。他にも「テレビやパソコンの電源を小まめに切る」「コンセントを抜く」「洗濯機や乾燥機、食器洗い乾燥機などは『まとめて使用』して、運転回数を減らす」「白熱電球を発光ダイオード（LED）に替える」「最新の省エネ家電に買い換える」といったことも、家庭でできるかしこい節電方法です。

☆【問37】④テレビは粗大ごみとして出すことができない
テレビは家電リサイクル法の対象なので販売店頭に引き取りを依頼してください。①陶器やガラスは新聞紙などに包んで家庭ごみとして出してください。②消火器は市が回収しないので、販売店・メーカー、専門の処理業者等にご相談ください。③プラスチック製容器包装の収集日は週1回です。

☆【問38】④地元婦人会の声を受け、市役所が主体となり、公害の克服に取り組んだ
当時、洞海湾は大腸菌も住めないほど汚れ、「死の海」と呼ばれました。工場から出る七色の煙は発展の象徴でもありましたが、多くの人が健康被害に苦しみました。1965年に戸畑区婦人会協議会が8ミリ記録映画「青空が欲しい」を自主制作するなどして立ち上がったことを契機に、産・学・官と市民が協力して公害の克服に立ち上がりました。

☆【問39】②ていたん
ていたんとブラックていたんはTwitterなどを使って北九州市の環境に関わる情報などを発信しています。
よろしければフォロー、リツイートをお願いします。

☆【問40】①山田緑地の保護区域では人為的なコントロールは行わない
②ほたる館は北九州市内には2つあります。③植樹プロジェクトでは15年間で100万本植樹する予定です。④「市民と自然を結ぶ窓口」を基本理念とし、自然と動物とのふれあいを通して学習する自然環境教育施設は到津の森公園です。

★【問36】③2022年2月：「北九州市脱炭素化成長戦略」策定
正しくは、「北九州市グリーン成長戦略」です。本戦略は、環境と経済の好循環による2050年ゼロカーボンシティの実現に向けて、「北九州市地球温暖化対策実行計画」（2021年8月）のアクションプランとして策定するものです。
産業都市である本市として、「環境と経済の好循環（注）」によるグリーン成長に向けて、「エネルギーの脱炭素化」と「イノベーションの推進」に戦略的に取り組むとともに、その知見を活用して、快適で脱炭素なまちづくりや海外ビジネスの展開を進めるものです。
（注）環境と経済の好循環：産業の競争力強化を図りながら、同時に温室効果ガスの削減を達成すること指します。
【出展：北九州市ホームページ】「北九州市グリーン成長戦略の策定」
https://www.city.kitakyushu.lg.jp/kankyou/002_00023.html

★【問37】③CD
レアメタルや金、銀、銅などの貴重な金属は、デジタルカメラなどの小型電子機器に使われており、日本の産業分野において重要な原料として注目を集めています。また、不要になり家の中で眠っている小型電子機器もあり、これらを回収・リサイクルすることで、循環型社会の構築を目指しています。
ボックス回収の対象となる小型電子機器等は回収ボックスの投入口（25センチメートル×8.5センチメートル）に入る小型の家電製品です。
　小型電子機器（例）
携帯電話・スマートフォン、デジタルカメラ、ビデオカメラ、ポータブル音楽プレーヤー、ポータブルテレビ、ポータブルDVDプレーヤー、ポータブルラジオ、小型ゲーム機、電子手帳・PDA・電子辞書、ICレコーダー、電卓、ドライヤー、電動シェーバーなど
　付属品（例）
ACアダプター、コード・ケーブル類、ヘッドホン・イヤホン、メモリーカード類、充電器、リモコンなど
乾電池、ビデオテープ、CDは対象外です。
【出展：北九州市ホームページ】「小型電子機器のリサイクル」
https://www.city.kitakyushu.lg.jp/kankyou/file_0044.html

※【問1～35】は、一般編・上級編共通／☆【問36～40】は、一般編のみ／★【問36～50】は、上級編のみの問題です。

**★【問38】②PCB含有電気工作物がすでに廃棄され建物内で保管中の場合、その建物の売買が行われた後は、買主が適正に処分しなければならない。**

PCB含有電気工作物がすでに廃棄され保管中のものであった場合は、PCB特別措置法において、譲渡し及び譲受けが原則禁止されており、売買が行われた後も売主が適正に処分する必要があります。

【出展：環境省ホームページ】「ポリ塩化ビフェニル(PCB)処理情報サイト」

http://pcb-soukishori.env.go.jp/faq/

---

**★【問39】②A：周防灘　B：4　C：第２次北九州市生物多様性戦略**

A：周防灘です。玄界灘は響灘に隣接する九州北西部の海域です。

B：4です。

C：第２次北九州市生物多様性戦略です。平成20年6月に生物多様性基本法が施行されたことを受け、「北九州市自然環境保全基本計画」（平成17年9月策定）を改訂する形で、平成22年11月に「北九州市生物多様性戦略」を策定しました。また、その後の生物多様性に関する国内外の動向も踏まえ、平成28年3月に「第2次北九州市生物多様性戦略」を策定し、今後10年間で実施する60の基本政策や11の数値目標を定めています。

【出典：北九州市ホームページ】「第2次北九州市生物多様性戦略（2015年度-2024年度）について」

https://www.city.kitakyushu.lg.jp/kankyou/00400064.html

---

**★【問40】④北九州市環境基本計画における「真の豊かさ」とは環境的・社会的な豊かさだけではなく、精神的な豊かさも含まれ**

環境基本計画の基本理念は、環境首都グランド・デザインに示されている基本理念を継承します。本計画における「真の豊かさ」は、経済的・物質的な豊かさだけではなく、多様性、公平性、安心、希望や感動や生きがい、優しさや誇りなど、精神的な豊かさを総合したものです。

【出典：北九州市ホームページ】「北九州市環境基本計画本編・概要版・パンフレット（平成29年11月改定）」

https://www.city.kitakyushu.lg.jp/kankyou/file_0283.html

---

**★【問41】③4つ**

現在、家電リサイクル法に基づき北九州市では「エアコン」「冷蔵庫」「テレビ」「洗濯機」を回収していません。

【出典：北九州市ホームページ】「家電4品目のリサイクル（家電リサイクル法）」

https://www.city.kitakyushu.lg.jp/kankyou/01100018.html

---

**★【問42】③トヨタ自動車九州株式会社　－　ゼロカーボンドライブの普及**

トヨタ自動車九州株式会社とは、

①電動車バッテリーの3R（リデュース、リユース、リサイクル）の取組推進

②水素の利活用に向けた情報共有・連携体制の構築

の2点で連携を行うこととしています。

ゼロカーボンドライブの普及については、株式会社井筒屋との連携内容になります。

【出典：北九州市ホームページ】「脱炭素社会の実現に向けた市内企業・大学との連携協定締結について」

https://www.city.kitakyushu.lg.jp/files/000977331.pdf

https://www.city.kitakyushu.lg.jp/kouhou/k8400463.html

---

**★【問43】④水銀使用製品リサイクル法(水銀使用製品の再資源化に関する法律)**

水銀及び水銀化合物の人為的な排出からの人の健康及び環境を保護することを目的とした「水銀に関する水俣条約」が平成25年10月に採択されました。あわせて、「水銀汚染防止法」の制定や大気汚染防止法、廃棄物処理法が整備されましたが、「水銀使用製品リサイクル法」といった水銀使用製品に特化した法令はないです。

【出典：北九州市ホームページ】「第2期北九州市循環型社会形成推進基本計画」

https://www.city.kitakyushu.lg.jp/kankyou/01100165.html

https://www.city.kitakyushu.lg.jp/files/000953505.pdf

# 過去問題 解答・解説 【2022年度】北九州市環境首都検定問題

★【問44】②総面積に占める森林の割合が高い

森林率が高いことが評価されており、森林の再生は気候変動を緩和する効果的な戦略の一つであるため、北九州市にとって特に重要な要素と記載されています。都市でありながら自然に恵まれた環境を引き継いでいく必要があります。

また、リサイクル率はOECD地域より低いものの、国内平均よりは高いとの記載があります。引き続きごみの資源化・減量化に取り組んでいきましょう。

発電量当たりの二酸化炭素の排出量が高いものの、太陽光発電や風力発電については、国内ではトップクラスであること、外国人については、北九州市のイノベーション促進のうえで、重要な役割を果たす可能性があるとの記載があります。

【出典：北九州市ホームページ】「OECD SDGs北九州レポート」が完成しました

https://www.city.kitakyushu.lg.jp/kankyou/00101226.html

https://www.city.kitakyushu.lg.jp/files/000967824.pdf

---

★【問45】④基本理念の実現に向けた計画目標として、『市民1人一日あたりの家庭ごみ量』、『事業系ごみ量』、『リサイクル率（一般廃棄物）』、『一般廃棄物処理に伴い発生するCO2排出量』『産業廃棄物の再資源化量』の5つを設定した。

④が誤りです。『産業廃棄物の再資源化量』ではなく、『産業廃棄物の最終処分量』が正しいです。

【出典：北九州市ホームページ】「第2期北九州市循環型社会形成推進基本計画」

https://www.city.kitakyushu.lg.jp/files/000953505.pdf

---

★【問46】③ライフスタイルの変革

正しくは、「都市整備や交通政策を通じた快適で脱炭素なまちづくり」です。

なお、選択肢の「ライフスタイルの変革」は、令和3年8月に改訂した「北九州市地球温暖化対策実行計画」を推進するための重点項目の一つとして位置づけられているものです。

【出展：北九州市ホームページ】「北九州市グリーン成長戦略」

https://www.city.kitakyushu.lg.jp/files/000967655.pdf

https://www.city.kitakyushu.lg.jp/kankyou/002_00023.html

---

★【問47】②飢餓をゼロに

環境基本計画は、環境首都グランド・デザインに掲げる基本理念「『真の豊かさ』にあふれるまちを創り、未来の世代に引き継ぐ」を実現するため、多様な施策を掲げています。しかし、環境基本計画という性格上、「①貧困をなくそう」、「⑤ジェンダー平等を実現しよう」、「⑩人や国の不平等をなくそう」、「⑯平和と公正をすべての人に」の4つのゴールに関連付けられた施策はありません。

一方、「②飢餓をゼロに」は、フードバンクや食品ロス削減の取組みを関連付けています。

【出展：北九州市ホームページ】「北九州市環境基本計画」

https://www.city.kitakyushu.lg.jp/kankyou/file_0283.html

---

★【問48】③北九州市は、関門海峡周辺地区の特徴を活かして「風力発電関連産業の総合拠点化」を進めることにより、港湾、臨港地区における産業・物流の活性化、さらには北九州市における経済活性化等を目指している。

北九州市は、響灘地区の特徴を活かして「風力発電関連産業の総合拠点化」を進めることにより、港湾、臨港地区における産業・物流の活性化、さらには北九州市における経済活性化等を目指しています。

【出展：北九州市ホームページ】「グリーンエネルギーポートひびき事業」

https://www.city.kitakyushu.lg.jp/kou-ku/30300033.html

※【問1～35】は、一般編・上級編共通／☆【問36～40】は、一般編のみ／★【問36～50】は、上級編のみの問題です。

★【問49】①A：曽根干潟　B：カヤネズミ　C：ベッコウトンボ　D：ズグロカモメ

A：小倉南区にある曽根干潟です。大積干潟は門司区にあります。

B：平尾台や響灘ビオトープなどに生息するカヤネズミです。ハツカネズミは、人家やその周辺に棲息するネズミ類の一つです。

C：ベッコウトンボです。国内では5県のみで確認されており、国内希少野生動植物種に指定されています。

D：冬羽のズグロカモメです。夏羽は頭部が黒くなります。

【出典：北九州市ホームページ】「曽根干潟とは」「響灘ビオトープ（緑の拠点づくり）」

https://www.city.kitakyushu.lg.jp/kankyou/file_0407.html

https://www.city.kitakyushu.lg.jp/kankyou/file_0374.html

★【問50】①やかんやフライパンなどは、主に金属からできており、金属の部分が長さ30cm程度までであれば、「かん・びん」の袋に入れることができる。

やかんやフライパンなどは、主に金属からできており、金属の部分が長さ30cm程度までであれば、「小物金属回収ボックス」に入れることができます。

【出典：北九州市ホームページ】リサイクル（資源化）「小物金属」

https://www.city.kitakyushu.lg.jp/kankyou/file_0033.html

**北九州市環境首都検定 公式テキスト（令和5年度版）**

発行日　2023年9月1日　第1刷発行

発行元　北九州市 環境局 総務政策部 環境学習課
〒803-8501 北九州市小倉北区城内1番1号（本庁舎10階）
TEL（093）582-2784　FAX（093）582-2196
https://www.city.kitakyushu.lg.jp

監修　北九州市環境首都検定検討会

編集・制作　Kanoプランニング株式会社

印刷・製本　有限会社 日高印刷所

販売元　株式会社梓書院
〒812-0044 福岡市博多区千代3-2-1 麻生ハウス3階
TEL（092）643-7075　FAX（092）643-7095
http://www.azusashoin.com

定価はカバーに表示しています。
落丁・乱丁本はお取り替えいたします。
このテキストは、「環境首都－北九州市」（日刊工業新聞社発行）、北九州市ホームページ、北九州市が発行している冊子・パンフレット、環境省の資料などを参考に執筆しています。


2023 Printed in Japan
ISBN978-4-87035-778-5
このテキストは、古紙パルプを含む再生紙、ベジタブルインキを使用しています。
No.2313005A